成都理工大学国家级地质工程实验教学示范中心教材

岩体力学试验

孟陆波　蔡国军
　　　　　　　编著
付小敏　任　洋

李天斌　主审

本书得到成都理工大学 2018—2020 年高等教育人才培养质量和教学改革项目
（项目编号：JG181002、JG182020）、成都理工大学中青年骨干教师培养计划项目
（项目编号：JXGG201703）资助

科学出版社

北　京

内 容 简 介

本书共分8章，主要介绍岩石物理性质试验、岩石基本力学性质试验、岩石复杂状态下力学性质试验、岩石力学试验新技术和新方法、岩体强度变形试验、岩体应力测试、岩体力学试验数据整理与报告编写等内容。本书侧重于介绍试验基本原理、操作步骤和成果整理方法，并强调试验结果分析和注意事项。

本书可作为土木工程、地质资源与地质工程、矿业工程、水利工程、交通运输工程等相关专业本科、专科生及研究生的试验教材，也可供相关工程的科技人员参考。

图书在版编目（CIP）数据

岩体力学试验/孟陆波等编著. —北京：科学出版社，2020.12
ISBN 978-7-03-064707-8

Ⅰ.①岩… Ⅱ.①孟… Ⅲ.①岩石力学－试验 Ⅳ.①TU45-33

中国版本图书馆 CIP 数据核字（2020）第 045280 号

责任编辑：任加林 宫晓梅 / 责任校对：赵丽杰
责任印制：吕春珉 / 封面设计：东方人华平面设计部

科 学 出 版 社 出版

北京东黄城根北街 16 号
邮政编码：100717
http://www.sciencep.com

北京中科印刷有限公司印刷

科学出版社发行　　各地新华书店经销

*

2020 年 12 月第 一 版　　开本：787×1092　1/16
2020 年 12 月第一次印刷　　印张：18 1/2
字数：439 000

定价：**56.00** 元
（如有印装质量问题，我社负责调换〈中科〉）
销售部电话 010-62136230　编辑部电话 010-62139281

前　言

岩体力学是土木工程、地质资源与地质工程、矿业工程、水利工程、交通运输工程等学科的专业基础课。岩体力学试验是这些课程的重要组成部分，是岩体力学理论发展的基础。因此，开展岩体力学试验教学和科研具有十分重要的意义。

本书介绍的试验依托成都理工大学国家级地质工程实验教学示范中心和地质灾害防治与地质环境保护国家重点实验室的仪器设备条件。本书从教学出发，收集国内外岩体力学试验技术方法，从岩石和岩体两方面介绍岩体力学试验，综合科学研究和生产实际需求，在介绍试验目的与原理、仪器设备、制样要求、操作步骤和成果整理的基础上，总结试验结果规律和注意事项。

本书的教学，一方面让学生掌握岩石（岩体）物理力学性质的试验方法，培养学生的岩体力学试验技能，为解决实际岩体工程问题打下基础；另一方面，加深学生对岩体力学理论的理解，提高学生对岩石（岩体）变形破坏过程的认识，深化学生对岩石（岩体）破坏机理的认知，激发和培养学生在岩体力学科学研究方面的创新思维和创新精神。

本书共 8 章，第 2 章和第 3 章主要面向本科生、专科生，第 4 章～第 7 章主要面向高年级本科生和研究生。

本书第 1 章～第 5 章、第 8 章和第 7.3 节由孟陆波、付小敏编写，第 6 章由蔡国军编写，第 7.1 节、第 7.2 节和第 7.4 节由任洋编写，最后由孟陆波统稿。李天斌对全稿进行了审核。付欣、汪俊波、陈海清、孙国松、郝晨旭、荣笛、屈小七等研究生参与了本书相关内容的整理工作。本书在编写过程中得到了成都理工大学教务处及国家级地质工程实验教学示范中心和地质灾害防治与地质环境保护国家重点实验室等有关部门和老师的大力支持，书中引用了国内外部分文献资料，在此表示衷心感谢。

由于作者水平所限，书中难免存在不足之处，恳请读者批评指正。

目　　录

第1章 绪 论

岩石是天然产出的具有稳定外形的矿物集合体，是构成地壳和上地幔的物质基础。岩石按成因分为岩浆岩、沉积岩和变质岩。其中，岩浆岩是由高温熔融的岩浆在地表或地下冷凝所形成的岩石，也称火成岩；沉积岩是在地表条件下由风化作用、生物作用和火山作用的产物经水、空气和冰川等外力的搬运、沉积和成岩固结而形成的岩石；变质岩是由先成的岩浆岩或沉积岩因所处地质环境的改变经变质作用而形成的岩石。不同地区的岩石的物理、力学性能不同，即使同一地区岩石的物理、力学性能也可能有很大差别。

岩体是指在一定工程范围内，由包含软弱结构面的各类岩石所组成的具有不连续性、非均质性和各向异性的地质体。岩体是在漫长的地质历史过程中形成的，具有一定的结构和构造特征。

岩石与岩体具有相同的地质历史环境，受到过同样的地质构造作用，但岩石的性质与岩体相比是截然不同的。其不同之处反映在结构、强度和变形等方面：宏观上岩石表现为具有一定均匀性和连续性的地质介质，细观或微观上具有一定的结构特性，而岩体是在宏观和微观上均具有显著结构特性的地质体。岩石的强度主要取决于构成岩石的矿物或矿物颗粒之间的黏结力及微裂隙，而岩体的强度主要受宏观结构弱面强度的控制。岩石变形主要由在矿物颗粒之间的空隙及微裂隙的压密程度决定，而岩体的变形特征主要由结构弱面的变形特性决定。从构成来说，岩体包括岩石块体和宏观结构弱面，岩石是构成岩体的"元素"之一。岩体具有显著的非均匀性、非连续性、各向异性和"相对软弱性"，岩石具有一定的均匀性、连续性、各向同性和"相对强硬性"。因此，用不同的方法研究两者的性质是必要的。目前，研究岩体的结构、强度、变形特征主要用现场观测和试验的方法，研究岩石的微观结构、强度、变形特征主要用室内试验的方法。从岩体工程意义角度来说，岩石与岩体是两个相对的概念，对其问题的认识受工程场地地质结构和工程规模与类型的影响。岩石和岩体都是自然界的产物，其物理、力学性质与生成条件、矿物成分、荷载大小、加荷速率等诸多条件有关，因此造成了工程设计、工程施工的复杂性。

1.1 岩体力学试验的目的和作用

岩体力学试验是以揭示岩石（岩体）物质结构状态及其变化，或者揭示岩石（岩体）在力的作用下的特性规律为主要目的的试验活动。一方面，它需要为某种工程提供认识、选择、利用和改善岩石（岩体）的基础数据和基本关系；另一方面，它需要为学科发展探索岩石（岩体）奥秘和未知规律提供新的手段。

我们通过岩体力学试验既可以了解建筑场地地层变化的状况（勘查阶段），提供计算分析需要的有关岩石（岩体）指标（设计阶段），检验岩体工程要求达到的质量标准（施工阶段），监控岩体应力、应变的变化对建筑物的影响（使用阶段），又可以获取某些参数间的基本规律或经验公式，测取某种计算理论表达式中的有关岩石（岩体）性质常数及其变化规律，发现不同岩石（岩体）随一些影响因素变化而显示出的特殊性质，为建立岩体力学问题的科学描述与理论计算打下基础。岩体力学试验结果是一个综合性的结果，它既重视对岩石（岩体）实际工作条件模拟的合理性，又重视对设备仪器条件和测试人员素质条件的改进和提高。

岩体力学试验根据试验的场所和对象不同，分为室内岩石力学试验和现场（原位）岩体试验。室内岩石力学试验主要研究岩石的微观结构、强度及变形特征，现场岩体试验主要研究岩体的结构、强度及变形特征。岩石是特定地质条件下的矿物集合体，而岩体是由岩石块体和宏观结构面组成的非连续体，所以室内岩石力学试验和现场岩体试验两种试验方法有所差异。在经费允许、有条件开展现场岩体试验的情况下，优先考虑现场岩体试验与测试。由于室内岩石力学试验不受现场条件限制，试验费用低，岩石的受力条件相对容易模拟，同时可以采集大量岩石样品进行试验，通过统计分析试验数据得到工程区不同地质单元岩石的物理力学性质参数最佳值，为工程设计提供合理的物理力学参数，因此得到了广泛的应用（付小敏等，2012）。

岩体力学试验的目的：一方面为工程设计与施工提供参数和依据；另一方面可揭示岩石（岩体）的变形规律和强度特征及破裂机理，归纳总结其力学特性，探讨岩石与岩体性质之间的相关性等问题，建立其数学力学模型，促进岩体力学理论发展。

1.2　岩体力学试验的发展历程

岩体力学与经济建设有关，因而各个国家都投入了一定的人力、物力对其进行广泛的研究。在欧洲，典型的是奥地利岩体力学学派，或称之为 Salzburg 学派，新奥法隧道施工就是这个学派取得的成就之一。过去进行岩体工程的设计施工需要考虑工程地质条件，而工程地质人员开展的地质描述只能给工程设计人员提供定性的概念，很少能提供用于实际计算的数据。工程地质有从定性描述向定量方向发展的迫切需要。Stini 是一位奥地利工程地质学家，他一再强调，应该对岩体的结构面，如断层、节理和裂隙等进行观测和考察，研究它们的作用及其对岩体力学性质的影响，要做定性的研究，更要提出定量的数据。1951 年，他和 Müller 等一起联合有关学科的学者和工程师，在奥地利Salzburg 发起和举行了以岩体力学为主题的第一次国际岩体力学讨论会，工程地质和力学相结合，为建立岩体力学这个边缘学科跨出了重要一步。从那时起直到 1975 年，共举行了 21 次讨论会，并创办了《地质与土木工程》杂志发表他们的研究成果，形成了 Salzburg学派。他们反对把岩石当作连续介质、简单利用固体力学的原理进行岩石力学特性的分析，强调必须考虑节理、裂隙、断层等地质结构构造来进行研究，地下水的作用也必须同时考虑。1962 年，世界各国包括各种不同学派观点的学者和该组织一起发起成立世界性的组织——国际岩石力学学会。《地质与土木工程》杂志也改名为《岩石力学》继续出版。Stini 逝世后，Müller 领导德国卡尔斯鲁厄大学的土力学岩石力学研究所的学者们，继续坚持他们的研究方向。

英国的岩体力学研究工作是与矿业发展密切联系的。结合地下采矿对围岩的维护和露天开采对边坡的稳定的研究，学者们对岩体力学的发展做出过成绩，如伦敦帝国理工学院的著名学者 Hoek 和 Bray 等。另外，以 Wales 大学 Zienkiewicz 教授为首的小组，也对岩体力学数值方法的发展做出了重要贡献（周维垣，1990）。

苏联早在 20 世纪 50 年代就进行与矿山有关的岩体力学的研究工作，他们早期的工作多借用连续介质力学的理论。苏联的地质界并不重视研究岩体力学，因此工程地质与力学相结合的工作进展迟缓，一直到 20 世纪 70 年代才开始注意裂隙岩体。以苏联著名岩石力学家 Руппечпег 为例，1950 年他所著的《岩石力学导论》系列利用弹性力学求解岩体力学问题，1964 年发表了利用概率解决岩石强度和变形问题，直到 1975 年才发表裂隙岩体的变形的专著，这是由连续介质理论发展到裂隙岩体理论的过程。苏联除各大学专门设有岩力学与矿岩物理研究所外，其他各加盟共和国的研究所和有关产业部门也非常重视岩体力学研究工作。另一些国家如波兰和南斯拉夫，在岩体力学方面也进行了大量的研究工作。南斯拉夫的一个研究所早在 20 世纪 60 年代就进行了大量岩体的量测试验工作。

瑞典和挪威也在进行岩体力学的研究工作。例如，挪威的地学研究院在岩体力学研究工作中做出过重要贡献。挪威设于奥斯陆的挪威国家岩土力学与工程研究所及北部特隆赫姆城的挪威工业技术大学是以岩体力学试验为中心的研究基地。挪威工业技术大学教授 Broch 曾任国际隧道协会主席。

葡萄牙是研究岩体力学较早的国家之一，代表这个国家研究水平的是国家土木工程研究所，第一届国际岩石力学学会主席 Rocha 即是该机构的创始人。该研究所在拱基、地下工程，特别是试验技术方面的成就，在国际上具有很高声誉。

意大利也是研究岩体力学较多的国家，如其结构模型试验研究所的岩土力学模型试验具有很高的技术水平。

美国岩体力学的早期研究工作都是结合采矿工作进行的。例如，美国的矿业局，他们的研究目的是解决地下开采和露天开挖中的一系列技术问题。其中，Obert 和 Durall 根据弹性理论对地下坑道进行受力分析，一直是 20 世纪 50~60 年代地下坑道设计规范的依据。1965 年，美国地球物理联合会、矿业研究所、土木学会、材料学会、地质学会、矿冶学会等单位联合组成岩石力学学会委员会，后改称联邦岩石力学委员会，把岩体力学在各个领域中取得的成果进行了交流推广，进一步推动了岩体力学的发展。该委员会于 1965 年在 Colorado 矿业学院举行了第一次全美岩石力学学术会议，至今基本上每年举行一次，始终没有间断。美国研究岩体力学的机构据 1966 年统计就有 34 所之多，研究单位多集中在高等学校。美国研究岩体力学的学术观点各式各样，既有类似于奥地利学派，重视节理、裂隙作用，从整个岩体出发的伊利诺伊大学教授 Deere 和加州大学教授 Goodman，又有从异质体力学（mechanics of heterogentous media）角度进行岩体力学性质研究的，形成百花齐放的局面，大大促进了岩体力学的发展。

加拿大及澳大利亚都比较重视岩体力学的研究，加拿大成立国家岩石力学委员会，自 1962 年开始举行自己的岩体力学讨论会。澳大利亚大学在澳大利亚科学院院士 Paterson

的领导下，在岩石脆性破坏和高温高压下的岩体力学性能等方面做出了很大贡献。

此外，南非由于矿业发达，因此对岩体力学的研究也很重视，他们的科学与工业研究会进行了大量的岩体力学研究工作。

日本也很重视岩体力学的研究，1964 年，日本的土木学会、矿业学会、土质工学会和材料学会 4 个学会中的岩体力学工作者们共同组成了一个岩体力学研究会，同年召集了第一次学术会议，1979 年改组为岩体力学联合会。日本学者在研究岩体的流变性能方面做出了很多成绩（周维垣，1990）。

印度也进行了很多岩体力学研究工作，成立国际岩石力学学会印度国家小组，主要结合水工筑坝等工程进行工作。

中华人民共和国成立后不久就开始了岩体力学的研究工作，但系统、全面，并把岩体力学作为一门学科进行研究是从 1958 年开始的，当年成立了三峡岩基组，开展大规模室内和室外科学试验和理论分析工作，研制出一批仪器设备（如岩石静力和动力三轴仪），为中国岩体力学的发展奠定了基础。此后，成功地解决了长江葛洲坝、大冶露天铁矿等许多巨大工程中的岩体力学问题。中国的岩体力学与工程已经开始步入国际学术的讲坛。中国岩石力学与工程学会自 1985 年成立以来，创办了岩石力学与工程学报，并成功地举行了多届全国岩石力学学术讨论会，近年来在北京、西安、宜昌、沈阳和广州等地召开了国际岩石力学学术会议，为学科发展做出了贡献（王维纲，1996）。

在岩体力学的不断发展过程中，岩体力学试验也在不断发展。1770 年制造出了第一台岩石力学试验机，得到了边长为 5cm 的立方体岩石的压缩强度；18 世纪末 19 世纪初，进一步研究制造新型试验机，以适应发展的需要；到 19 世纪末期，研制的试验机有了新的发展，可以自动记录试样的载荷-位移曲线。随着时代的发展，试验机的载荷在不断增加，试验机的加载方式也在不断改进，从最初的机械加载变为液压加载，由单向加载向三向加载逐渐转变，由普通试验机转变为电液伺服控制刚性试验机，以获得更丰富的岩体力学特性。随着试验设备和测试手段的提高，岩体力学的试验技术水平有了较大的发展，包括从常规的基本力学性质试验（如单轴拉伸试验、单轴压缩试验、常规三轴压缩试验等）到复杂状态力学性质试验（如循环加卸载试验、高温试验等）。近年来，随着大批重大岩体工程建设和岩体力学深入研究的需求，对岩体力学特性试验提出了更高的要求，一些新型试验技术，如细观力学 CT（computerized tomography，计算机断层成像）扫描技术、SEM（scanning electron microscope，扫描电子显微镜）电镜扫描测试技术等，用于非常规的岩体力学特性试验研究。

总的来说，岩体力学是伴随着采矿、土木等岩体工程的建设和力学等学科的进步而逐步发展形成的新兴学科，其按发展进程可划分为 4 个阶段：

1）初始阶段（20 世纪以前）：这是岩体力学的萌芽时期，产生了初步理论以解决岩体开挖的问题。例如，1878 年 Heim 提出了水平分力和竖直分力相等的见解，引起了人们对地应力问题的重视。

2）经验理论阶段（20 世纪初至 20 世纪 30 年代）：该阶段出现了根据生产经验提出的地压理论，并开始用材料力学和结构力学的方法分析地下工程的支护问题。最有代表性的理论是普氏理论提出的自然平衡拱学说。该理论认为，围岩开挖后自然塌落呈抛物线拱形，作用在支架上的压力等于冒落拱内岩体的重力，仅是上覆岩体重力的一部分。显然，这些理论对生产实践有重要的指导意义。

3）经典理论阶段（20 世纪 30～60 年代）：这是岩体力学学科形成的重要阶段，弹性力学和塑性力学被引入岩体力学，确立了一些经典计算公式，形成围岩与支护共同作用的理论。结构面对岩体力学性质的影响受到重视，岩体力学文献和专著的出版、试验方法的完善、岩体工程技术问题的解决，都说明了岩体力学发展到该阶段已经形成了一门独立的学科。

4）现代发展阶段（20 世纪 60 年代至今）：此阶段是岩体力学理论和实践新进展阶段，其主要特点是用更为复杂的多种多样的力学模型来分析岩体力学问题，把力学、物理学、系统工程等的最新成果引入了岩体力学，而电子计算机的广泛应用为流变学、断裂力学、非连续介质力学、数值方法、人工智能、分形理论等在岩体力学与工程的应用提供了可能。

1.3　岩体力学试验的内容

所有岩体力学试验都必须以具有代表性的岩石或现场的岩体为依据，以具有特定目的性的试验条件为控制，以具有准确性要求的测试成果为基础，以具有科学性的资料整理分析方法为手段，把满足工程建设与科学研究的需要放在核心的位置上，精心地设计各环节，细心地进行各步骤，突出"用理论指导试验，用试验发展理论"这一岩体力学试验应具有的根本特点（谢定义等，2011）。

本书主要介绍岩石物理性质试验、岩石基本力学性质试验、岩石复杂状态下力学性质试验、岩石力学试验新技术和新方法、岩体强度变形试验、岩体应力测试、岩体力学试验数据整理与报告编写。本书试验类别、项目与方法和成果简况如表 1.3.1。

表 1.3.1　岩体力学试验类别、项目方法和成果

试验类别	试验项目与方法		试验成果
岩石物理性质试验	岩石密度试验	量积法	岩石天然密度、岩石干密度、岩石饱和密度
		水中称量法	
		石蜡密封法	
	岩石含水率试验	烘干法	岩石的含水率
	岩石吸水性试验	自由吸水法	自然吸水率、饱和吸水率
		煮沸法或真空抽气法	
	岩石膨胀压力试验	体积不变膨胀压力试验法	膨胀压力
	岩石自由膨胀率试验		轴向自由膨胀率、径向自由膨胀率
	岩石耐崩解性试验		岩石耐崩解性指数
	岩石冻融试验		冻融系数
	岩石波速试验		纵波波速、横波速度

续表

试验类别	试验项目与方法		试验成果
岩石基本力学性质试验	岩石单轴抗压强度试验		单轴抗压强度
	岩石单轴压缩变形试验		单轴抗压强度、弹性模量、泊松比
	岩石抗拉强度试验	巴西圆盘试验或劈裂法	抗拉强度
	岩石直剪试验		抗剪强度参数（内聚力、内摩擦角）
	岩石常规三轴压缩试验		三轴强度、弹性模量、泊松比、内聚力、内摩擦角
	岩石结构面剪切试验		抗剪强度参数
	岩石点荷载强度试验		点荷载强度、抗拉强度
岩石复杂状态下力学性质试验	岩石常规三轴卸荷试验		三轴强度、弹性模量、泊松比、内聚力、内摩擦角等
	岩石循环加卸荷试验		动态应力、动弹性模量、动剪切模量、阻尼比、阻尼系数等
	岩石高温三轴试验		高温下的三轴强度、弹性模量、泊松比、内聚力、内摩擦角等
	岩石高压渗透试验		三轴强度、内聚力、内摩擦角、渗透系数等
	岩石 THM 三场耦合试验		高温与高渗压下的三轴强度、弹性模量、泊松比、渗透率等
	岩石双轴压缩试验		双轴压缩强度
	岩石三轴流变试验		长期强度、应变速率、黏滞系数等
	岩石直剪蠕变试验		长期强度、应变速率、黏滞系数、剪切模量等
	岩石真三轴试验		三向应力、应变等
	岩石声发射测试		振铃计数、能量、破裂定位等
岩石力学试验新技术和新方法	DIC 数字散斑应变测量技术		全场应变测量结果
	岩石细观力学 CT 扫描技术		细观裂纹演化过程
	岩石 SEM 电镜扫描测试技术		细观破裂特征
	岩石力学 PFC 数值模拟仿真技术		岩石变形破坏过程
	岩石三轴虚拟仿真试验		岩石三轴虚拟仿真试验过程
	岩石直剪虚拟仿真实验		岩石直剪虚拟仿真试验过程
	其他新技术和新方法		红外热成像技术、刻划测试
岩体强度变形试验	岩体载荷试验		岩体弹性模量、岩体承载力等
	混凝土与岩体接触面直剪试验		混凝土与岩体接触面抗剪强度参数
	岩体结构面直剪试验		岩体结构面抗剪强度参数
	岩体直剪试验		岩体抗剪强度参数
	岩体变形承压板法试验		岩体弹性模量
	岩体变形钻孔径向加压法试验		岩体弹性模量
岩体应力测试	水压致裂法		最大、最小水平主应力量值与最大水平主应力方向
	空心包体孔壁应变法		三个主应力量值及方位角、倾角
	岩石声发射 Kaiser 效应测试法（声发射+单轴抗压强度试验）		三个主应力量值及方位角、倾角
	门塞式应力测试法		洞壁二次应力量值

1.4 岩体力学试验的注意事项

进行岩体力学试验时，应清楚认识到任何试验结果都是特定试件在特定环境条件下的特征值，有一定局限性。在使用试验结果时，一定要综合考虑试验条件及岩样状态等因素，并注意以下几方面问题：

1）岩体力学试验所用样品要有代表性。岩体力学试验结果的真实性、合理性和可靠性，很大程度上取决于试验样品采集的真实性和可靠性。所以，应高度重视试验样品的采集工作，使采集的试验样品具有足够的代表性。在室内岩石力学试验中，试验所用样品需经过现场采集、长途运输、室内切割和精磨等各个环节。在每个环节中，即使严格按照规程要求处理，也难免会对岩样产生扰动。采样时，若没有做好密封处理，岩石内部的水分就会蒸发，这不仅会影响岩石含水率、吸水率及块体密度等指标的客观测定，还会降低岩石的力学指标。在长途运输和试样制备过程中若产生了新的裂纹，不仅会降低岩石的力学性质参数，还会影响岩石的渗透系数、冻融特性等。所以，在岩样现场采集、长途运输和室内制备的各个环节，都应尽可能减少对岩样的扰动，保持其原始状态。对于软弱岩石和微结构复杂的岩石，这一点尤其重要。在条件允许的情况下，应尽可能多取试样进行试验，用数据统计分析的方法得到更接近实际情况的参数。

2）试验标准化是岩体力学试验应该遵循的一个基本准则。岩体力学试验结果既取决于岩石本身的性质，也受岩体结构面、试样形态、测试条件和试验环境的影响，因此各种试验结果只是岩石在某种既定条件下的特征值。本书介绍的试验方法分为两类：一是常规试验，此类试验严格执行《工程岩体试验方法标准》（GB/T 50266—2013）和《水利水电工程岩石试验规程》（SL/T 264—2020）；二是非常规试验，此类试验是根据相关科学研究工作需要，通过长期探索与积累，总结而成的试验方法，供读者参考。

3）岩石（岩体）是一种特殊材料，含有大量的微裂隙和微层理，一般具有明显的非均质性和各向异性，在一定程度上还受到现代构造作用的影响，这些因素往往导致试验结果有较大的离散性。因此，在分析试验结果、选取试验参数时，需要根据不同的试验内容，采取适宜的方法处理试验结果。为了更好地揭露岩石（岩体）性质之间的内在联系，阐明物理和化学风化作用对岩石（岩体）性质的影响，在制订试验计划时，应考虑采用同一试样测定多种物理力学性能指标。在条件允许时，应在室内试验的基础上，尽可能结合原位测试，通过与同岩层岩体特性的类比及邻近工程岩体性质指标的反演等，合理选取岩体工程建设所需参数。

参 考 文 献

付小敏，邓荣贵，2012. 室内岩石力学试验[M]. 成都：西南交通大学出版社.

王维纲，1996. 高等岩石力学理论[M]. 北京：冶金工业出版社.

谢定义，陈存礼，胡再强，2011. 试验土工学[M]. 北京：高等教育出版社.

周维垣，1990. 高等岩石力学[M]. 北京：水利电力出版社.

中华人民共和国住房和城乡建设部，2013. 工程岩体试验方法标准：GB/T 50266—2013[S]. 北京：中国计划出版社.

中华人民共和国水利部，2020. 水利水电工程岩石试验规程：SL/T 264—2020[S]. 北京：中国水利水电出版社.

第 2 章　岩石物理性质试验

岩石是由固体相、液体相、气体相组成的多相体系，包括固体颗粒、水和空气 3 个基本部分。岩石中固体相的组成和三相之间的比例关系及其相互作用决定了岩石的性质。岩石在受力作用后，能否破坏或者发生多大变形，主要取决于岩石的物质成分、相互关系和相互作用。所以，在分析研究岩石的力学特性时，必然要联系到岩石的物理性质。岩石物理性质指标有密度、含水率、吸水性、膨胀压力、自由膨胀率、耐崩解性系数、冻融系数、波速等，其大小既反映岩石的物质（矿物颗粒）成分，也反映矿物颗粒的相互关系和相互作用的特性。例如，坚硬岩石的固体颗粒结构致密，其吸水性主要反映岩石中微裂隙的发育程度。含黏土矿物的岩石，由于黏土矿物的亲水性，遇水后会出现吸水膨胀现象。吸水膨胀的结果是使岩石内部产生不均匀应力，固体颗粒之间胶结物溶解，结构遭到破坏，最终导致岩石整体崩解。

本章主要介绍岩石密度、含水率、吸水性、膨胀压力、自由膨胀率、耐崩解性、冻融、波速测试等试验。

2.1　岩石密度试验

2.1.1　目的与原理

岩石密度是试件质量与试件体积的比值，是岩石的基本物理性质指标之一。岩石密度反映了岩石固体颗粒结构的松紧程度和组成固体颗粒的矿物成分，是计算岩石的自重应力、干密度、孔隙比等指标的重要依据。

根据岩石的含水状态，岩石密度可分为天然密度、干密度和饱和密度。

测定岩石密度有 3 种方法——量积法、水中称量法和石蜡密封法。3 种方法各有其特点：量积法适用于能制备成规则试件的各类岩石，水中称量法适用于除遇水崩解溶解和干缩湿胀外的其他各类岩石，石蜡密封法适用于不能用量积法或直接在水中称量进行试验的岩石。当采用石蜡密封法进行块体密度试验时，应同时测定岩石的天然含水率，密封材料可选用石蜡或高分子树脂胶涂料。3 种方法的测试结果从理论上来看差别不大。

试验时，可根据岩石类型、试件制备难度和水对岩石的影响程度等方面的因素酌情选择测定方法。

2.1.2　仪器设备

1）钻石机、切石机、磨石机和车床。

2）烘箱和干燥器。

3）电子天平（感量 0.01g）。

　　4）测量平台。

　　5）石蜡及熔蜡设备。

　　6）水中称量装置。

　　7）高分子树脂胶涂料及配制涂料的用具。

2.1.3　制样要求

根据《水利水电工程岩石试验规程》（SL/T 264—2020），制样满足以下要求。

1）规则试件尺寸应符合下列规定：

① 圆柱体直径或方柱体边长宜为 48～54mm。

② 含大颗粒岩石的试件直径或边长应大于最大颗粒尺寸的 10 倍。

③ 试件高度与直径或边长之比宜为 2.0～2.5。

2）试件高度、直径或边长的允许偏差为±0.3mm。

3）试件两端面的不平整度允许偏差为±0.05mm。

4）端面应垂直于试件轴线，允许偏差为±0.25°。

5）方柱体或立方体试件相邻两面应互相垂直，允许偏差为±0.25°。

2.1.4　操作步骤

　　1. 量积法

1）测量试件两端和中间 3 个断面上相互垂直的两个方向的直径或边长，按平均值计算截面积。

2）测量两端面周边上对称 4 点和中心点处的高度，计算高度平均值。

3）将试样置于烘箱中，在 105～110℃的温度下烘 24h，取出后随即放入干燥器内，冷却至室温后称重。

4）长度测量精确至 0.01mm，称量精确至 0.01g。

　　2. 水中称量法

1）对于不含矿物结晶水的岩石，应在 105～110℃的恒温下烘 24h；对于含有矿物结晶水的岩石，应降低烘干温度，可在 40℃±5℃恒温下烘 24h。

2）将试件从烘箱中取出，放入干燥器内冷却至室温，称试件质量。

3）重复步骤 1）和 2），直到相邻两次称量之差不超过后一次称量的 0.1%。

4）将强制饱和的试件置于水中称量装置上，称试件在水中的质量，并测量水温。

5）称量精确至 0.01g。

注意：一般可采用两种方法对试件进行强制饱和处理，一种是自由吸水法，另一种是真空抽气法。

（1）自由吸水法

自由吸水法即逐渐淹没法，指通过将试件逐渐淹没，使水逐渐吸入孔隙，同时排除孔隙中的气泡，以达到液体充满孔隙的目的。该方法的操作过程是：先将天然状态的试件放在水槽里，淹没试件高度的 1/4，以后每过 2h 分别注水升高水面至试件的 1/2 和 3/4 处，6h 后全部淹没试件。待完全浸水 48h 后，取出试件，用毛巾擦干试件表面的水分，放在保湿容器里待用。

（2）真空抽气法

真空抽气法是用强制的方法将试件孔隙中的气体抽出，让液体充满，以达到饱和的目的。该方法的操作过程是：先将试件放在真空缸里，加蒸馏水至淹没试件，开启真空泵，使真空压力表读数达到 100kPa，抽气 4h 以上，直至无气泡逸出；然后关闭真空泵，使真空缸的压力恢复至大气压，再让试件继续在真空缸里静置 4h。取出试件，用毛巾擦干试件表面的水分，放在保湿容器里待用。

真空抽气法较之自由吸水法饱和岩石试件，前者排气充分，处理后岩石的饱和度高；后者的吸水处理更接近现场岩石的吸水过程，比较符合实际情况。试验时可根据需要选取不同方法。

3. 石蜡密封法

1）制备试件并称量。

2）试件系上细线，置于温度为 60℃ 左右的熔蜡设备中 1~2s，使试件表面均匀涂上一层蜡膜，厚度约 1mm。当蜡膜有气泡时，应用热针刺穿并用蜡液涂平，待冷却后称蜡封试件质量。

3）将蜡封试件置于水中称量。

4）取出试件，拭干表面水分后再次称量。当浸水后的蜡封试件质量增加时，应重新进行试验。

5）称量精确至 0.01g。

2.1.5 成果整理

1）量积法。岩石密度可计算为

$$\rho_0 = \frac{m_0}{AH} \tag{2.1.1}$$

$$\rho_s = \frac{m_s}{AH} \tag{2.1.2}$$

$$\rho_d = \frac{m_d}{AH} \tag{2.1.3}$$

式中，ρ_0——岩石天然密度，g/cm^3；

ρ_d——岩石干密度，g/cm^3；

ρ_s——岩石饱和密度，g/cm^3；

A——试件截面积，cm^2；

H——试件高度，cm；

m_0——试件天然质量，g；

m_d——试件烘干质量，g；

m_s——试件强制饱和质量，g。

2）水中称量法。岩石密度按下列公式计算：

$$\rho_0 = \frac{m_0}{m_s - m_w} \cdot \rho_w \qquad (2.1.4)$$

$$\rho_d = \frac{m_d}{m_s - m_w} \cdot \rho_w \qquad (2.1.5)$$

$$\rho_s = \frac{m_s}{m_s - m_w} \cdot \rho_w \qquad (2.1.6)$$

式中，m_w——强制饱和试件在水中的质量，g。

　　　　ρ_w——纯水在 T（室温）时的密度，g/cm^3。

3）石蜡密封法。岩石密度按下列公式计算：

$$\rho_0 = \frac{m_0}{\dfrac{m_{1p} - m_{1w}}{\rho_w} - \dfrac{m_{1p} - m_0}{\rho_1}} \qquad (2.1.7)$$

$$\rho_d = \frac{m_0}{1 + 0.01\omega_0} \qquad (2.1.8)$$

式中，m_{1p}——蜡封试件质量，g；

　　　　m_{1w}——蜡封试件在纯水中的质量，g；

　　　　ρ_1——石蜡密度，g/cm^3；

　　　　ω_0——试件的天然含水率，%。

4）计算精确至 0.01g/cm^3。

5）岩石密度试验记录表（量积法）表 2.1.1 所示。

表 2.1.1　岩石密度试验记录表（量积法）

试样编号	试样尺寸/cm		试样体积/cm^3	天然质量/g	天然密度/(g/cm^3)	烘干质量/g	干密度/(g/cm^3)	强制饱和质量/g	饱和密度/(g/cm^3)	备注
	直径或边长/cm	高度/cm								

试件描述	
实验前	试验后

班级：　　　　　　　　组别：　　　　　　　　日期：

试验者：　　　　　　　计算者：

2.1.6　规律总结和注意问题

1. 规律总结

岩浆岩的密度主要由矿物成分及含量来决定。对于同一种侵入的火成岩体，在岩浆侵入后的冷凝过程中，结晶分异作用使得在岩体边部和顶部与其内部矿物结晶先后顺序不同，导致形成不同的岩相带。对于同类侵入岩体，不同时期侵入，其矿物成分虽然相同，但因含量有所变化，因此其密度也会有所不同（徐剑春等，2017）。

沉积岩具有不同的孔隙度，它们的密度往往有较大的变化范围。一般而言，近地表的沉积岩由于受到的压力较小，其孔隙度较大，因此密度较小；随着埋深增加，上层负荷压力加大，使其孔隙度相应减小，因此密度就要增大。沉积岩的密度随孔隙度的减小而呈线性增大。总之，时代较老的沉积岩要比时代新的同类岩石的密度要大一些。对于同一时代同类岩性的沉积岩来说，由于所受地质作用条件不同，在不同部位其密度也会有所不同（徐剑春等，2017）。

变质岩密度与矿物的成分、含量和孔隙度均有密切关系，这主要由变质的性质和变质的程度来决定。一般来说，区域变质作用将使变质岩的密度比原岩的密度大。例如，变质程度较深的片麻岩、麻粒岩等要比变质程度浅的千枚岩、石英片岩等岩石密度大（徐剑春等，2017）。

实测地层（岩石）密度参数统计表如表2.1.2所示。

表2.1.2　实测地层（岩石）密度参数统计表（徐剑春等，2017）

地层（系）	岩性		密度变化范围/（g/cm³）	平均密度/（g/cm³）	测试地点
新近系	沉积岩	泥岩	2.01~2.25	2.08	张山集、自来桥、方山
		砂岩			
		砂砾岩			
	岩浆岩	安山岩	2.25~2.76	2.43	
		玄武岩			
侏罗系	沉积岩	砾岩	2.18~2.62	2.56	明觉、龙潭镇、小丹阳、东屏镇、溧水
		泥岩			
		页岩			
	岩浆岩	安山岩	2.35~2.74	2.62	
		粗安岩			
		凝灰岩			
寒武系	沉积岩	灰岩	2.72~2.86	2.76	定远、滁州琅琊山
		白云岩			

续表

地层（系）	岩性		密度变化范围/（g/cm³）	平均密度/（g/cm³）	测试地点
震旦系	变质岩	千枚岩	2.49～2.77	2.65	南京西、来安北、孟河、滁州西北、大柳东
		含砾千枚岩			
	沉积岩	灰岩	2.59～2.95	2.75	
		白云岩			
		变质砂岩			
中元古界	变质岩	千枚岩	2.579～2.78	2.70	连云港、涧溪
	沉积岩	灰岩	2.59～2.95	2.75	
后元古界	变质岩	片麻岩	2.52～2.79	2.75	练铺等

2．注意问题

1）用原始结构状态的岩石进行试验，同一组中各个试件的测试结果之间会有一定的差异。这种差异是由岩石的结构、矿物组成、风化程度，以及微破裂等岩石本身具有的性质和一些测试技术方面的问题引起的。

2）解决测试技术所引起的误差问题，主要靠提高试验人员的测试水平，同时也可以借助某些指标之间的经验关系加以判断、分析。

3）对岩石进行块体密度试验，目前还没有一种方法适合所有岩石试样，在采用量积法、水中称量法、石蜡密封法时，一定要遵循规定的适用范围和限制条件。

4）在试样能制备成标准试件的情况下，建议采用量积法。这种方法应用的测试技术简单，而且不受试验环境的影响。

2.2　岩石含水率试验

2.2.1　目的与原理

岩石含水率试验是测定表征岩石内部含水状态指标的试验，可以得到两个指标：一个是含水率（含水比），另一个是含水量。含水量表示岩石在 105～110 ℃下烘至恒重时失去的水分质量；含水率指岩石的含水量与烘干后干岩石试样的质量之比，以百分数表示。在使用时一定要特别注意含水量和含水率各自的含义。岩石的含水率间接反映了岩石中空隙的多少、岩石的致密程度等特性。

岩石含水率试验一般采用烘干法测定试样在地质环境中的自然含水状态，因此试件必须保持天然含水状态。现场取样不得采用爆破或湿钻的方法，在室内不得采用湿法加工。试件在采取、运输、储存和试样制备过程中，含水率变化不宜超过 1%。

本试验采用烘干法，适用于测定岩石在天然状态下的含水率。被烘干的水分质量指空隙水或自由水的质量，不包括矿物结晶水。对于含有矿物结晶水的岩石，应降低烘干温度进行测试，温度应控制在 40 ℃±5 ℃。

2.2.2　仪器设备

1）电子天平（称量 500g，感量 0.01g）。

2）烘箱（图 2.2.1）和干燥器。

3）具有密封盖的试样盒。

图 2.2.1　烘箱

2.2.3　制样要求

1）试件应在现场采取，不得采用爆破取样，室内不得采用湿法加工。试件在采取、运输、储存和制备过程中，含水率的变化不宜超过 1%。

2）试件尺寸应大于组成岩石最大颗粒粒径的 10 倍。

3）试件质量宜为 40～200g。

4）每组试件数量不宜少于 6 个。

2.2.4　操作步骤

1）在室温条件下，清洁电子天平，清洗称量盒，并将称量盒烘干。

2）制备试件并称其质量。

3）对于不含矿物结晶水的岩石，应在 105～110℃的恒温下烘 24h；对于含有矿物结晶水的岩石，应降低烘干温度，可在 40℃±5℃的恒温下烘 24h。

4）将试件从烘箱中取出，放入干燥器内冷却至室温，称取质量。

5）重复步骤 3）和 4），直到相邻两次称量之差不超过后一次称量的 0.1%为止。

6）上述每次称量精确至 0.01g。

2.2.5　成果整理

1）岩石含水率按式（2.2.1）计算：

$$\omega_0 = \frac{m_0 - m_d}{m_d} \times 100\% \qquad (2.2.1)$$

式中，ω_0——岩石的含水率，%；

　　　　m_0——试件天然质量，g；

　　　　m_d——试件烘干质量，g。

2）计算值精确至 0.01。

3）岩石含水率记录表如表 2.2.1 所示。

表 2.2.1　岩石含水率记录表

岩石名称	试样编号	烘干质量 m_d /g	天然质量 m_0 /g	含水率 ω_0 /%	备注
试件描述					
试验前			试验后		

班级：　　　　　　　　　组别：　　　　　　　　　日期：

试验者：　　　　　　　　计算者：

2.2.6　规律总结和注意问题

1. 规律总结

1）岩石的含水率对于软岩来说是一个非常重要的指标，因为组成软岩的矿物成分中往往含有大量的黏土矿物，这些黏土矿物有遇水软化的特性。含水率的大小直接反映了岩石软化的强弱，对软弱岩石的强度和变形有很大影响；对于中等坚硬的岩石，含水率的影响相对小得多。

2）不同岩性的单轴抗压强度和弹性模量受含水率的影响程度不同，主要取决于岩石成分、结构、岩石胶结状况、结晶程度和是否含有亲水性黏土矿物等因素。一般情况下，岩石单轴抗压强度和弹性模量随含水量的增加而呈线性规律降低（孟召平等，2009）。

3）体积比热是比热容中的一种，其对于岩石的导热特性、热传导规律具有一定的影响，并且体积比热是冻结法施工的重要热物理参数。经李祖勇等（2017）研究，对于白垩系砂岩，无论是中粒砂岩，还是粗粒砂岩，它们的体积比热均随着含水率的增加整体呈降低趋势（图 2.2.2）。白垩系砂岩的体积比热在常温（25℃）条件下并没有随着含水率的增加而增加，而是随着含水率的增加呈现先缓慢下降后迅速下降趋势。白垩系中粒砂岩体积比热的下降幅度要略大于粗粒砂岩，并且体积比热达到最大值时粗粒砂岩的含水率要比中粒砂岩小。

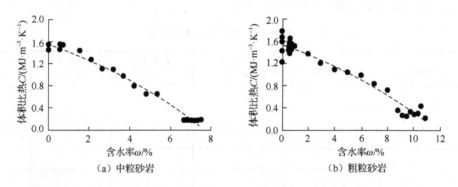

图 2.2.2　不同含水状态白垩系砂岩体积比热测试分布（李祖勇等，2017）

2. 注意问题

1）对含有矿物结晶水的岩石如石膏等，需将恒定的温度降至 40℃±5℃烘干。若高于此温度，结晶水就会挥发，导致测试结果误差较大。

2）因为岩石的含水率因环境条件的改变会发生变化，所以测定岩石的含水率时一定要在相同的状态下进行平行试验。

2.3　岩石吸水性试验

2.3.1　目的与原理

岩石吸水性是岩石吸收水分的性能，指在一定的试验条件下岩石吸入水分的能力。自然吸水率是岩石试样在大气压作用下吸入的水分的最大质量与试样烘干质量之比。饱和吸水率是岩石试样在真空或加压状态下吸入水的最大质量与试样烘干质量之比。岩石吸水率大小取决于岩石所含孔隙、裂隙的数量、大小及其张开程度。由于吸水率能有效地反映岩石中孔隙和裂隙的发育程度，因此它也是评定岩石性质的一个重要指标。

岩石吸水性试验包括岩石自然吸水率试验和饱和吸水率试验，试验目的是测定岩石的自然吸水率和饱和吸水率。本试验适用于遇水不崩解、不溶解和不干缩湿胀的岩石。

2.3.2 仪器设备

1）钻石机、切石机、磨石机、砂轮机。
2）烘箱和干燥器。
3）电子天平（感量 0.01g）。
4）水槽。
5）真空抽气设备和煮沸设备。
6）水中称量装置。

2.3.3 制样要求

1）按 2.1.3 节的要求。
2）不规则试件宜采用边长为 40～60mm 的浑圆状岩块。
3）每组试验试件的数量不少于 3 个。

2.3.4 操作步骤

1）清除试件表面的尘土和松动颗粒。对于软岩和极软岩，试件应采取保护措施，防止试件在吸水过程中掉块或崩解。

2）试件烘干应遵循 2.1.4 节水中称量法 1）～3）步。

3）采用自由吸水法测定岩石自然吸水率时，应将试件放入水槽，先注水至试件高度的 1/4 处，以后每隔 2h 分别注水至试件高度的 1/2 和 3/4 处，6h 后全部浸没试件。试件全部浸入水中自由吸水 48h 后，取出试件，拭干表面水分并称量。

4）对自由吸水后的试件进行强制饱和。采用煮沸法饱和试件时，煮沸容器内的水面应始终高于试件，煮沸时间不得少于 6h。经煮沸的试件应放置在原容器中冷却至室温，取出试件，拭干表面水分并称量。

5）采用真空抽气法饱和试件时，饱和试件的容器内的水面应高于试件，真空压力表读数宜为 100kPa，直至无气泡逸出为止，但抽气时间不得少于 4h。经真空抽气的试件应放置在原容器中，在大气压力下静置 4h，取出试件，拭干表面的水分并称量。

6）称量精确至 0.01g。

2.3.5 成果整理

1）岩石的自然吸水率和饱和吸水率计算式为

$$\omega_a = \frac{m_a - m_d}{m_d} \times 100\% \qquad (2.3.1)$$

$$\omega_s = \frac{m_s - m_d}{m_d} \times 100\% \qquad (2.3.2)$$

式中，ω_a ——自然吸水率，%；
ω_s ——饱和吸水率，%；

m_a——试件浸水 48h 后的自然吸水后的质量，g；

m_s——试件强制饱和吸水后的质量，g。

2）计算值精确至 0.01。

3）岩石吸水率记录表如表 2.3.1 所示。

表 2.3.1 岩石吸水率记录表

岩石名称	试样编号	烘干质量 m_d /g	自然吸水后的质量 m_a /g	饱和吸水后的质量 m_s /g	自然吸水率 ω_a /%	饱和吸水率 ω_s /%	备注

试件描述							
试验前				试验后			

班级：　　　　　　　　　　　组别：　　　　　　　　　　　日期：

试验者：　　　　　　　　　　计算者：

2.3.6 规律总结

1）岩石中的矿物成分和含水量是影响岩石吸水特性的一个重要因素。不同的矿物颗粒与水作用后会发生不同的物理变化和化学反应，如表面水化和离子交换等。黏土矿物的性质是由其本身所具有的不饱和电荷、大表面积和其中以不同形式存在的水所决定的，所以岩石中黏土矿物的种类和含量直接影响着岩石的吸水量和吸水速率的大小。同类型泥岩中，黏土矿物含量高则吸水量小，吸水速率低；黏土矿物含量低则吸水量大，吸水速率高。

2）岩石孔隙的几何形状、大小、分布及其相互连通关系决定其吸水量的大小与吸水速率的快慢。孔隙率大的岩样吸水量大，吸水速率相对高；孔隙率小的岩样吸水量小，吸水速率相对低。孔隙通道有效半径大，吸水速率相对高；孔隙通道有效半径小，吸水速率相对低（何满潮等，2008）。

3）岩石在整个吸水过程中，吸水速率随时间变化而变化。通常是初期吸水速率比较快，随着时间增加，吸水速率减慢，最终趋于常数。

2.4   岩石膨胀压力试验

2.4.1   目的与原理

  岩石的膨胀压力试验用于测定岩石吸水后的膨胀特性。岩石的膨胀特性是随所含固体矿物成分不同而发生变化的。某些含黏土矿物（如蒙脱石、水云母和高岭石）成分的软质岩石，经水化作用后在黏土矿物的晶格内部或细分散颗粒的周围生成结合水膜，并且在相邻的颗粒间产生楔劈效应，只要楔劈效应作用力大于结构联结力，岩石就会显示膨胀性。岩石膨胀性的大小一般用膨胀率和膨胀压力两项指标表示，这两项指标可以通过岩石室内试验测定。

  岩石膨胀压力试验包括岩石自由膨胀率试验、岩石侧向约束膨胀率试验和体积不变条件下膨胀压力试验。采用不同的试验方式，可得到表征岩石膨胀特征的不同指标。岩石自由膨胀率试验通过测定标准试件浸水后产生的径向和轴向膨胀变形，并分别计算径向和轴向膨胀变形与浸水前试件的径向和轴向长度的比值，得到岩石径向和轴向的自由膨胀率。采用岩石侧向约束膨胀率试验可测定岩石的侧向约束膨胀率参数，即岩石试件在有侧向约束不产生侧向变形的条件下，轴向受有限荷载（5kPa）作用时，浸水后产生的轴向变形与试件原高度之比，用百分数表示。体积不变条件下膨胀压力试验是测定试样浸水后保持原形不变时所需要的压力，膨胀压力一般采用平衡加载法测定。

  本节介绍体积不变条件下膨胀压力试验。

2.4.2   仪器设备

  1）钻石机、切石机、磨石机。
  2）测量平台、角尺、千分卡尺、放大镜。
  3）电子天平（称量大于 500g，感量 0.01g）。
  4）膨胀压力试验仪（图 2.4.1）。

图 2.4.1   膨胀压力试验仪

5）千分表。

6）压力传感器。

膨胀压力试验装置如图 2.4.2 所示。

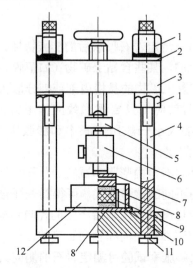

1—螺母；2—平垫圈；3—横梁；4—摆柱；5—接头；6—压力传感器；
7—上压板；8—金属透水板；9—试件；10—套环；11—调整件；12—容器。

图 2.4.2　膨胀压力试验装置

2.4.3　制样要求

1）试样应在现场采用干钻法采取，并保持天然含水状态，不得采用爆破或湿钻法取样。试样天然含水率变化不宜超过 1%。

2）试件应为圆柱体，直径宜为 50mm，尺寸偏差为−0.1～0mm，高度不宜小于 20mm，且应大于岩石最大颗粒粒径的 10 倍。两端面不平行度允许偏差为±0.05mm，且应垂直于试件轴线，垂直度允许偏差为±0.25°。

3）体积不变条件下，岩石膨胀压力试验每组试件数量不得少于 3 个。

2.4.4　操作步骤

1）将试件放入内壁涂有凡士林的金属环内，并在试件上、下端分别放置一张薄型滤水纸和金属透水板，如图 2.4.3 所示。

2）安装加压系统及测量试件变形的千分表（图 2.4.4），使仪器各部位和试件在同一轴线上，不得出现偏心载荷。

3）对试件施加 10kPa 的压力（图 2.4.5），测记千分表读数，每隔 10min 测读一次，连续 3 次读数不变时，重新调整千分表并记录千分表读数。

4）向盛水容器内缓慢注入蒸馏水（图 2.4.6），直至淹没上部透水板。观测千分表的变化，当变形量达到 0.001mm 时，调节所施加的压力，使试件膨胀变形在整个试验过程中保持不变。

图 2.4.3　安装试件并放滤水纸

图 2.4.4　安装千分表

图 2.4.5　施加压力

图 2.4.6　向盛水容器内注入蒸馏水

5）开始时每隔 10min 读数一次，连续 3 次读数差小于 0.001mm 时，改为每小时读数一次；连续 3 次读数差小于 0.001mm 时，即可认为稳定并记录试验压力。浸水后总的试验时间不得少于 48h。

6）试验过程中应保持水位不变，水温变化不得大于 2℃。

7）试验结束后，应描述试件表面的泥化和软化现象。根据需要可对试件进行矿物鉴定、X 衍射分析和差热分析。

2.4.5　成果整理

1）岩石的膨胀压力按下列公式计算：

$$P = F + G_1 - G_2 \qquad (2.4.1)$$

$$P_p = \frac{P}{A} \qquad (2.4.2)$$

式中，P_p——膨胀压力，MPa；

　　　P——侧向约束膨胀压力荷载，N；

　　　A——试件截面积，mm^2；

　　　F——轴向荷载（仪表荷载读数），N；

G_1——上透水板+变形测绘板+千分表+顶丝+球座的力值，N，取 14N；

G_2——盛水槽内水的重力值，N，取 3N。

2）计算值精确至 0.01。

3）膨胀压力试验记录表 2.4.1 所示。

表 2.4.1　膨胀压力试验记录表

岩石名称	试件编号	试件尺寸/mm		试件截面积/mm²	轴向膨胀变形/mm	轴向荷载/N	膨胀压力/MPa	备注
		直径或边长平均值	高度平均值					
试件描述								
试验前				试验后				

班级：　　　　　　　　　　组别：　　　　　　　　　　日期：

试验者：　　　　　　　　　计算者：

2.4.6　规律总结

泥岩膨胀压力均随时间延长而增大，初始阶段变化较快，最后逐渐趋向于一个最大值（图 2.4.7）。对于具有层理构造的红色泥岩，垂直层理方向的膨胀率高于平行层理方向的膨胀率（张云杰等，2014）。在体积保持一定的情况下，泥岩的膨胀压力和膨胀应变是线性关系（图 2.4.8）。

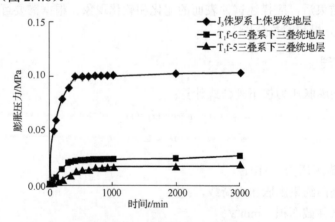

图 2.4.7　泥岩膨胀压力-时间关系（张云杰等，2014）

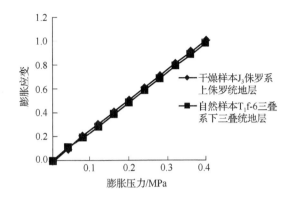

图 2.4.8 泥岩膨胀压力-膨胀应变关系（张云杰等，2014）

2.5 岩石自由膨胀率试验

2.5.1 目的与原理

岩石自由膨胀率是指不易崩解的岩样在没有任何限制的条件下浸泡于水中，让其充分吸水发生体积膨胀，当膨胀变形趋于稳定后，岩石试样在浸水后产生的径向和轴向变形与试样的原直径和高度的比值，以百分数表示。自由膨胀率是反映黏性土的膨胀性的指标之一，对判别膨胀土有较大参考价值。膨胀性是软岩重要的特征之一，许多软岩工程常因膨胀变形而失稳破坏，因此揭示软岩的膨胀机理对岩土工程稳定性的研究具有重大意义。

岩石自由膨胀率试验适用于遇水不易崩解的岩石。

2.5.2 仪器设备

1）岩石自由膨胀率试验仪（图 2.5.1）。

2）钻石机、切石机、磨石机、车床。

3）电子天平（称量大于 500g，感量 0.01g）。

岩石自由膨胀率试验装置如图 2.5.2 所示。

图 2.5.1 岩石自由膨胀率试验仪

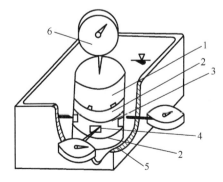

1—铝板；2—金属透水板；3—试件；4—紫铜片；5—容器；6—千分表。

图 2.5.2 岩石自由膨胀率试验装置

2.5.3　制样要求

1）试件应在现场采用干钻法采取，并保持天然含水状态，不得采用爆破或湿钻法取样。试件的天然含水率变化不宜超过 1%。

2）圆柱体试件直径宜为 50～60mm，高度宜等于直径，两端面不平行度允许偏差为±0.05mm，垂直度允许偏差为±0.25°；正方体试件边长宜为 50～60mm，两端面不平行度允许偏差为±0.05mm，垂直度允许偏差为±0.25°。

3）岩石自由膨胀率试验每组试件数量不得少于 3 个。

2.5.4　操作步骤

1）将试件放入岩石自由膨胀率试验仪内，在试件上、下端分别放置透水板，顶部放置一块金属板。

2）在试件上部和四侧对称的中心部位分别安装千分表，四侧千分表与试件接触处宜放置一块紫铜片。

3）每隔 10min 记录千分表读数一次，直至连续 3 次读数不变。

4）缓慢向容器内注入蒸馏水，直至淹没上部透水板并立即读数。

5）在第一小时内，每隔 10min 测读变形一次，以后每隔 1h 测读变形一次，直至相邻 3 次读数差不大于 0.001mm 即可认为稳定，但浸水试验时间不得少于 48h。

6）整个试验过程中应保持水位不变，水温变化不得大于 2℃。

7）试验结束后，应详细描述试件的崩解、开裂、掉块、表面泥化或软化现象。根据需要可对试块进行矿物镜检、X 衍射分析和差热分析。

2.5.5　成果整理

1）岩石的自由膨胀率按下列公式计算：

$$V_{\mathrm{h}} = \frac{U_{\mathrm{h}}}{H} \times 100\% \qquad (2.5.1)$$

$$V_{\mathrm{d}} = \frac{U_{\mathrm{d}}}{D} \times 100\% \qquad (2.5.2)$$

式中，V_{h}——轴向自由膨胀率，%。

V_{d}——径向自由膨胀率，%。

H——试件高度，mm。

D——试件直径或边长，mm。

U_{h}——试件轴向膨胀变形，mm。

U_{d}——试件径向膨胀平均变形量，mm。

2）计算值精确至 0.01。

3）岩石自由膨胀率试验记录表如表 2.5.1 所示。

表 2.5.1　岩石自由膨胀率试验记录表

岩石名称	试件编号	试件尺寸/mm		轴向膨胀变形/mm	径向膨胀平均变形量/mm					轴向自由膨胀率/%	径向自由膨胀率/%	备注
		直径或边长	高度		百分表 1	百分表 2	百分表 3	百分表 4	平均			

试件描述	
实验前	试验后

班级：　　　　　　　　组别：　　　　　　　　日期：

试验者：　　　　　　　计算者：

2.5.6　规律总结和注意问题

1. 规律总结

1）黏土矿物含量是影响岩石膨胀性能的主要因素，黏土矿物的膨胀性：蒙脱石>伊利石>高岭石。含有高膨胀性的黏土矿物越多，岩石的膨胀性能越强。

2）不同地质年代的泥岩膨胀性也不同，泥岩形成的地质年代越早，其膨胀性能越大；泥岩类型不同，其径向自由膨胀率也存在明显差异，红色泥岩膨胀率约为碳酸质泥岩和泥质页岩的 10~20 倍；含水率对泥岩膨胀率及膨胀压力有明显的影响，含水率越高，泥岩膨胀性能越差（张云杰等，2014）。

2. 注意问题

岩石自由膨胀率试验是测定岩石膨胀性能的一项重要指标，试验过程中的关键是保证岩样试验前的天然状态，其中取样和制件是最关键也是最难达到规范要求的环节。一般来说，膨胀性大的岩石（标准试件膨胀量超过 1mm）大部分会崩解或者开裂，而不崩解、开裂的岩石其膨胀性一般较小（邱良军等，2014）。

2.6　岩石耐崩解性试验

2.6.1　目的与原理

岩石的崩解性指岩石与水相互作用时失去黏结性,变成完全丧失强度的松散物质的性能。这种现象是由于水化过程中削弱了岩石内部的结构联结引起的,常见于由可溶盐和黏土质胶结的沉积岩地层中。

岩石的耐崩解性是指试件在遭受周期性干湿或者冻融交替作用之后,表现出来的抵抗软化和崩解的能力。根据国际岩石力学学会建议的方法,用耐崩解性指数表示岩石抗崩解的能力。耐崩解性指数指标准试件经过若干次干湿循环后的残余质量与其试验前初始质量之比,用百分数表示。

耐崩解性试验适用于黏土类岩石和风化岩石,通过本试验可以得到岩石的崩解性指耐崩解性指数。

2.6.2　仪器设备

1)烘箱及干燥器。

2)电子天平(称量大于 1000g,感量 0.01g)。

3)岩石耐崩解性试验仪(图 2.6.1):由筛筒、水槽和动力装置组成。

① 筛筒是一个净长 100mm,直径 140mm,标准筛孔 2.0mm 的圆柱体,筛筒有足够的强度且耐温 105℃。

② 水槽用有机玻璃制成,水槽内装有水平轴支撑并能自由旋转的筛筒。

③ 动力装置由电动机、变速装置和齿轮组成。电动机的传动能使圆筒按 20r/min 的速度旋转,10min 内速度即可保持稳定。

图 2.6.1　岩石耐崩解性试验仪

岩石耐崩解性试验装置如图 2.6.2 所示。

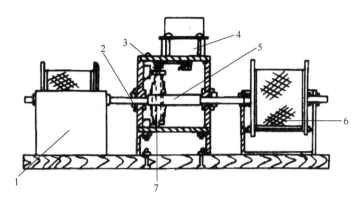

1—水槽；2—轴套；3—蜗杆；4—电动机；5—大轴；6—筛筒；7—蜗轮。

图 2.6.2 岩石耐崩解性试验装置

2.6.3 制样要求

1）试验采用的试件应保持天然含水量，并密封装箱。

2）试件形状为无棱角的浑圆形，每块质量为 40～60g。

3）每组试件数量不应少于 20 块。

2.6.4 操作步骤

1）将筛筒（图 2.6.3）洗净、烘干并称量。

2）将制备好的试件装入岩石耐崩解性试验仪的筛筒内，每端装一个，一起放入烘箱，在 105～110℃恒温下烘 24h，在干燥器内冷却至室温后，称筛筒和残留试件的总质量。

3）将装有试件的筛筒放入水槽内，向水槽内注入纯水（图 2.6.4），使水位保持在转动轴下约 20mm，水温保持在 20℃±2℃。

图 2.6.3 筛筒

4）启动电动机，使筛筒以 20r/min 的转速转动 10min（图 2.6.5），取下筛筒并置于 105～110℃恒温烘箱中烘 24h，在干燥器内冷却至室温后，称筛筒和残留试件的质量。

5）重复步骤 2）、4）做第二个循环试验。

6）根据工程重要性和岩石耐崩解性可进行多次循环试验。对于耐崩解性高的岩石，可连续做 3～5 个循环试验。

7）试验结束后，应对残留试件、水的颜色和水中沉淀物进行描述。根据需要，对水中沉积物进行颗粒分析、界限含水量测定和黏土矿物分析。

8）称量精确至 0.1g。

图 2.6.4　水槽注水

图 2.6.5　启动电动机，转动筛筒

2.6.5　成果整理

1）岩石耐崩解性指数可计算为

$$I_{\mathrm{d}} = \frac{m_{\mathrm{r}}}{m_{\mathrm{d}}} \times 100\% \tag{2.6.1}$$

式中，I_{d}——岩石耐崩解性指数，%；

　　　　m_{d}——试件烘干质量，g；

　　　　m_{r}——残留试件烘干质量，g。

2）计算精确至 0.1。

3）岩石耐崩解性试验记录表如表 2.6.1 所示。

表 2.6.1　岩石耐崩解性试验记录表

试件编号	循环次数	筛筒烘干质量/g	筛筒加试件烘干质量/g		试件烘干质量/g		岩石耐崩解性指数/%	备注
			循环前	循环后	循环前	循环后		

试件描述	
试验前	试验后

班级：　　　　　　　　　　组别：　　　　　　　　　　日期：

试验者：　　　　　　　　　计算者：

2.6.6　规律总结

随着耐崩解性试验循环次数的增加，岩石耐崩解性指数逐渐降低（图 2.6.6 和图 2.6.7）。岩石耐崩解性与其矿物组成和孔裂隙结构特性等密切相关。泥岩的崩解机理可分为两类：矿物组成中含有蒙脱石的，崩解主要由所含蒙脱石遇水膨胀引发岩样的差异膨胀引起；矿物组成中不含蒙脱石的，崩解主要由岩样内部孔裂隙中空气受水的挤压产生超张应力，使孔裂隙扩容引起（柴肇云等，2015）。沉积岩耐崩解性与其矿物组成、孔隙率和化学成分密切相关。沉积岩的崩解机理有两类：矿物成分中伊利石含量较高的（高于 10%），崩解主要由所含黏土矿物遇水引发试样的差异膨胀造成；矿物成分中伊利石含量较低的（低于 10%），崩解主要由试样中化学成分遇水电离和孔隙遇水扩容造成（梁冰等，2018）。

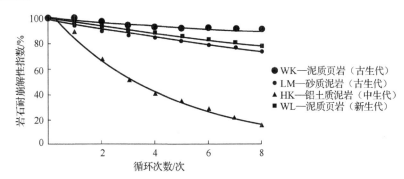

图 2.6.6　岩石耐崩解性指数与循环次数（柴肇云等，2015）

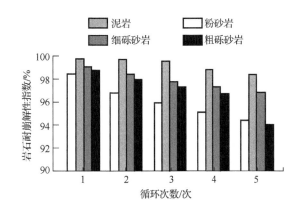

图 2.6.7　岩石耐崩解性指数与循环次数（梁冰等，2018）

2.7　岩石冻融试验

2.7.1　目的与原理

岩石冻融试验是通过测试饱和试件经过多次冻融循环后质量和单轴抗压强度的变

化，计算冻融质量损失率和冻融系数。冻融质量损失率和冻融系数的大小直接反映了岩石抵抗冻融破坏能力的强弱，是评价岩石抗风化稳定性的重要指标。

岩石的抗冻性能一般用两个指标表示：一是冻融质量损失率，指岩石冻融前后饱和试件的质量差与冻融前饱和试件质量之比；二是冻融系数，指冻融后的岩石饱和单轴抗压强度与冻融前的岩石饱和单轴抗压强度之比。

本试验采用直接冻融法，适用于能制备成规则试件的各类岩石。

2.7.2　仪器设备

1）低温冰箱（最低制冷温度不高于−25℃）。

2）钻石机、切石机、磨石机和车床。

3）测量平台、角尺、千分卡尺和放大镜。

4）电子天平（称量大于 2000g，感量 0.01g）。

5）烘箱和干燥器。

6）试件饱和设备。

7）白铁皮盒（容积为 210mm×210mm×200mm）和铁丝架（可放入白铁皮盒中，铁丝架分为 9 格，每格可放一个试件）。

8）压力试验机。

2.7.3　制样要求

1）标准试件为圆柱形，可从钻孔岩心或坑探槽中采取岩块加工制成。试件在采取、运输和制备过程中应避免扰动。

2）制备试件时应采用纯净水作为冷却液。

3）对于遇水崩解、溶解和干缩湿胀的岩石，应采用干法制备试件。

4）试件直径宜为 48～54mm，但应大于岩石最大颗粒粒径的 10 倍。

5）试件高度与直径之比为 2.0～2.5。

6）对于非均质粗粒岩石或非标准钻孔岩心，可采用非标准尺寸的试件，但高径比不宜小于 2。

7）试件精度应符合 2.1.3 节 2）～5）条的规定。

8）每组试件数量不应少于 6 个。

2.7.4　操作步骤

1）试件的干燥、吸水、饱和处理及称量应符合 2.3.4 节 2）～6）条的规定。

2）取 3 块饱和试件进行冻融前的单轴抗压强度试验。

3）将另外 3 块饱和试件放入白铁皮盒内的铁丝架中并放入低温冰箱，在−20℃±2℃温度下冻 4h，然后取出白铁皮盒，向盒内注水浸没试件，水温应保持在 20℃±2℃，融解 4h，即为一个循环。

4）根据工程需要确定冻融循环次数，以 20 次为宜，严寒地区不应少于 25 次。

5）每进行一次冻融循环，详细检查各试件有无掉块、裂缝等，观察其破坏过程。试验结束后进行一次总的检查，并详细记录。

6）冻融循环结束后，从水中取出试件，拭干表面水分并称量，进行单轴抗压强度试验。

2.7.5　成果整理

1）冻融质量损失率按下列公式计算：

$$L_\mathrm{f} = \frac{m_\mathrm{s} - m_\mathrm{f}}{m_\mathrm{s}} \times 100 \tag{2.7.1}$$

式中，L_f——冻融质量损失率，%；

　　　m_s——冻融试验前饱和试件质量，g；

　　　m_f——冻融试验后饱和试件质量，g。

2）计算冻融前、后饱和单轴抗压强度：

$$R_\mathrm{s} = \frac{P_\mathrm{s}}{A} \tag{2.7.2}$$

$$R_\mathrm{f} = \frac{P_\mathrm{f}}{A} \tag{2.7.3}$$

式中，R_s——冻融前饱和单轴抗压强度，MPa；

　　　R_f——冻融后饱和单轴抗压强度，MPa；

　　　P_s——冻融前饱和试件破坏荷载，N；

　　　P_f——冻融后饱和试件破坏荷载，N；

　　　A——试件截面积，mm^2。

3）冻融系数按下列公式计算：

$$K_\mathrm{f} = \frac{\overline{R}_\mathrm{f}}{\overline{R}_\mathrm{s}} \tag{2.7.4}$$

式中，K_f——冻融系数；

　　　$\overline{R}_\mathrm{s}$——冻融前饱和单轴抗压强度平均值，MPa；

　　　$\overline{R}_\mathrm{f}$——冻融后饱和单轴抗压强度平均值，MPa。

4）饱和单轴抗压强度取 3 位有效数字，冻融质量损失率和冻融系数精确至 0.01。

5）岩石冻融试验记录表如表 2.7.1 所示。

表 2.7.1　岩石冻融试验记录表

试件编号	试件尺寸		饱和试件质量/g		破坏荷载/N		饱和单轴抗压强度/MPa				冻融质量损失率/%	冻融系数	备注
	直径/mm	面积/mm²	冻融前	冻融后	冻融前	冻融后	冻融前	平均值	冻融后	平均值			
试件描述													
试验前							试验后						

班级：　　　　　　　　　　　组别：　　　　　　　　　　日期：
试验者：　　　　　　　　　　计算者：

2.7.6　规律总结

循环冻融对岩石强度有降低作用，如大理岩的强度随循环冻融次数的增加呈明显降低趋势（图 2.7.1）。在冻融初期，大理岩的微观结构变化较大，强度下降明显，随着冻融的继续进行，大理岩的强度下降变缓。大理岩 40 次冻融后岩石的单轴抗压强度降低较大，60 次冻融后大理岩的单轴抗压强度有进一步的下降，但下降幅度并没有前 40 次的大（图 2.7.1）。这表明，冻融初期大理岩岩样的微观结构变化较大，冻融对岩样造成了较大的损伤；而在冻融后期，冻融对大理岩岩样造成的损伤相对较小（吴刚等，2006）。

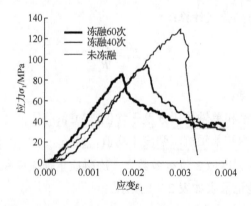

图 2.7.1　循环冻融前后典型大理岩岩样的单轴应力-应变关系（吴刚等，2006）

2.8　岩石波速试验

2.8.1　目的与原理

声波测试技术具有简便、快捷、可靠、经济及无破损等特点，因此得到国内外工程界的广泛重视，目前已较成功地用于解决岩土体动弹性参数测试、岩体完整性评价等问题。声波测试理论基础是弹性波在固体介质中的传播理论。该方法利用一种声源信号发射器（发射系统）向压电材料制成的发射换能器发射一电脉冲，激励晶片振动，发射出超声波在测试材料中传播，后经接收器接收，把声能转换成微弱的电信号送至接收系统，经信号放大后在屏幕上显示出波形，从波形上读出波幅和初至时间，由已知的测试材料距离，便可计算出超声波在测试材料中传播的纵波波速。

2.8.2　仪器设备

1）岩石声波参数测试仪（图 2.8.1）。

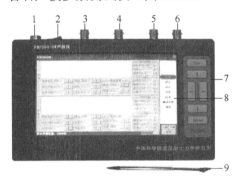

1—电源；2—开关；3—发射通道；4—同步；5—接收通道 1；
6—接收通道 2；7—薄膜键盘；8—触摸屏；9—触摸笔。

图 2.8.1　FDP204SW 型声波仪

2）纵、横波换能器。

3）游标卡尺。

4）标准试棒。

5）测试架。

其中，岩石声波参数测试仪的主要技术要求应符合下列规定：

1）具有波形显示装置，显示波形应稳定、清晰、可调。

2）发射脉冲电压不得低于 250V。

3）接收放大器的频带宽为 50kHz～1MHz。总增益应大于 80dB，并分挡连续可调。

4）计时器的最小读数为 0.1μs，量程不应小于 10000μs。

5）在环境温度为 -10～+40℃，相对湿度不大于 90%，交流电电压为 220V±20V（直流电电压为 18V±1V）的条件下能正常工作。

纵、横波换能器的选择应符合下列规定：

1）频带范围宜为实际工作频率的 2～3 倍。

2）阻抗低，内损耗小，电声转换效率高。

3）具有较大的功率。

4）具有较高的灵敏度。

5）测试所用换能器的频率应根据试件直径与试件材料性质在 50kHz～1MHz 选用，并满足下列公式要求：

$$f_p \geqslant \frac{2V_P}{D} \tag{2.8.1}$$

式中，f_p——换能器频率，Hz；

V_p——岩块纵波速度，m/s；

D——试件直径，m。

2.8.3　制样要求

1）标准试件为圆柱形，可从钻孔岩心或坑探槽中采取岩块加工制成。试件在采取、运输和制备过程中应避免扰动。

2）制备试件时应采用纯净水作为冷却液。

3）对于遇水崩解、溶解和干缩湿胀的岩石，应采用干法制备试件。

4）试件直径宜为 48～54mm，但应大于岩石最大颗粒粒径的 10 倍。

5）试件高度与直径之比宜为 2.0～2.5。

6）对于非均质粗粒岩石或非标准钻孔岩心，可采用非标准尺寸的试件，但高径比不宜小于 2.0。

7）试件精度应符合 2.1.3 节 2）～5）条的规定。

8）每组试件数量不应少于 3 个。

2.8.4　操作步骤

1. 接线

1）将发射换能器插入仪器的发射通道，如图 2.8.2 所示。

2）将接收换能器插入仪器的接收通道 1、接收通道 2，如图 2.8.3 所示。

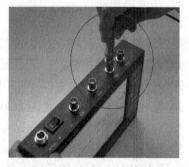

图 2.8.2　插发射换能器　　　　　　图 2.8.3　接收通道 1、接收通道 2

3）当采集时，接收器的另一端连接探头（图 2.8.4），在试件与探头接触表面要进行耦合。纵波耦合剂为凡士林，横波耦合剂为锡箔纸。

图 2.8.4　纵波探头和横波探头

2.　打开仪器电源，进入主菜单（图 2.8.5）

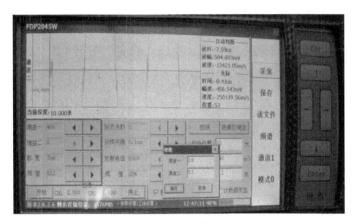

图 2.8.5　主菜单页面

主菜单页面中各按钮的作用如下。

1）增益：通道仪器对当前采集信号的放大倍数，用于调整信号的幅度。通常在实际检测中应尽量选择较大的增益值，因为仪器采集记录电路不可避免地含有背景噪声，这种噪声通常与待测信号的大小无关，尽量将待测信号放大后采集记录，这将有效地提高采集信号的信噪比。

2）脉宽：可对波形形态有一定的改变，取值为 1，2，5，…，1000，单位为μs。调整该参数会对波形形态有一定的改变。

3）频率：频谱。

4）延迟点数：由于不同部位有差异，采集数据的波形不一定在相同时刻到达，因此应设置不同的延迟点数，使得波形在屏幕上能显示起点的位置。该参数表示接收端在采集开始后延迟多少个点开始接收数据。该参数设置主要用于帮助寻找首波位置。

5）采样间隔：可选择不同的采样间隔采集数据，取值为 0.1，0.2，0.5，1，…，20000，50000，单位为μs。该参数表示对两个采样点之间进行采样的时间间隔。

6）发射电压：在发射传感器上施加一个电压，通过突然放电的方式导致压电元件的几何尺寸发生改变，进而发射声波。施加的电压越高，放电时压电元件的几何尺寸变化越大，发射出的声波能量也越大。发射电压一般设置为 500V 或 1000V。

7）阈值：以该值为判据自动判断波形起跳位置，取值为 5%，10%，…，50%。该参数作为自动判断波形起跳点位置的依据。

3. 校准

读取波速时需扣除检测系统造成的延时才能得到准确的待测值，因此需要扣除这种检测系统延时得到准确波速。要求在采集记录之前对检测系统的延时进行准确的测试。

1）打开主界面，打开通道一或者通道二，单击"采集"按钮。

2）调整通道二的增益，设置相应的参数，使波的振幅都能显示在显示屏中。可用触摸笔或者通过仪器右边的"←"和"→"按钮来对光标位置进行调整。在"开始"显示栏中会用相应通道的校准数值。

3）在"开始"显示栏的 CH2 对话框中会有相应的 CH2 数值，单击该框，在弹出的"校准"对话框中输入 CH2 对应的数值，单击"确定"按钮（图 2.8.6）。

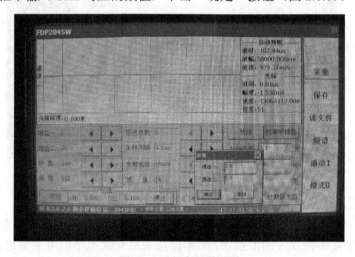

图 2.8.6 声波测试校准

4. 采集

单击"采集"按钮，调整"延迟点数"或者"增益"，使波形能完整地显示在显示屏中。同时，用触摸笔或者通过仪器右边的"←"和"→"按钮来对光标位置进行调整，找到初至波（首波）的位置，单击"停止"按钮，读取光标判别的对应波速。

2.8.5 成果整理

1）岩块纵波波速和横波波速按下列公式计算：

$$V_p = \frac{L}{t_p - t_0} \tag{2.8.2}$$

$$V_s = \frac{L}{t_s - t_0} \tag{2.8.3}$$

式中，V_p——纵波波速，m/s；

V_s——横波波速，m/s；

L——发射与接收换能器中心点间的距离，m，精确至 0.001m；

t_p——纵波在试件中的传播时间，s，精确至 0.1μs；

t_s——横波在试件中的传播时间，s，精确至 0.1μs；

t_0——仪器系统的零延时，s。

2）计算值取 3 位有效数字。

3）岩石波速试验记录表如表 2.8.1 所示。

表 2.8.1 岩石波速试验记录表

岩石名称	试件编号	试件尺寸		换能器中心点间的距离	传播时间/s	横波波速/(m/s)	纵波波速/(m/s)	备注
		直径/mm	面积/mm²					

班级：　　　　　　组别：　　　　　　日期：

试验者：　　　　　计算者：

4）岩块动弹性参数按下列公式计算：

$$E_d = \rho V_p^2 \frac{(1+\mu)(1-2\mu)}{1-\mu} \times 10^{-3} \tag{2.8.4}$$

$$E_d = \rho V_s^2 (1+\mu) \times 10^{-3} \tag{2.8.5}$$

$$\mu = \frac{\left(\dfrac{V_p}{V_s}\right)^2 - 2}{2\left[\left(\dfrac{V_p}{V_s}\right)^2 - 1\right]} \tag{2.8.6}$$

$$G_d = \rho V_s^2 \times 10^{-3} \tag{2.8.7}$$

$$\lambda_{d} = \rho\left(V_{p}^{2} - 2V_{s}^{2}\right) \times 10^{-3} \tag{2.8.8}$$

$$K_{d} = \rho\left[\left(3V_{p}^{2} - 4V_{s}^{2}\right)/3\right] \times 10^{-3} \tag{2.8.9}$$

式中，　E_{d}——动弹性模量，MPa；

ρ——试件的密度，g/cm^3；

μ——泊松比；

G_{d}——动刚性模量或动剪切模量，MPa；

λ_{d}——动拉梅系数，MPa；

K_{d}——动体积模量，MPa。

2.8.6　规律总结

1）邓涛等（2000）通过对烘干和饱水状态下的大理岩进行纵波波速测试，发现饱水后的大理岩声波波速会发生变化并表现出明显的分散性。垂直层理方向，岩样的波速将增加，增幅较大；平行层理方向，多数情况下波速增加，但也可能降低。波速的各向异性也被弱化，长期浸泡后，大理岩的波速还可能会降低。

2）通过层状砂岩声波波速测试，不同角度砂岩的声波传播速率不同。将层理面与试件轴向之间的夹角分为0°、30°、45°、60°、90°，不同角度与波速的关系如图2.8.7所示。可见试件声波传播速度随着角度的增大，整体呈线性减小，0°时声波波速最大，90°时声波波速最小，说明声波在层状砂岩中的传播具有各向异性。

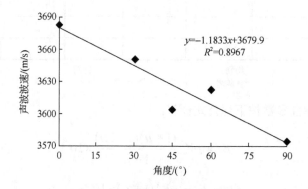

图2.8.7　声波波速与角度的关系

3）大理岩、花岗岩和红砂岩3类典型性岩石试件在弹性范围内单轴反复加卸荷试验中的波速测试表明，3种岩石均呈现波速随着应力的增大而增大趋势（图2.8.8），在各自最大应力的30%之前，3种岩石的波速增长较为一致；超过最大应力的30%时，大理岩和花岗岩增长速率依然较为一致，而红砂岩的波速增长速率存在突增现象（郭春志等，2019）。

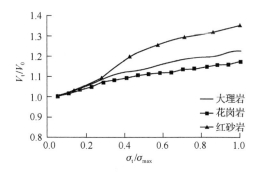

图 2.8.8　反复加卸荷后平均相对波速的比较（郭春志等，2019）

参 考 文 献

柴肇云，张亚涛，张学尧，2015．泥岩耐崩解性与矿物组成相关性的试验研究[J]．煤炭学报，40（5）：1188-1193．

邓涛，韩文峰，保翰璋，2000．饱水大理岩的波速变化特性研究[J]．岩石力学与工程学报，19（6）：762-765．

郭春志，马春德，周亚楠，等，2019．基于波速测量的岩石储能量化表征方法研究[J]．黄金科学技术，27（2）：223-231．

何满潮，周莉，李德健，等，2008．深井泥岩吸水特性试验研究[J]．岩石力学与工程学报，27（6）：1113-1120．

李祖勇，王磊，屈永龙，2017．白垩系砂岩含水率对体积比热影响试验研究[J]．煤炭技术，36（9）：40-42．

梁冰，李若尘，姜利国，等，2018．沉积岩矿物组成对其耐崩解性影响的试验研究[J]．煤炭学科技术，46（5）：27-32．

孟召平，潘结南，刘亮亮，等，2009．含水量对沉积岩力学性质及其冲击倾向性的影响[J]．岩石力学与工程学报，28（S1）：2637-2643．

邱良军，李慧芝，2014．岩石自由膨胀率试验分析[J]．铁道勘察，40（3）：74-75．

吴刚，何国梁，张磊，等，2006．大理岩循环冻融试验研究[J]．岩石力学与工程学报（增刊1）：2930-2938．

徐剑春，吴成平，李文勇，等，2017．苏北盆地岩石密度界面划分及特征[J]．中国地质调查，4（4）：74-79．

张云杰，樊成，刘小红，等，2014．重庆地区不同地质年代泥岩膨胀特性试验研究[J]．有色金属（矿山部分），66（4）：58-66．

中华人民共和国水利部，2020．水利水电工程岩石试验规程：SL/T 264—2020[S]．北京：中国水利水电出版社．

第 3 章　岩石基本力学性质试验

岩石在力作用下所表现出来的变形、强度和破裂或破坏现象与特征称为岩石力学性质。岩石同其他固体材料一样，在较小力的作用下，首先发生变形；随着作用力增大，变形量逐渐增加；当力和（或）变形量超过一定的限度后，即发生破坏。根据这个力和变形的变化过程，可将岩石的力学性质分为变形性和抗破坏性，即承受力的作用而发生变形的性能、抵抗力的作用而保持其自身完整的抗破坏性能。从宏观上看，岩石的破坏是在作用力增加到一定水平以后，岩石中产生了破坏其完整性的贯通裂面时才出现的，似乎变形和破坏是两个截然分开的阶段，然而实际上并非如此。对于没有贯通裂隙的岩石，在作用力达到极限值以前，组成岩石的颗粒间的联结早已开始遭到破坏，已有裂纹产生。随着作用力增大，裂纹的大小、裂纹的数量都会有相应的发展，使岩石宏观变形量显著增加。这种变形量不断积累，直到作用力超过某一极限水平时，形成一个贯通岩石的宏观破裂面，岩石的整体性即被破坏。因此，在作用力不断增大的过程中，岩石的变形和微结构破裂是一个相互交错的连续过程，岩石破坏是累进性的，是众多局部微结构破裂的积累。以几何和物理力学机理来说，岩石破坏只有张裂破坏和剪裂破坏。

本章主要介绍岩石基本力学性质试验，分别为岩石单轴抗压强度试验、单轴压缩变形试验、抗拉强度试验、直剪试验、常规三轴压缩试验、结构面剪切试验和点荷载强度试验。

3.1　岩石单轴抗压强度试验

3.1.1　目的与原理

岩石单轴抗压强度试验

岩石单轴抗压强度试验是测定岩石强度的基本试验，该试验能对岩石进行强度分级、特性描述，并做出稳定性分析，能比较真实地反映岩体的工程性质，具有重要的工程意义。

测试岩石的抗压强度通常是测试岩石的单轴抗压强度。岩石抵抗单轴压缩荷载破坏的最大能力称为岩石的单轴抗压强度，即标准岩石试件在单轴压缩荷载作用下，破坏时的最大荷载与垂直于加荷方向的截面积之比。岩石的单轴抗压强度是地下工程中使用最多的岩石力学特性参数，也是进行岩体分类的重要指标。一般情况下，它与抗拉强度和抗弯强度之间有一定的比例关系，通常抗拉强度为它的 3%～30%，抗弯强度为它的 7%～15%，因此可借助于岩石的抗压强度大致估算其抗拉强度和抗弯强度。因此，单轴抗压强度是岩石试验中基本的力学指标之一。

根据岩石的含水状态不同，单轴抗压强度又可分为天然抗压强度、烘干抗压强度和饱和抗压强度。

3.1.2　仪器设备

1）制样设备：钻石机、切石机、磨石机等。

2）测量平台、直角尺、游标卡尺等。

3）电子天平：称量大于 500g，感量 0.01g。

4）烘箱、干燥器。

5）水槽、真空抽气设备。

6）压力机（图 3.1.1）：压力机性能应满足如下要求。

① 压力机能连续加载，没有冲击，具有足够的加载能力，使试件能在加载能力的 10%～90%进行试验。

② 压力机的上、下承压板必须具有足够的刚度，其中之一具有球形座，板面须平整光滑。

③ 承压板直径不应小于试件直径，也不能大于试件直径的两倍，大于试件直径的两倍时应加相应刚度的辅助承压板。

④ 压力机应符合国家计量标准，并在有效的校正和检验期限内。

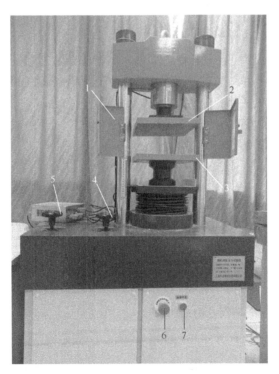

1—挡板；2—上承压板；3—下承压板；4—卸油阀；5—加油阀；6—急停开关；7—启动按钮。

图 3.1.1　压力机

3.1.3　制样要求

1. 试件制备

1）试件可用钻取的岩芯或岩块。

2）试验的标准试件为圆柱体，圆柱直径为 50mm（允许变化范围为 48~52mm），高为 100mm（允许变化范围为 95~105mm）。

3）对于非均质结构的岩石或取样尺寸小于标准尺寸者，允许采用非标准试件，但高径比必须保持 2∶1 左右。

4）对于遇水易崩解、溶解和干缩湿胀的岩石，应采用干法制样。用切石机在不加水的情况下将其切割成长方体，然后用金刚砂在磨石机上干磨 6 面，直至满足要求。

5）对于层（片）状岩石，根据需求，可制作不同层理面与加载方向夹角的试件。

6）试件数量可视所要求的受力方向或含水状态而定，但每种情况不应少于 3 个。

7）试件精度要求：

① 在圆柱体的整个高度上，直径误差不得超过 0.3mm。

② 两端面的平行度最大偏差不超过 0.05mm。

③ 端面应垂直于试件轴线，最大偏差不超过 0.25°。

2. 试件描述

1）试验前描述内容：岩石名称、颜色、矿物成分、裂隙发育情况、风化程度、胶结物性质等；试件端部和边角的加工情况及加工过程中出现的问题；加载方向与试件层理、片理和节理裂隙的关系；试件的含水状态及处理方法。

2）试验后描述内容：结合试件破坏素描图，描述试件的破坏形式。一般的破坏形式有张拉破坏和剪切破坏。

3. 试件量测

1）圆柱体试件：一般选取试件两端和中间位置处的断面，以这 3 个断面上相互垂直的 6 个直径的平均值作为试件直径。一般选取均匀分布于两端面周边的 4 点和中间点，测量这 5 个点的高度，以这 5 个高度的平均值作为试件高度。

2）方柱体试件：在每个端面取 4 个角点及中心点，分别量测 5 个尺寸，取其平均值作为该端面的尺寸。

3）尺寸测量均应精确到 0.01mm。

4. 试件含水状态处理

试验前应按工程要求的含水状态对试件进行风干、烘干和饱和处理。

1）天然状态试件。去掉密封包装袋后，按要求将其制备成标准试件，并测定其天然含水率。将制好的试件放入干燥器待用。

2）风干处理。将制备好的试件在室内放置 4d 以上。

3）烘干处理。将天然状态的试件放在烘箱里烘 24h，烘箱温度保持在 105～110℃。烘干后取出试件，立即放入干燥器，待温度下降至室温时，方可进行试验。

5．饱和处理

根据工程需要，可采取下列两种方法进行饱和处理：

1）试件自由浸水法。将天然状态的试件放在水槽内，试件之间应留有空隙，向水槽注水使试件逐步浸水，首先浸没至试件高度的 1/4，以后每隔 2h 注水一次，使水位分别抬升至试件高度的 1/2、3/4 处，6h 后全部浸没试件，最后一次注水应高出试件顶面 1～2cm，再浸泡 48h 后取出试件，用毛巾拭去表面水分，并称取湿试件的质量。将饱和处理后的试件放在保湿容器里待用。

2）强制饱和法。采用真空抽气法饱和。将试件放入饱和容器内，加入蒸馏水，使水面高于试件，加盖后开动真空泵，使真空压力表读数达到 100kPa，抽气 4h 以上。抽气结束后，不要马上取出试件，让试件在饱和容器中，在标准大气压下静置 4h；然后取出试件，拭去表面水分称重。

3.1.4　操作步骤

1．试验准备

1）检查急停按钮，按下启动按钮运行压力机。

2）启动计算机，进入 Windows 操作系统。双击软件图标，进入图 3.1.2 所示的导航界面。

图 3.1.2　试验导航界面

3）选择导航界面右边的"混凝土抗压试验"选项，打开图 3.1.3 所示的"混凝土抗压试验"窗口。

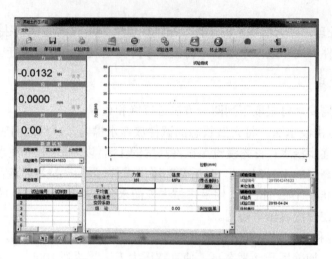

图 3.1.3　"混凝土抗压试验"窗口

4）检查"力值"和"位移"处是否有数据显示。若"力值"和"位移"数据均为 0，表明传感器连接有误，应关闭窗口，重复 2）、3）步，直至"力值"和"位移"有数据显示。

5）在"新建试验"→"定义编号"中自动或手动输入试验编号。

6）单击"试验选项"按钮，弹出图 3.1.4 所示的"试验控制设置"对话框，进行试样形状（圆柱体）、试样数量（3 个）和每个试样的直径、高的设置；单击"基础设置"按钮，进行试验结束条件及试验结束后动作的设置。一旦设置完成，同类试验不需再复设置。

7）单击"曲线设置"按钮，弹出图 3.1.5 所示的"曲线设置"对话框，根据试验要求调整 X 轴与 Y 轴的数值范围。

8）返回图 3.1.3 所示的"混凝土抗压试验"窗口。

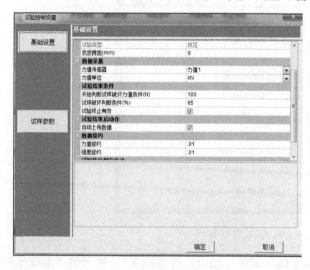

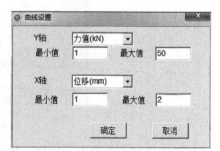

图 3.1.4　"试验控制设置"对话框　　　　　　图 3.1.5　"曲线设置"对话框

2. 试验开始

1）将处理好的试件置于压力机下承压板的中心（图 3.1.1），调整承压板，使试件均匀受压。

2）关闭压力机的卸油阀，打开加油阀，使下承压板上升。当试件与上承压板有 1mm 左右距离时，快速关闭加油阀，观察"混凝土抗压试验"窗口中的"力值"数据（图 3.1.3），此时缓缓打开加油阀，当"力值"出现 1kN 左右变化的读数时关闭加油阀，试样接触完成，并将"力值"及"位移"数据调 0。

3）单击图 3.1.3 中的"开始测试"按钮，启动数据采集软件。

4）通过手动调节加油阀的旋转角度，同时观察图 3.1.3 中的"力值"及"位移"数据，使位移控制加载速率为 0.1mm/min，荷载控制加载速率为 0.5~1.0MPa/s（1~2kN/s），直至试件破坏。试件破坏后立即关闭加油阀。

5）记录计算机屏幕中显示的破坏荷载。

6）打开卸油阀，待压力机下承压板下降至设定位置时，取下试件进行破坏形态描述，并将描述内容和破坏素描图填入表 3.1.1。

表 3.1.1　岩石单轴抗压强度试验记录表

试件编号	岩石名称	受力方向	含水状态	试件尺寸/mm		截面面积/mm²	加载速率/(mm/min)	破坏荷载/kN	抗压强度/MPa		备注
				直径/mm	高/mm				单值	平均值	

试样描述及破坏素描图

班级：　　　　　　　组别：　　　　　　　日期：

试验者：　　　　　　计算者：

3. 试验结束

试验结束后，关闭液压泵，退出试验程序，关闭计算机，关闭压力机电源开关。

3.1.5 成果整理

1. 导出试验数据

在图 3.1.3 中选择"文件"→"导出试验数据到 Excel"或"导出曲线图"命令，如图 3.1.6 所示。

图 3.1.6　选择"导出试验数据到 Excel"或"导出曲线图"命令

2. 计算岩石单轴抗压强度

用试验数据列表中荷载的最大值，计算岩石单轴抗压强度：

$$R = \frac{P_r}{A} \tag{3.1.1}$$

式中，R——岩石单轴抗压强度，MPa；

　　　P_r——试件破坏荷载，N；

　　　A——试件截面面积，mm^2。

3. 计算软化系数

根据饱水抗压强度和干燥抗压强度，软化系数按下列公式计算：

$$R_\eta = \frac{\overline{R}_s}{\overline{R}_d} \tag{3.1.2}$$

式中，　R_η——软化系数；

　　　$\overline{R}_s$——饱和状态下单轴抗压强度平均值，MPa；

　　　$\overline{R}_d$——干燥状态下单轴抗压强度平均值，MPa。

4. 强度及软化系数取值

强度计算值取 3 位有效值，软化系数计算值精确至 0.01，将试验数据及成果记入表 3.1.1。

3.1.6　规律总结与注意问题

有人认为测定抗压强度是极简单的事,但实际上并非如此。因为影响抗压强度的因素非常多,除了试件本身性质外,其形态和测试条件等因素的影响也很明显。因此,所测定的抗压强度只能说明是指定条件下的特征值。影响岩石抗压强度的因素除了岩石所含的矿物、颗粒尺寸和孔隙率外,还有试件的高径比、加载速率、含水率、岩石节理、承压板与端面之间的端部效应等多种因素。

1.　标准试件

试件形态包括试件大小、形状和高径比,三者对测试结果的影响称为比尺效应或体积效应。要消除比尺效应,在正常测试条件下就必须遵循选择标准试件的原则。

1)试件大小:一般认为试件至少应大于最大矿物颗粒的 10 倍,增大试件尺寸可以减少应力梯度的影响。已有试验结果表明,无论是立方体还是圆柱体,所测得的强度都是随着试件尺寸的增大而减小的,即使增大高径比,这种影响仍然存在。所以,为了使测试结果具有可比性,在进行试验时应尽可能采用试验规程要求的标准试件——直径为 5cm 的圆柱体。

图 3.1.7 所示为试件长度直径比不变情况下的全应力-应变曲线与试件尺寸的关系,可见大试件的抗压强度和脆性都降低。这是由于试件越大,微裂缝的数量越多,因此试件就有更多的缺陷。弹性模量并不随着试件尺寸而明显变化,因为总的应力和总的应变之间的关系是微结构在许多方面的一个平均响应。而抗压强度,作为试件可以承受的峰值对试件中微缺陷分布的极端情况更为敏感。

2)试件形状:曾有学者研究认为高径比为 1 的圆柱体和边长相等的立方体,两者的受压面积与周界之比为一常数,测得的强度应该相同。但多数试验资料表明,两者之间是有差异的,即使是均质材料也是如此。考虑到圆柱体试件具有轴对称的特征,而且应力分布较立方体试件均匀,同时考虑到试件制备的难易程度,圆柱体试件制备比立方体试件简单,因此选择圆柱体作为标准试件形状。

图 3.1.8 所示为尺寸(体积)不变、形状发生改变时的单轴压缩试验曲线,可见弹性模量基本上不受试件形状的影响,而强度和延展性都随着宽高比的增加而增加。这个趋势的原因和纯尺寸效应(图 3.1.7)是不同的。在单轴抗压强度试验中,加载时底板是用钢做的,最好其直径与试样直径相同。由于钢和岩石的弹性特性是不同的,钢抑制岩石的膨胀。因此,在岩石试样的两端形成了一个复杂的三轴压缩区,即端部效应。在三轴抗压强度试验中,侧限压力对全应力-应变曲线有极大的影响,本质上正是由于这种侧限效应引起的。

3)试件高径比:试件高径比较小时,其对强度的影响特别明显;当高径比达到某一值时,强度趋于某一渐近值。《水利水电工程岩石试验规程》(SL/T 264—2020)规定试件高径比宜为 2:1。

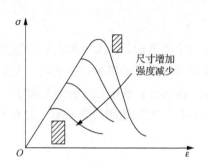

图 3.1.7　试件长度直径比不变情况下的
全应力-应变曲线与试件尺寸的关系

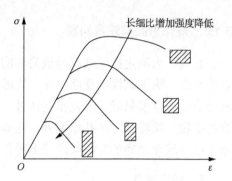

图 3.1.8　试件尺寸不变、形状发生改变时的
单轴压缩试验曲线

有学者对不同高径比试件的单轴抗压强度试验结果进行统计分析，得到经验公式，即式（3.1.3），可将任意高径比的抗压强度值 R 换算成高径比为 2：1 的标准抗压强度值 R_e。

$$R_e = \frac{8R}{7 + 2D/H} \tag{3.1.3}$$

式中，R_e——修正后标准抗压强度；

　　　R——任意高径比的抗压强度；

　　　D——试件直径；

　　　H——试件高度。

2. 加载速率

加载速率的影响属于时间效应，试件在加载过程中的破坏机理是随着试件所受载荷的增加，微裂隙不断发展，然后沿最不利的方向破坏。若加载速率缓慢，则裂隙发育充分，反映出强度较低；反之，加载速率较快，裂隙发育不充分，将出现强度偏高现象。所以，在试验时要严格控制加载速率，荷载加载速率应控制在 0.5～1MPa/s，位移加载速率应控制在 0.1mm/min。

3. 含水率

一般来说，岩石含水率越高，其抗压强度越低。进行一系列抗压强度试验时，应注意岩石试件含水率的一致性问题。

4. 岩石节理

岩石试件中所含节理倾角不同时，试件的破坏模式不同；含层状节理面的试件，随着轴向加载方向与试件层理面夹角的增大，试件的强度先降低随后增大。

5. 端部效应

端部效应是指试件受压时，由于试验机压头和试件变形不一致，将会在试件端部产生水平摩擦力，导致试样侧向膨胀受到约束，从而影响其抗压强度。通常将压头直径与试件直径制作成一样的，并在试件两端涂抹凡士林润滑接触面，以减弱端部效应的影响。

6. 试件描述

试件描述分为试验前和试验后两个过程，其目的在于正确分析和解释测试结果。这种描述一般只需借助肉眼观察和简单的工具测量。

试验前描述：除了记录岩石名称、岩石结构特征、量测试件尺寸及其精度外，重点是描述节理裂隙的发育程度及其分布，并记录受载方向与层理、片理及节理裂隙之间的相互关系，据此可为分析和解释试验结果提供依据。

试验后描述：应当描述试件的破坏形式。对于脆性岩石，典型的破坏形式有劈裂、锥体破坏和剪切破坏；黏土质岩石可能会遇到鼓状破坏。锥体破坏实际上是由于高径比太小而引起的端部效应的反映。均质岩石的真正破坏特征是劈裂，但由于微裂隙的影响，往往产生剪切破坏。试件的剪切破坏有时也可能由试件内部节理裂隙所引起，因此必须利用试验前的节理裂隙描述予以判断。在试验中，由于测试条件和测试设备的影响，还可能出现更复杂的破坏形式。

3.2　岩石单轴压缩变形试验

3.2.1　目的与原理

岩石单轴压缩变形试验

岩石单轴压缩变形试验是在无侧限条件下，给试件施加轴向荷载，从初始加载到逐渐出现裂缝，到其极限抗压强度，再到峰值后破坏区，直至残余强度的全过程，并且测定试件的轴向变形和横向变形。通过试验，可测定试件在轴向荷载作用下的轴向和横向变形，绘制应力-应变全过程曲线，并据以计算单轴抗压强度、弹性模量和泊松比。

表征岩石变形特征的参数主要有弹性模量和泊松比。从力学的角度来说，固体材料的弹性模量是指弹性范围内应力与应变的比值，它反映了材料的坚固性。材料破坏前的应力-应变关系呈线性关系，是一个不变值。但对于裂隙发育、结构复杂的非均质岩石，在轴向荷载作用下，产生的变形中不仅有弹性变形，还有不可恢复的塑性变形。岩石破坏前的应力-应变关系并不呈线性关系，而是呈非线性关系。岩石弹性模量是岩石轴向应力与纵向应变之比，泊松比是某个应力水平对应的横向应变与纵向应变之比，是随应力大小变化的量。根据岩石破坏前的应力-应变曲线，可以确定岩石的初始弹性模量、切线弹性模量及割线弹性模量，以及对应的泊松比。

岩石单轴压缩变形试验中，变形量的测试是关键环节，目前常用方法有两种：一种是电阻应变片法，另一种是位移传感器法。电阻应变片法是传统的测试方法，通过用电阻应变仪测定粘贴在岩石试件上的电阻应变片的变形，得到岩石试件的变形。此方法目前应用较广泛，但粘贴应变片的技术要求较高，测试手段较烦琐。尤其是遇到裂隙发育的试件，若将电阻应变片贴在微裂隙上，试件破坏前就有可能因发生局部破裂而撕坏应变片，导致测试中断，不能观测试件后期的变形。位移传感器法是目前最先进、精度最高的测试方法，通过测定安装在试件上的轴向引伸仪和环向引伸仪的变形量，得到岩石试件的变形。该法必须配合液压程控伺服刚性试验机使用，它不仅可以观测试件破坏前的变形过程，而且可以观测试件破坏后的变形过程，得到试件应力-应变全过程曲线，为分析、研究岩石破坏后的力学特性提供技术支撑。上述两种方法可用于任何性质的岩石。

3.2.2　电阻应变片法

1. 仪器设备

1）岩石压力机（图 3.2.1）。
2）静态电阻应变仪（图 3.2.1）、万用电表、电阻应变片及贴片设备。

1—试件放置于加载平台；2—静态电阻应变仪；3—岩石压力机。

图 3.2.1　电阻应变片法试验设备

2. 制样要求

1）对于圆柱体试件的要求：
① 试件直径为 50mm，高度为 100mm，试件的直径、高度误差不能大于 ±0.3mm。
② 两端面不平行度不能大于 ±0.05mm。
③ 端面不平整度不能大于 ±0.005mm。
④ 端面应该垂直于试件轴线，角度最大偏差不大于 ±0.25°。
⑤ 对于非均质的粗粒结构岩石，或取样尺寸小于标准尺寸者，允许采用非标准试样，但高径比必须保持在 2：1～2.5：1。
2）对于方柱体试件的要求：
① 试件两相对面互相平行，不平行度不能大于 ±0.05mm。
② 试件两相邻面互相垂直相交，角度最大偏差不大于 ±0.25°。
③ 试件边长最大偏差不能大于 ±0.3mm。

3．操作步骤

（1）试件描述和量测

1）描述试验试件岩性、裂隙及试件端部和边角的状态，记录加载方向与层理、片理和节理裂隙间的关系。

2）测量试件尺寸。

① 圆柱体：以试件两端和中间 3 个断面上相互垂直的两个方向共计 6 个直径的平均值作为平均直径，并据以计算承压面积；高度应在试件两端等距离取 4 点和端面中心点量测，取 5 点平均值作为试件高度。

② 方柱体：每个边长取试件 4 个角点及中心点 5 处量测 5 个尺寸，并求其平均值。

（2）试件含水处理

可根据工程需要选择天然含水状态、烘干状态或饱和状态的试件，并按下列要求进行处理。

1）天然含水状态试件：应在拆除密封后立即制样试验，并测定其含水量。

2）烘干试件：在 105℃左右下烘干 24h。

3）饱和试件：温度为室温，向盛水器中注水，第一次注至试件高度的 1/4 处，以后每间隔 2h 注水一次，分别注至试件高度的 1/2、3/4 处，6h 后注水至淹没试件，再浸泡48h。将试样从盛水器中取出，擦去表面水分。

（3）电阻应变片的选择和防潮处理

1）电阻应变片的选择：电阻应变片栅长应大于岩石矿物最大颗粒粒径的 10 倍，小于试件半径。电阻应变片电阻值允许偏差为±0.1Ω。对于直径和高分别为 50mm、100mm 的标准试件，一般情况下应选择电阻值为 120Ω，长、宽分别为 20mm 和 3mm 的电阻应变片。

2）防潮处理：对于烘干和风干试件，采用一般的胶合液剂；对于天然和饱水试件，需要制作防潮胶液。

防潮胶液配方：环氧树脂（50%）＋聚酰胺（40%）＋三乙烯四胺（10%）；环氧树脂（55%）＋聚酰胺（45%）。

（4）试验操作步骤

1）粘贴电阻应变片。

① 选择合适的电阻应变片。

② 在试件高度的中部粘贴纵向和横向电阻应变片各不少于 2 片，沿圆周等距离相间布置。一般在试件中部选择相互垂直的两对面，以相对面为一组，分别粘贴纵、横向电阻应变片。

③ 贴片位置应尽量避开裂隙或斑晶、特大的矿物颗粒或斑晶。贴片时，先用细纱布打磨试件需要粘贴电阻应变片的部位，打磨方向与贴片方向呈交叉 45°。

④ 用带酒精的棉球擦洗贴片位置，直到擦洗时棉球不再变色为止。再均匀涂抹一层厚度小于 0.1mm 的胶合液剂（常用 502 胶液），面积约为 20mm×30mm，及时将电阻

应变片贴在试件上，用刀片等工具挤压电阻应变片与试件表面的气泡，直至电阻应变片牢固地粘贴在试件上。

⑤ 贴完电阻应变片后，用万用表检查每个电阻应变片的电阻值，若电阻值在允许偏差±0.1Ω 内，说明贴片质量满足要求。如果电阻值变大或者变小，应该检查电阻应变片有无短路、断路等情况，若电阻应变片损坏，需要重新粘贴电阻应变片，步骤同前。

⑥ 把接线端子用胶水粘贴在电阻应变片引出线附近，用塑料套或绝缘带对应变片引出线进行绝缘处理。先将引线上锡，再将导线与电阻应变片引出线的两对焊点分别熔接在接线端子上。焊接时间要尽量短，焊点要求光滑小巧，呈球状。

⑦ 在电阻应变片的表面涂上一层防潮剂，涂料应将整个电阻应变片罩住，在整个操作过程中不要损坏电阻应变片及电阻应变片的引出线。

⑧ 对于饱水试件，先将试件烘干，称其质量；在试件表面上贴电阻应变片处涂一层厚度不超过 0.1mm 的防潮胶液底层，用 0 号砂纸打磨后贴上电阻应变片；焊接导线，再在电阻应变片上用防潮胶液涂上一层约 2mm 厚的外层，然后称其质量；最后进行饱水处理。在防潮处理和饱水过程中，每一步骤都应检查绝缘电阻值，一般要求在 500MΩ 以上。

2）连接静态电阻应变仪。按照静态电阻应变仪说明书的接线要求，调试静态电阻应变仪（图 3.2.2），使之处于平衡状态。不同型号的静态电阻应变仪接线方法不同，一般情况下按惠更斯电桥的 1/4 桥接方式连接。确认温度补偿的公共通道电阻应变片连接正常后，选择静态电阻应变仪上 4 个通道连接试件上的 4 个电阻应变片，记录横、纵电阻应变片连接的静态电阻应变仪通道。当连接电阻应变片的静态电阻应变仪通道上有读数时，表明电阻应变片与静态电阻应变仪已联通，否则检查连接线路，注意避免线路短路或断路。

图 3.2.2　调试静态电阻应变仪

3）试验机与试件接触调零。将试件置于试验机承压板中心，调整球形座，给试件施加 0.2～0.5kN 的接触荷载，使试件上、下两端面与承压板水平接触，试件均匀受载，试验状态如图 3.2.1 所示。同时，观察相对两纵向应变值，若差值大于一倍，说明试件端面不平，需对试件端面进行处理。将粘贴温度补偿片的试件放在试验机外。试验机上、下承压板与试件端面调好接触后，将试验机荷载和位移清零、静态电阻应变仪上相应通道清零。

4）施加荷载。采用分级加载方式加载，以 1～2kN/s 的速度施加荷载。在施加荷载过程中，记录各级荷载作用下轴向和横向应变值。为了绘制应力-应变关系曲线，观测记录的荷载、应变值应尽可能多一些，正常情况下应不少于 15 组数据。

5）试验结束。试验结束后，取出破坏后试样，进行破坏面描述。当有完整破裂面时，应测量破裂面与试样轴线之间的夹角。

4. 成果整理

1）各级轴向应力按下列公式计算：

$$\sigma = \frac{P}{A} \tag{3.2.1}$$

式中，σ——轴向应力，MPa；

P——轴向载荷，N；

A——试件截面积，mm^2。

2）纵向应变、横向应变和体积应变按下列公式计算：

$$\varepsilon_1 = \frac{1}{2}(\varepsilon_{11} + \varepsilon_{12}) \times 10^{-6} \tag{3.2.2}$$

$$\varepsilon_3 = \frac{1}{2}(\varepsilon_{31} + \varepsilon_{32}) \times 10^{-6} \tag{3.2.3}$$

$$\varepsilon_v = |\varepsilon_1| - 2|\varepsilon_3| \tag{3.2.4}$$

式中，ε_1——纵向应变；

ε_3——横向应变；

ε_{11}、ε_{12}——纵向 1、2 电阻应变片读数，$\mu\varepsilon$；

ε_{31}、ε_{32}——横向 1、2 电阻应变片读数，$\mu\varepsilon$；

ε_v——体积应变。

3）绘制应力-应变关系曲线。以应力为纵坐标，应变为横坐标，绘制应力与纵向应变（ε_1）、横向应变（ε_3）和体积应变（ε_v）的关系曲线，如图 3.2.3 所示。

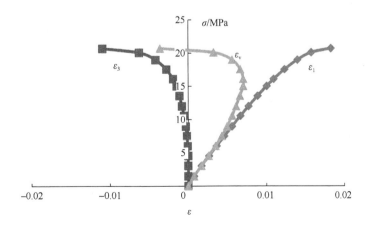

图 3.2.3　应力-应变曲线

4）计算弹性模量、变形模量和泊松比。

岩石弹性模量是岩石轴向应力与纵向应变之比，根据岩石破坏前的应力-应变曲线，可以确定岩石的初始弹性模量、切线弹性模量及割线弹性模量（变形模量）。

初始弹性模量 E_c 是应力-应变曲线在 0 荷载时的切线斜率，如图 3.2.4（a）所示。

切线弹性模量 E 是应力-应变曲线某点处的切线斜率，如图 3.2.4（b）所示。

割线弹性模量 E_{50} 是应力-应变曲线原点与某一应力水平交点连线的斜率，一般用抗压强度的 50% 的应力值，即 E_{50} 表示，如图 3.2.4（c）所示。

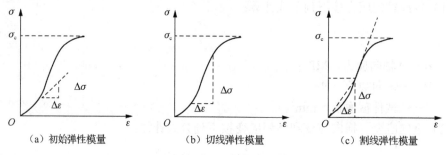

（a）初始弹性模量　　　　　（b）切线弹性模量　　　　　（c）割线弹性模量

图 3.2.4　弹性模量定义示意图

泊松比是某个应力水平对应的横向应变与纵向应变之比，是随应力大小变化的量。一般用单轴抗压强度的 50% 对应的横向与纵向应变比作为岩石的泊松比。

① 计算弹性模量和泊松比。在应力与纵向应变曲线（图 3.2.3）上确定直线段的终点应力值（σ_a）和纵向应变（ε_{1a}），以及起点应力值（σ_b）和纵向应变（ε_{1b}）。该直线段斜率为弹性模量，按式（3.2.5）计算，对应的泊松比按式（3.2.6）计算：

$$E = \frac{\sigma_a - \sigma_b}{\varepsilon_{1a} - \varepsilon_{1b}} \tag{3.2.5}$$

$$\mu = \frac{\varepsilon_{3a} - \varepsilon_{3b}}{\varepsilon_{1a} - \varepsilon_{1b}} \tag{3.2.6}$$

式中，E——岩石弹性模量，GPa；

　　　μ——岩石泊松比；

　　　σ_b——应力与轴向应变曲线上直线段起点的应力，MPa；

　　　σ_a——应力与轴向应变曲线上直线段终点的应力，MPa；

　　　ε_{1a}——应力为 σ_a 时的纵向应变；

　　　ε_{1b}——应力为 σ_b 时的纵向应变；

　　　ε_{3a}——应力为 σ_a 时的横向应变；

　　　ε_{3b}——应力为 σ_b 时的横向应变。

② 计算变形模量和泊松比。在应力与纵向应变曲线上，做通过原点与曲线上应力为 50% 抗压强度点的连线，其斜率即为所求的变形模量（割线模量）。取应力为抗压强度 50% 时的纵向应变和横向应变计算泊松比，计算公式如下：

$$E_{50} = \frac{\sigma_{50}}{\varepsilon_{1,50}} \tag{3.2.7}$$

$$\mu_{50} = \frac{\varepsilon_{3,50}}{\varepsilon_{1,50}} \tag{3.2.8}$$

式中，E_{50}——岩石变形模量，即割线模量，GPa；

σ_{50}——抗压强度为 50% 时的应力，MPa；

$\varepsilon_{1,50}$——应力为 σ_{50} 时的纵向应变；

$\varepsilon_{3,50}$——应力为 σ_{50} 时的横向应变；

μ_{50}——应力为 σ_{50} 时的泊松比。

5）计算值取值。岩石应力、弹性模量和变形模量值取 3 位有效数字，泊松比计算值精确至 0.01。岩石单轴压缩变形试验记录表（电阻应变片法）如表 3.2.1 所示。

表 3.2.1 岩石单轴压缩变形试验记录表（电阻应变片法）

试件名称			试件编号			破坏荷载 P/N		
试件高度 H/mm			试件直径 D/mm			试件面积 A/mm^2		
E_{50}/MPa			μ_{50}			单轴抗压强度 R_e/MPa		
时间	加载		纵向应变 ε_1（μ_{ε}）			横向应变 ε_3（μ_{ε}）			体积应变 ε_v
	荷载 P/N	应力 σ/MPa	测量值		平均	测量值		平均	
			ε_{11}	ε_{12}		ε_{31}	ε_{32}		
试件描述									

班级：　　　　　　　　组别：　　　　　　　　日期：

试验者：　　　　　　　计算者：

3.2.3 位移传感器法

1. 仪器设备

本试验以 MTS815 程控伺服刚性试验机（图 3.2.5）为例进行介绍。该试验机是由美国 MTS 公司生产的专门用于岩石及混凝土试验的多功能电液伺服控制的刚性试验机，在岩石及混凝土材料试验机方面处在国际领先水平，可在常温、高温下进行岩石、混凝土等材料的单轴压缩、三轴压缩、三轴卸荷等试验，具有多种控制模式，并可在试验过程中进行多种控制模式间的任意转换，属于当前较先进的室内岩石力学试验设备之一。该试验机的主要特点如下：

1）全程计算机控制，可实现自动数据采集及处理。

2）配备两套独立的伺服系统，分别控制轴压和围压。

3）实心钢制荷重架只储存很小的弹性能，从而实现刚性压力试验。

4）伺服阀反应敏捷，试验精度高。

5）与试件直接接触的引伸计（美国 MTS 公司专利）可在高温（200℃）、高压（140MPa）油中精确工作，可对岩石破坏前后的应力、应变进行精确的测量。

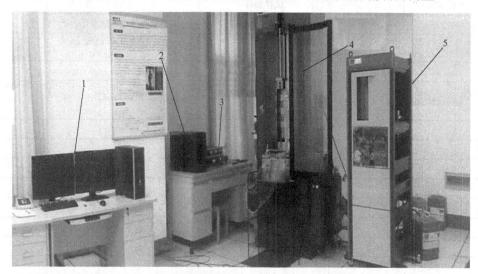

1—MTS815 控制采集系统；2—MTS815 总控制系统；
3—温度控制系统；4—MTS815 轴向加载系统；5—MTS815 围压加载系统。

图 3.2.5   MTS815 程控伺服刚性试验机

该试验机的主要技术指标如下：

1）最大轴压：4600kN。

2）最大围压：140MPa。

3）最高温度：200℃。

4）机架刚度：10.5×10^9N/m。

5）内置传感器：行程+5.0mm、−2.5mm，精度 0.5%。

6）输出波形：直线波、正弦波、半正弦、三角波、方波、随机波形。

7）试件规格：ϕ100mm×200mm、ϕ50mm×100mm。

在加载过程中采用位移传感器采集变形数据，其中轴向引伸计如图 3.2.6 所示，环向引伸计如图 3.2.7 所示。

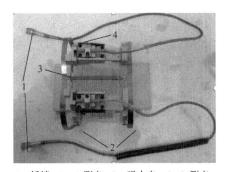
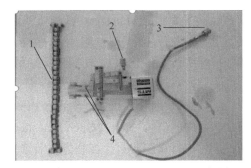

1—插销；2—A 测点；3—弹力夹；4—B 测点。	1—测量链条；2—调节旋钮；3—插销；4—两侧钢钉。
图 3.2.6 轴向引伸计	图 3.2.7 环向引伸计

2. 制样要求

同 3.1.3 节。

3. 操作步骤

1）采用位移传感器法测试试件的轴向变形和横向变形，需要使用轴向引伸计和环向引伸计。

2）试件描述、量测、饱水处理同电阻应变片法。

3）试验步骤。

① 接通总开关电源，依次开启试验房里的空气压缩机、循环冷水机器、液压泵（触屏调成遥控状态）、加载系统、总控制系统和数据采集系统（启动计算机，进入 Windows 操作系统，启动试验程序 Station Manager）。

② 安装位移传感器。

a. 安装环向引伸计。用一根金属链条环绕在圆柱体试件中部，将环向引伸计上的两个插销插入金属链条两端的插口，使链条环绕在试件的中部（图 3.2.8）。当试件产生环向变形时，环向引伸计的两个插销产生扩展变形，变形量即为岩石试件的横向变形。

b. 安装轴向引伸计。将轴向引伸计两边的弹簧夹对称夹在圆柱体试件纵向两侧的中间部位，4 个测点紧贴试件侧壁（图 3.2.8）。当试件产生纵向压缩变形时，试验机上的两个测点产生相对滑移，相对滑移量即为岩石试件的纵向变形。

③ 安装试件。将装好轴向和环向引伸计的试件放在下承压板上（图 3.2.8），在计算机上操

1—环向引伸计；2—样品；3—轴向引伸计；4—防油热缩管；5—插销口。

图 3.2.8 安装环向、轴向引伸计

作试验程序 Station Manager，控制方式调节为轴向位移（axial displacement）控制状态控制下承压板上升，调整球形座，使试件上、下两端面与上承压板水平接触，试件均匀受荷；施加接触荷载（1~2kN），使试件紧贴加载垫块，进入计算机控制系统。

④ 运行试验程序。

a．选择试验应用程序。主程序如图 3.2.9 所示。在"Station Manager"窗口中单击"MPT"中的文件，打开"Open Procedure"对话框，选择常规单轴压缩变形试验的配置文件，可进行试验参数、加载方式的修改和确认。

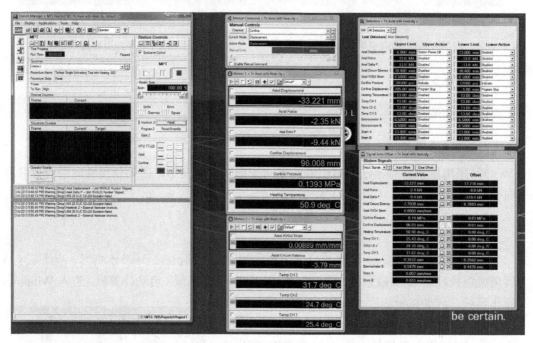

图 3.2.9　主程序

单击 MPT 中的"New Specimen"按钮，在"Specimen"文本框中输入数据文件名，试验机处于待机状态。

b．设置辅助窗口。在"Station Manager"主窗口中逐次打开"Station Signals"、"Meters1"、"Scope1"、"Detectors"和"Manual Controls"窗口，并进行相应设置。设置方法如下：

在"Scope1"窗口中，将纵轴设置为荷载，横轴设置为轴向位移。通过此窗口绘制的荷载和位移的关系曲线，可实时观察试验过程中荷载和位移的变化情况。

在"Detectors"窗口中设置传感器极限保护。这一步必须设置，选取适当的传感器极限保护，可以对试验机起到过载保护作用，避免意外事故发生。一般情况下，设定轴向位移极限保护值为10mm。

c．在"Station Manager"主窗口中选中"Exclusive Control"复选框，单击"▷"按钮，试验机按设定的试验应用程序给试件施加荷载。在试验过程中，轴向荷载、轴向和横向位移等参数由计算机按照数据文件设定的方式自动采集，并以数据列表的形式储存在相应的文件中。通过荷载与位移曲线窗口，可实时观察荷载和位移的变化情况，确定试验结束时间。结束试验时，在"Station Manager"主窗口中单击"Teminate"按钮，"Unload"按钮停止加载，并关闭试验控制程序。

d．在计算机上操作试验程序 Station Manager，控制方式调节为轴向位移控制状态控制下承压板下降，使试件脱离上承压板，取下试件。

e．描述试件的破坏形态，并记录破裂面分布情况及与加载方向的关系、试验过程中有无异常情况等。

⑤ 试验结束。试验结束后依次关闭试验软件系统、控制系统、液压泵、循环冷水机和空气压缩机。

4．成果整理

1）试件轴向应力按下列公式计算：

$$\sigma = \frac{P}{A} \tag{3.2.9}$$

式中，σ——轴向应力，MPa；

P——轴向载荷，N；

A——试件截面积，mm^2。

2）计算纵向应变、横向应变和体积应变。

① 根据数据文件中记录的纵向变形和横向变形，计算纵向应变和横向应变，公式如下：

$$\varepsilon_1 = \frac{\Delta h}{h} \tag{3.2.10}$$

$$\varepsilon_3 = \frac{\Delta c}{c} \tag{3.2.11}$$

式中，ε_1——纵向应变；

ε_3——横向应变；

Δh——纵向变形，mm；

Δc——横向变形（环向引伸计读数），mm；

h——试件的初始高度，mm；

c——试件的初始周长，mm。

② 体积应变按下列公式计算：

$$\varepsilon_v = |\varepsilon_1| - 2|\varepsilon_3| \tag{3.2.12}$$

式中，ε_v——体积应变。

3）绘制应力-应变曲线（图 3.2.10）。以应力为纵坐标，应变为横坐标，绘制应力与纵向应变（ε_1）、横向应变（ε_3）和体积应变（ε_v）的关系曲线。

4）计算弹性模量、变形模量和泊松比。方法与电阻应变片法相同，参见式（3.2.5）～式（3.2.8）。

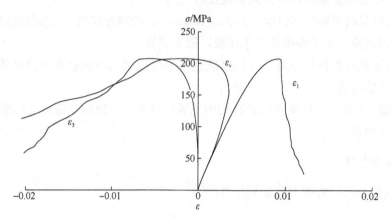

图 3.2.10　典型试件应力-应变曲线

3.2.4　规律总结与注意问题

1. 规律总结

（1）应力-应变曲线特征

通过在刚性试验机上进行单轴压缩变形实验，可得到岩石应力-应变全过程曲线（图 3.2.11），可将岩石变形过程划分为 4 个基本阶段。

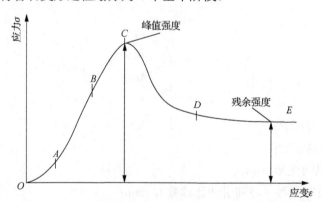

图 3.2.11　单轴压缩变形试验下岩石应力-应变全过程曲线

1）初始压密 *OA* 阶段。岩石初始状态时，内部充斥的张性结构面或微裂隙逐渐受压闭合，形成早期的非线性变形。变形曲线呈上凹形状，曲线斜率随应力增加而逐渐增大，表明微裂隙的闭合逐渐减慢。本阶段对裂隙化岩石来说较为明显，对硬岩则不明显。

2）线弹性变形 *AB* 阶段。这一阶段变形随应力成比例增加，而且属于卸载可恢复的弹性变形。

3）弹塑性变形 *BC* 阶段。试件内部开始出现微裂隙，达到屈服极限之后，微裂隙的发展产生了质变。岩石由体积压缩转为扩容。轴向应变和体积应变速率迅速增大，直至达到单轴抗压强度（或峰值强度）。

4）破坏后 *CE* 阶段。岩石承载能力达到峰值后，其内部结构完全破坏，内部裂隙发展迅速并形成宏观断裂面。此后的岩石变形表现为沿宏观断裂面的块体滑移，承载能力随变形增加急剧下降，直至达到残余强度。

（2）单轴压缩条件下应变速率对岩石力学性质的影响

岩石强度随应变速率增大而增大，这已得到人们普遍认可。然而，岩石弹性模量和泊松比随应变速率的关系还没有达成统一的认识。例如，李海波等（2004）对软岩（砂浆模拟材料）进行了单轴压缩变形试验，随着应变速率的增加，软岩的弹性模量及泊松比均有增加的趋势，硬岩的弹性模量和泊松比随应变速率的增加变化幅度不大。苏承东等（2013）对细晶大理岩开展了不同应变速率下单轴压缩变形试验研究，试件的弹性模量受应变速率影响不大；泊松比随应变速率的增加而逐渐减小，但随应变速率的增加，泊松比减小幅度有所减缓。刘俊新等（2014）开展了不同应变速率下泥页岩单轴压缩变形试验研究，研究表明随应变速率的增大，泥页岩弹性模量都呈逐渐增加趋势。宋义敏等（2017）通过不同加载速率下红砂岩单轴压缩变形试验，发现不同加载速率下试件泊松比差异明显，总体趋势表现为在试件变形局部化启动前，随着加载速率增加，试件泊松比减小；在试件变形局部化阶段，随着加载速率增加，泊松比增大。

（3）单轴压缩条件下含水率对岩石力学性质的影响

总体上，岩石随着含水率的增加，单轴抗压强度和弹性模量呈下降趋势，而泊松比呈上升趋势；在干燥状态下，岩样越密实，单轴抗压强度和弹性模量越大；含水率越小，对单轴抗压强度和弹性模量的影响程度越小，这一观点已基本得到认可，很多学者都验证了这些规律，如 Hawkins 等（1992）、黄彦森等（2014）、邓建华等（2008）、王凯等（2018）。同时，有学者也对饱和度进行了分析，如陈钢林等（1991）对不同饱和度的砂岩、花岗闪长岩、灰岩和大理岩进行了单轴压缩试验。试验结果表明，砂岩、花岗闪长岩浸水后，峰值强度和弹性模量随饱和度的增加迅速衰减，当饱和度增加到某一定值时，峰值强度和弹性模量就基本上稳定下来；水对受力岩石的力学效应具有明显的时间依赖性；砂岩、花岗闪长岩饱水后，峰值强度和弹性模量在快速加载的情况下却有明显的提高，而大理岩则变化不明显。

2. 注意问题

1）电阻应变片法一般采用 1/4 桥连接方式，每个试件电阻应变片粘贴的数量可根据工程大小和岩样的均匀程度进行选择。对于中、小型工程或较均质的岩石，每个试件贴轴向、横向电阻应变片各 2 片；对于大型和重要工程或各向异性较明显的岩石，宜对称各贴 4 片。

2）在粘贴电阻应变片时，一定要将电阻应变片与试件表面之间的气泡挤压干净，使电阻应变片全部紧贴在试件上，只有这样应变电阻片上电阻丝的变化量才能真正反映试件的变形情况。否则，会出现试件已经破坏，但电阻应变片读数没有变化的现象。

3）试件上、下各垫一块与试件同直径的垫块，可减小试件的端部效应，使试件内部应力均匀分布。

4）环向引伸计与轴向引伸计的插销插入插销口时，要注意插入方向，插入后，检查试验程序，确保正确插入。正式加载前，注意拔掉轴向引伸计的 2 个定位插销。试件过程中，需要关闭玻璃防护罩门，防止试件破坏时碎屑飞溅。

5）对于岩石单轴压缩变形试验加载方法，根据需要可采用逐级一次连续加载法、逐级一次循环法和逐级多次循环法。在采用逐级多次循环法时，最大循环荷载为预估极限荷载的 50%，并将其等分为五级施加，至最大循环荷载后再逐级加载直至破坏。每级循环退载至 0.2～0.5kN 的接触荷载。逐级多次循环加载的目的在于消除岩石非均质性和仪器设备测试误差的影响。通常情况都采用逐级一次连续加载法给试件施加荷载直至破坏。

6）使用手动控制的万能材料试验机时只能采用荷载控制，施加一级载荷后立即读取荷载和试件应变，1min 后再读数一次，即可以施加下一级荷载，逐级施加，直至试件破坏。采用万能材料试验机进行岩石的单轴压缩变形试验时，用轴向荷载控制加载速度，岩石往往产生突发性的张裂破坏，荷载很快下降至 0。这类试验只能获得岩石单轴抗压强度及破坏前的应力-应变曲线。其原因在于，岩石在受压变形的同时，万能材料试验机也有变形，在岩石破坏的瞬间，试验机储存的应变能突然释放，并作用在岩石上，从而使岩石产生瞬间崩裂破坏。

7）使用计算机控制的刚性伺服液压控制试验机，既可利用试件变形值（纵向或横向）作为反馈信号来控制加载速率，也可用荷载控制加载速率。试验时，两种控制方式可任意选择。刚性伺服液压控制试验机可获得岩石的应力-应变全过程曲线，即获得岩石破坏后的应力-应变曲线，必须采取特殊的控制方式和加载速度，需要根据岩石属性设置试验参数（付小敏等，2012）。

① 对于强度较低、延性性质的岩石试件（一般表现为柔性、大应变破坏的岩石），在整个试验过程中，建议设定三段相同控制模式、不同加载速率的试验程序。

第一阶段采用纵向变形控制模式，以 0.1mm/min（标准试件）的纵向变形速率给试件施加轴向荷载，直至达到估计破坏峰值的 70% 左右，自动转入第二阶段。

第二阶段的控制模式不变，加载速度调至 0.01mm/min，到试件破坏；直至荷载降低至峰值的 50%，自动转入第三阶段。

第三阶段的控制模式不变，将加载速率调至 0.1mm/min，直至出现明显的残余强度，得到应力-应变全过程曲线。

② 对于强度较高、变形较小的脆性性质的岩石试件（表现为脆性、小应变破坏的岩石），在整个试验过程中，建议设定三段不同控制模式、不同加载速率的试验程序，以获得完整的应力-应变全过程曲线。

第一阶段采用纵向变形控制模式，以 0.1mm/min（标准试件）的纵向变形速率向试件施加轴向荷载，直至达到估计破坏峰值的 70% 左右，自动转入第二阶段。

　　第二阶段的控制模式应转换成横向变形控制，加载速率为 0.001mm/min，到试件破坏；直至荷载降至峰值荷载的 50%，自动转入第三阶段。

　　第三阶段的控制模式还原成纵向变形控制，加载速率变成 0.1mm/min，直至出现残余强度，得到应力-应变全过程曲线。

　　在上述两种试验过程中，轴向荷载、纵向和横向变形等参数由计算机按照数据文件设定的方式自动采集。

3.3　岩石抗拉强度试验

3.3.1　目的与原理

岩石抗拉强度试验

　　岩石的抗拉强度是岩石抵抗单轴拉伸破坏的能力，即岩石受单轴拉伸而破坏时，受拉面上的极限应力值。岩石的抗拉强度是岩石力学性质重要的指标之一。由于岩石的抗拉强度远小于其抗压强度，在受荷不大时就有可能出现拉伸破坏，因此岩石的抗拉强度在很多领域都有重要的意义。

　　测定抗拉强度的方法目前有许多种，主要有直接拉伸法和间接拉伸法。直接拉伸法类似于金属的拉伸试验，利用特制的夹具和黏合剂，将试件夹在试验机上进行拉伸。间接拉伸法中应用最广泛的是劈裂法，我国国家标准《工程岩体试验方法标准》（GB/T 50266—2013）及行业标准《水利水电工程岩石试验规程》（SL/T 264—2020）等均采用劈裂法作为岩石抗拉强度试验方法。本节主要介绍劈裂法。

　　劈裂法也称为径向压裂法，这种方法起源于南美洲，是由巴西学者 Hondros 提出的试验方法，因此也称为巴西法或者巴西试验（Brazilian test）。该方法将经加工的圆盘状（或正方形板状）试件横置于压力机的承压板间，并在试件的上、下承压板之间各放置一根硬质钢丝作为垫条，然后加载使试件受压，试件沿径向产生张拉破坏，以求其抗拉强度。垫条的作用是将施加的压力变为线荷载，并使试件产生垂直于上、下荷载作用方向的张拉力。因此，垫条须位于与试件垂直的对称轴面。该方法是对一个高度和直径相等的实心圆柱试件在直径方向上施加相对的压缩线性荷载，使之沿荷载控制的平面发生压致拉裂破坏，然后根据弹性理论求得岩石的抗拉强度。由于劈裂法试验简单，试件所受拉应力集中在沿受载直径面上，所测得的抗拉强度与直接拉伸法测得的抗拉强度很接近，因此常用此法测定岩石抗拉强度。

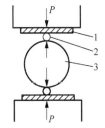

　　劈裂法适用于能制成规则形状的各类岩石，但不适用于垫条易于陷入的软弱岩石。试验时，线荷载是通过一个特制夹具或在试件上、下各加一根压条构件来实现的。有时为了改善受力条件，避免垫条处应力 P 过分集中，可采用厚的卡片纸、胶木条或细钢丝作为垫条以分散荷载。试验装置如图 3.3.1 所示。

1—压板；2—垫条；3—试件。

图 3.3.1　劈裂法试验装置

3.3.2 仪器设备

1）制样设备：钻石机、切石机、磨石机等。
2）测量平台、直角尺、游标卡尺等。
3）电子天平：称量大于 500g，感量 0.01g。
4）烘箱、干燥器。
5）水槽、真空抽气设备。
6）压力机：同岩石单轴抗压强度试验。
7）垫条：电工用胶木板、细钢丝，其宽度与试件直径之比为 0.08～0.1。

3.3.3 制样要求

1. 试件形状要求

本试验的标准试件为圆柱体，特殊情况可用立方体。

1）试料可用钻取的岩芯或岩块。对于岩芯，根据岩芯的直径按标准试件 1∶1 的高径比确定试件长度。对于岩块，首先用钻石机将岩块钻成直径为 50mm 的岩芯样；再按标准试件 1∶1 的高径比确定试件长度，用切石机切去岩芯两头；最后用金刚砂在磨石机上精磨岩石两端面，直至满足试件端面的精度要求。在切磨试件的过程中，要适当加水，以降低切石机和磨石机的温度。

2）对于遇水易崩解的块状试样，只能用切石机，在不加水的情况下将其切割成立方体，然后用金刚砂在磨石机上干磨 6 面，直至满足试件 6 个面的精度要求。

2. 试件尺寸要求

1）标准圆柱体试件的直径和高度均为 50mm，允许变化范围为 48～52mm。
2）对于非均质结构的岩石、取样尺寸大于或小于标准尺寸者，允许采用非标准试件，但高径比必须保持 1∶1。
3）立方体标准试件的尺寸是边长和高度均为 50mm，允许变化范围为 48～52mm。高度与边长的比例为 1∶1。

3. 试件数量要求

试件数量可视所要求的受力方向（加载方向与岩石层面平行、加载方向与层面垂直及加载方向与层面斜交）或含水状态（天然、干燥和饱和）而定，但每种情况下不应少于 3 个。

3.3.4 操作步骤

1）通过试件直径的两端，在试件的侧面沿轴线方向绘制两条加载基线，将两根金属垫条固定在加载基线上。
2）试验数据采集软件设置同岩石单轴抗压强度试验。

3）启动压力机。

① 将安好垫条的试件置于压力机下承压板的中心（图 3.3.2），放置垫块，并调整承压板，使试件均匀受压。

1—橡皮筋；2—试样；3—垫条；4—垫块。

图 3.3.2　放置试件

② 关闭压力机的卸油阀，打开加油阀，使下承压板上升至试件与上承压板接触。可参考 3.1.4 节试验开始阶段步骤 2）。

③ 单击图 3.3.3 所示界面左侧力值和位移中的"清零"按钮，单击"开始测试"按钮，启动数据采集记录。

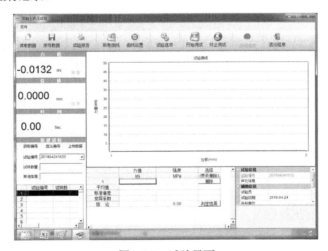

图 3.3.3　试验界面

④ 通过手动调节加油阀的旋转角度，同时观察图 3.3.3 所示界面上"力值"及"时

间"显示的大小，控制加载速率，以 0.1～0.3MPa/s 的速率加载。若是软岩或较软的岩石，应适当降低加载速率，直至试件破坏，并记录最大破坏荷载。

⑤ 关闭加油阀，打开卸油阀，待压力机下承压板下降至设定位置时，取下试件进行破坏形态描述，并将描述内容和破坏素描图填入表 3.3.1。抗拉破坏时岩石试件如图 3.3.4 所示。

⑥ 检查试件最终破坏是否贯穿上、下垫条确定的平面，若是局部脱落，应视为无效试件，应反思失败原因，重新试验。

4）试验结束后，关闭液压泵，退出试验程序，关闭计算机，关闭压力机电源开关。

图 3.3.4　抗拉破坏时岩石试件

表 3.3.1　岩石劈裂法试验记录表

岩石名称	试件编号	受力方向	含水状态	试件尺寸/mm		破坏荷载 P/N	抗拉强度 σ_t/MPa		备注
				直径 D/mm	高 H/mm		单值	平均值	
试件描述									

班级：　　　　　　　　　　　组别：　　　　　　　　　　　日期：
试验者：　　　　　　　　　　计算者：

3.3.5　成果整理

1）导出试验数据。方法同 3.1.5 节相关内容。

2）计算岩石抗拉强度。根据最大破坏荷载，按照下式计算抗拉强度：

$$\sigma_t = \frac{2P}{\pi DH} \tag{3.3.1}$$

式中，σ_t——岩石抗拉强度，MPa；

　　　P——破坏载荷，N；

　　　D——试件直径或边长，mm；

　　　H——试件高度，mm。

3）抗拉强度计算值取 3 位有效数字。

4）将试验数据及成果记入岩石劈裂法试验记录表（表 3.3.1）。

3.3.6 规律总结与注意问题

1. 规律总结

研究结果表明，高径比为 1 的试件的劈裂试验结果相对于高径比为 0.5 的劈裂试验结果更加稳定；在高径比一定的情况下，直径增加，其抗拉强度降低，在岩样直径大于 50mm 时，抗拉强度趋于稳定，因此通常试验采用直径 50mm 的试件。一般来说，加载速率越大，抗拉强度越大，其破坏的损坏程度也越大；含水率越高，其抗拉强度越低。目前研究结果表明，当试样含水率在某一数值范围内时，抗拉强度受含水率影响较小；当含水率超过某一数值范围时，抗拉强度受含水率影响显著。一般可以把此转折点的含水率称为临界含水率，不同的岩样有不同的临界含水率。抗拉强度受节理角度影响较大，当加载方向与节理面平行时，抗拉强度最小；当加载方向与节理面方向呈一定夹角时，其抗拉强度均有明显增强，当加载方向与节理面呈一定夹角破坏时，可能会出现非中心破裂。

2. 注意问题

1）拉伸断裂是岩石破坏的主要类型之一。由于岩石对于拉伸的抗力特别小，因此抗拉强度是岩石重要的特性之一。从物理意义上来说，抗拉强度是指导致岩石黏结性破坏的极限应力，一般只考虑单轴抗拉强度。目前，实验室测定岩石抗拉强度的方法很多，主要有直接拉伸法、劈裂法、弯曲试验法、圆柱体或球体的径向压裂法等。这些方法测定的结果有显著差别，并且不能保证求得单轴应力状态下抗拉强度的真正值。所以，一般所谓的抗拉强度并不是岩石的物理常量，而是取决于试件形状和加载条件的某种函数的特征值。

2）在采用劈裂法测定抗拉强度时，计算公式是按照圆断面试件考虑的。有些研究者曾证明在一对集中荷载作用下，正方形平面的中心最大拉应力与在一对径向荷载作用下圆片中的拉应力很接近，因此可以采用类似的公式来计算。另外，也有人通过比较试验研究了两者的差别，认为用立方体试件进行劈裂试验所求得的抗拉强度与用圆柱体试件试验所求得的抗拉强度非常接近。考虑到试验方法的统一，并尽量减少压条尺寸的影响，建议采用圆柱体试件进行抗拉强度试验。

3）在试验过程中，要根据岩石软硬合理选择垫条。垫条的硬度应与试件硬度匹配，垫条硬度过大，易产生贯入现象，垫条硬度过低，本身易变形，两者都会影响试验成果。一般选取电工用胶木板、硬纸板或细钢丝，3 种垫条的硬度从高到低的顺序为细钢丝、电工用胶木板、硬纸板。对于坚硬和较坚硬的岩石，垫条一般采用直径 1mm 钢丝；对于软弱和较软弱的岩石，垫条一般采用硬纸板或电工用胶木条，其宽度与试件直径之比为 0.08~0.1。

3.4　岩石直剪试验

3.4.1　目的与原理

岩石直剪试验

　　岩石直剪试验的目的是获得抗剪强度，即岩石抵抗剪切破坏的能力。岩石抗剪强度是岩体力学中需要研究的重要特性之一，往往比抗压和抗拉强度更有意义。实际中，岩石的抗剪强度指标通常用内聚力 C 和内摩擦角 φ 来表示，它们是反映岩石抗剪强度的两个特征参数。

　　根据岩石所受应力状态，抗剪强度通常有 3 种：抗剪断强度、抗切强度和抗剪强度。3 种强度可通过 3 种不同的直剪试验得到，受力条件如图 3.4.1 所示。

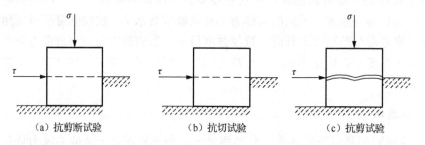

（a）抗剪断试验　　　　（b）抗切试验　　　　（c）抗剪试验

图 3.4.1　3 种直剪试验受力条件

1. 抗剪断强度

抗剪断强度指岩石在一定法向应力作用下，抵抗沿某一剪切面发生破坏的最大能力。试验证明，岩石的抗剪断强度与法向应力近似满足库仑定律，即

$$\tau = \sigma \tan \varphi + C \tag{3.4.1}$$

本次试验的目的在于确定 C 和 φ 这两个参数。

2. 抗切强度

抗切强度指岩石在法向应力为零时抵抗剪切破坏的最大能力。由式（3.4.1）可知，法向应力为零时，抗切强度等于内聚力 C。

3. 抗剪强度

抗剪强度指岩石沿原有破坏面，在一定法向应力作用下，抵抗剪切破坏的最大能力。此时岩石的剪切强度主要取决于内摩擦阻力，内聚力很小趋于零。

　　通常所述的岩石抗剪强度是指岩石抗剪断强度。

　　室内岩石抗剪强度常采用直剪试验和常规三轴压缩试验，两种试验方法各有其优缺点。直剪试验具有设备结构简单、操作方法容易掌握、试件受力条件容易模拟等优点，因此被广泛应用。相对于直剪试验，常规三轴压缩试验能真实模拟深部岩石的受力条件，根据实际岩石的埋深确定试验时施加的侧向应力大小。岩样在三向应力作用下，沿着由岩样微结构和受力状态所决定的最易破裂的面或带产生剪切破坏,而不像直剪试验岩样沿固定的剪切面破坏。

本节主要介绍岩石直剪试验。

3.4.2　仪器设备

1）制样设备:同 3.1.2 节相关内容。

2）测量仪器:同 3.1.2 节相关内容。

3）称量仪器:同 3.1.2 节相关内容。

4）试件饱水、烘干设备:同 3.1.2 节相关内容。

5）试验机:试验所用试验机为携带式岩土力学多功能试验仪,如图 3.4.2 所示;试验使用的各类剪切环及垫块如图 3.4.3 所示。该试验仪是成都理工大学国家级地质工程实验教学示范中心自行研发的设备,能通过模拟多种岩石受力条件,获得标准试件、不规则形状试件、软弱结构面、碎石土及硬质土的抗剪强度参数;具有功能多、质量小、易拆装、运输方便、场地适应性强等优点。本节试验主要介绍标准岩石试件的操作方法。

图 3.4.2　携带式岩土力学多功能试验仪

图 3.4.3　试验使用的各类剪切环及垫块

3.4.3　制样要求

1.　试件形状要求

本试验的标准试件为立方体，也可用圆柱体。

2.　试件尺寸要求

1）立方体标准试件的尺寸是边长和高度均为 50mm，允许变化范围为 48～52mm。高度与边长的比例为 1∶1。其中，长方体试件的相邻各面应互相垂直。

2）圆柱体试件的直径和高度均为 50mm，允许变化范围为 48～52mm。

3）对于难以制成规则几何形状的软弱岩样，可以采用特殊方法制备试件。

3.　试件数量要求

试件数量可视所要求的受力方向（加载方向与岩石层面平行、加载方向与岩石层面垂直及加载方向与岩石层面斜交）或含水状态（天然、干燥和饱和）而定，但每种情况下不应少于 5 个。

3.4.4　操作步骤

1）试件描述。岩石性质的描述同 3.1.3 节相关内容，应重点描述施加剪切的方向与试件内部层理、片理和节理裂隙的关系。

2）试件量测同 3.1.3 节相关内容。

3）试件含水状态处理同 3.1.3 节相关内容。

4）安装试件，施加荷载。

① 使用仪器时先检查下剪切盒中左右滚珠是否放均匀平整、有无被卡住，两边滚珠数量是否相同，每边凹槽不少于 5 个滚珠，然后根据试件形状和尺寸，选择相应尺寸的剪切环，并放置在下剪切盒内，如图 3.4.4 所示。

1—滚珠；2—下剪切盒；3—剪切环。

图 3.4.4　放置剪切环

② 依次放置垫块、试件，并在试件顶面做标志，调整试件下垫块的高度，使试件中心与剪切环上端面齐平，如图 3.4.5 所示。

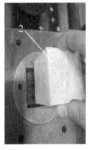

1—垫块；2—试件。

图 3.4.5　放置垫块和试件

③ 依次放置上剪切盒、传力铁块、铁垫块和滚珠轴承，如图 3.4.6 所示。

1—上剪切盒；2—传力铁块；3—铁垫片；4—滚珠轴承。

图 3.4.6　放置试件上部构件

④ 双手握住水平加载系统前面板的左右把手，向前推至法向千斤顶下，使千斤顶中心与滚珠轴承中心对齐。注意：滚珠轴承位置不得放反，螺母位置靠里，空留部分靠外方向朝着实验者的位置，如图 3.4.7 所示。

1—前挡面板；2—法向千斤顶。

图 3.4.7　推入加载系统

⑤ 施加法向压力。换向把手是控制千斤顶加卸荷状态的开关，将法向液压泵换向把手向上推向加载端（向下为卸荷端），摇动液压泵手柄，使法向液压缸活塞徐徐下降，接触滚珠轴承，并测定压力表的初值 $I_{\sigma 0}$（MPa）。继续摇动液压泵手柄，施加法向压力至预定值 I_{σ}（一组 5 个试件，分别对应 5 个法向压力，根据工程岩石应力环境和岩石单轴抗压强度综合确定最大值，再分 5 级。砂岩预定值一般可取 0.2MPa、0.4MPa、0.6MPa、0.8MPa、1.0MPa）。当法向压力过大时，可以打开微调开关缓慢减小压力，如图 3.4.8 所示。将初值 $I_{\sigma 0}$ 和预定值 I_{σ} 记入表 3.4.1。

1—油泵手柄；2—换向把手；3—压力表；4—微调开关。

图 3.4.8 施加法向压力

表 3.4.1 岩石直剪试验记录表

试件剪切面面积 S_j：_____ m² 　　法向千斤顶活塞面积 S_v：_____ m²

试件高度 H：_____ m 　　水平千斤顶活塞面积 S_h：_____ m²

法向千斤顶压力表初值 $I_{\sigma 0}$：_____ MPa 　　水平千斤顶压力表初值 I_{i0}：_____ MPa

剪切面以上附加法向载荷 G：_____ MN

试件 编号	试件 名称	法向压力表 读数/MPa	法向应力/ MPa	水平压力表 读数/MPa	剪应力/MPa	水平测表 读数/mm	法向测表 读数/mm	备注
试件描述								

试验者：_____ 　　校核者：_____ 　　试验日期：_____

⑥ 安装测量剪切位移和法向位移的百分表，检查百分表是否能正常转动。百分表针头与上承压板前挡板接触，记录初始读数，如图 3.4.9 所示。

⑦ 施加水平压力（图 3.4.10）。将水平液压泵换向把手向下推向卸荷端，摇动液压泵手柄，使水平千斤顶的液压缸活塞缓缓伸出，接触上剪切盒推板，测定水平千斤顶压力表初值 $I_{\tau 0}$，同时测记剪切位移百分表和法向位移百分表的初始读数，并记入表 3.4.1。

1—磁性开关；2—磁性表座；3—百分表。

图 3.4.9　磁性表座和百分表

1—换向把手；2—油泵手柄。

图 3.4.10　施加水平压力

⑧ 保持法向压力（I_{σ}）不变，继续摇动水平液压泵手柄，逐级施加剪切压力（一般应加 10 级以上），同时测记每级剪切压力及对应的剪切位移和法向位移，并记入表 3.4.1。直至试件破坏，记录破坏时的剪切压力最大值（水平千斤顶压力表最大值 I_{τ}）。由于剪胀效应，在剪切时发现法向千斤顶压力表数值变大时，需打开法向液压泵的微调开关，缓慢降低法向压力，到达原预定数值后关闭微调开关，如图 3.4.8 所示。

⑨ 卸除剪切压力。试件破坏后，将水平液压泵换向把手推向卸荷端，摇动液压泵手柄，使水平千斤顶的活塞缓缓缩进，脱离剪切盒推板。

⑩ 卸除法向压力。将法向液压泵换向把手推向卸荷端，摇动液压泵手柄，使法向千斤顶活塞徐徐上升，脱离滚珠轴承。

⑪ 依次卸下滚珠轴承、传力铁块、上剪切盒。取出被剪断试件，进行破坏后描述。

3.4.5　成果整理

1）计算法向应力和剪应力。根据表 3.4.1 记录的试验数据，按下式计算法向应力和剪应力：

$$\sigma = \frac{(I_{\sigma} - I_{\sigma 0})S_{\mathrm{v}} + G}{S_{\mathrm{j}}} \tag{3.4.2}$$

式中，σ ——法向应力，MPa；

$\quad\quad I_\sigma$ ——法向千斤顶压力表预定值读数，MPa；

$\quad\quad I_{\sigma 0}$ ——法向千斤顶压力表初值读数，MPa；

$\quad\quad S_v$ ——法向千斤顶活塞面积，mm^2，默认值为 122.72cm^2；

$\quad\quad G$ ——传力铁块、滚珠轴承的总重力，N，默认值为 98kN；

$\quad\quad S_j$ ——剪切面面积，mm^2。

$$\tau = \frac{(I_\tau - I_{\tau 0})S_h}{S_j} \quad\quad\quad (3.4.3)$$

式中，τ ——剪应力，MPa；

$\quad\quad I_\tau$ ——水平千斤顶压力表最大值，MPa；

$\quad\quad I_{\tau 0}$ ——水平千斤顶压力表初值，MPa；

$\quad\quad S_h$ ——水平千斤顶活塞面积，mm^2，默认值为 95cm^2。

2）绘制剪应力与剪切位移关系曲线。以剪应力为纵坐标，剪切位移为横坐标，绘制不同法向应力 σ 作用下的剪应力 τ 与剪切位移的关系曲线，如图 3.4.11 所示，在曲线上确定各剪切阶段特征点的剪应力值（屈服剪应力、峰值剪应力及残余剪应力。屈服剪应力可按峰值剪应力的 80%取值）。

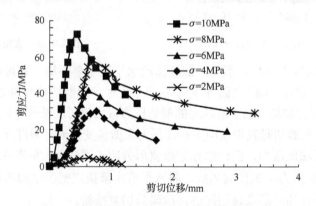

图 3.4.11 剪应力与剪切位移关系曲线

3）计算抗剪强度参数 C、φ 值。以剪应力（τ）为纵坐标，法向应力（σ）为横坐标，将每个试件的特征点剪应力和对应的法向应力点绘在坐标系中，用最小二乘法绘制剪应力（τ）与法向应力（σ）的最佳关系曲线，如图 3.4.12 所示。曲线在纵坐标轴的截距为试件的内聚力（C），与横坐标轴的夹角为内摩擦角（φ）。

根据图 3.4.12 中的 3 条强度曲线可确定峰值抗剪强度（抗剪断强度）、屈服抗剪强度和残余抗剪强度。

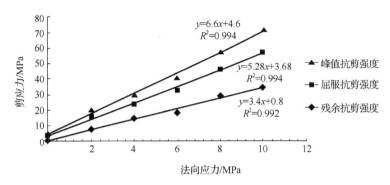

图 3.4.12　剪应力 τ 与法向应力 σ 关系曲线（付小敏，2012）

4）将试验数据记入表 3.4.1 中，成果记入表 3.4.2 中。

表 3.4.2　岩石直剪强度试验成果表

岩石名称	试件编号	法向应力 σ/MPa	抗剪强度/MPa			抗剪强度参数						备注
			峰值	屈服	残余	内聚力 C/MPa			内摩擦角 φ/（°）			
						峰值	屈服	残余	峰值	屈服	残余	
试件描述												
试验前												
试验后												

班级：　　　　　　　　　　　组别：　　　　　　　　　　　日期：
试验者：　　　　　　　　　　计算者：

3.4.6　规律总结

1）法向应力越大，岩石的抗剪强度越大。试样含水率越大，其抗剪强度越小。对于有节理的试件，节理与水平力垂直时抗剪强度最大，节理与水平力平行时抗剪强度最小。

2）试件的各个受力面要满足精度要求，否则会造成试件不均匀受力，导致测试误差。法向压力和水平压力的作用方向应通过试件预定剪切面的几何中心，测量剪切位移的百分表应安装水平。

3）确定剪切的方向：试件受剪切方向应与工程岩体受力方向一致。在现场取样时，一定要标注每个取样点的工程位置，并根据岩体的受力方向确定每组试件的剪切方向。

4）施加法向荷载的要求：法向荷载最大值为工程压力的 1.2 倍。对于结构面中含有软弱充填物的试样，最大法向荷载以不挤出充填物为限。法向荷载按等差级数分级，分级数不少于 5 级，分别施加给每个试件。对于不需要固结的试件，法向荷载可以一次施加完毕，立即测读法向位移，5min 后再测读一次，即可施加剪切荷载。对于需要固结的试件，在法向荷载施加完毕后的第一个小时内，每 15min 读数一次法向位移，然后每半小时读数一次。当每小时法向位移不超过 0.05mm 时，可以施加剪切荷载。试验过程中法向载荷应始终保持常数。

5）施加剪切荷载的要求如下：

① 按预估最大剪切荷载分为 10～12 级。对于每级荷载的大小，软岩可按法向应力的 5%～10% 计算，软弱结构面可按法向应力的 2%～5% 计算。在每级荷载施加后，立即测读剪切位移和法向位移，5min 后再测读一次，即可施加下一级剪切荷载；当位移明显增大时，可以适当减小级差。峰值前施加的剪切载荷不应少于 10 级。

② 剪切破坏后，分别将剪切荷载和法向荷载退至零。若有需要，可进行摩擦试验。将发生错动的试件复位后，调整测表，进行同一法向荷载作用下的摩擦试验，即抗剪试验。

6）试验过程中应注意剪胀现象。当发生明显剪胀，法向压力表读数增大时，可通过控制法向压力表旁边的微调卸压阀降低法向压力到目标值并保持恒定。

7）剪切破坏标准如下：

① 剪切载荷加不上或无法稳定。

② 剪切位移明显变大，在剪应力与剪切位移关系曲线上出现明显突变段。

③ 剪切位移增大，在剪应力与剪切位移曲线上未出现明显突变段，但总剪切位移已达到试件边长的 10%。

8）确定有效剪切面积：当剪切位移量不大时，有效剪切面积可直接采用试件剪切面积；当剪断后位移量不大时，应采用剪断时试件上、下相互重叠的面积作为有效剪切面积。可用一张透明纸覆于剪切面上，用笔勾画出剪切面周边的轮廓线，用求积仪或将其复制到 CAD 系统中计算有效剪切面积。

9）破坏后的试件描述：有效剪切面积；剪切面破坏情况、擦痕分布、方向和长度；剪切面起伏差及沿剪切方向变化曲线；当结构面内有充填物时，应描述剪切面的准确位置、充填物的组成成分、性质、厚度和含水状态。

3.5 岩石常规三轴压缩试验

3.5.1 目的与原理

岩石常规三轴压缩试验（上）

岩石常规三轴压缩试验（下）

地下某一深度处的岩石处在三向压缩应力状态，该状态下的强度和变形特性不同于单轴压缩条件下的力学特性，可采用室内三轴压缩试验对此进行研究。岩石常规三轴压缩试验是将试件置于特定三向压应力（$\sigma_1 > \sigma_2 = \sigma_3$）状态下，研究其强度变形特性的一种试验方法。

岩石常规三轴压缩试验一般用于测定完整岩石在三向应力作用下的抗剪强度参数，通常的方法是对若干个标准试件施加不同围压，在围压保持不变的情况下，施加轴向荷载使试件破坏。用多个试件破坏点的强度值绘制强度包络线，利用强度包络线在纵轴上的截距和斜率求出岩石的内聚力和内摩擦角等抗剪强度参数。岩石常规三轴压缩试验也可用于测定岩石在三向压缩状态下的弹性模量、泊松比等变形参数。

3.5.2　仪器设备

本试验采用 MTS815 程控伺服刚性试验机，试验机介绍同 3.2.3 节相关内容，施加围压最高可达 140MPa。

3.5.3　制样要求

同 3.1.3 节。

3.5.4　操作步骤

测试试件的轴向变形和横向变形，需要使用轴向引伸计和环向引伸计。

1）接通总开关电源，依次开启试验房里的空气压缩机、循环冷水机、液压泵（触屏调成遥控状态）、加载系统、总控制系统和数据采集系统。启动计算机，进入 Windows 操作系统，启动试验程序 Station Manager。

2）试件隔油处理。首先在准备好的试件和上、下垫块外表面套一个热缩管（图 3.2.8），再用带风焊塑枪给热缩管加热，使之紧缩于试件表面，以防止液压油渗入试件内部和试件破坏后碎屑落入压力室内。

3）安装位移传感器。

同 3.2.3 节操作步骤。

4）安装试件。

同 3.2.3 节操作步骤。

5）三轴室注油。手动操作控制杆，使压力室缓缓下降紧贴底座，并用螺栓将压力室和底座连接。在计算机上操作试验程序 Station Manager，控制方式调节为 Confine Displacement 控制状态。打开围压油柜上的充油阀和动力泵，给三轴压力室注入围压油。当围压油柜中的排气孔有油向下线状流出时，表明压力室注满围压油，充油完成，关闭动力泵和充油阀。

6）运行试验程序。

同 3.2.3 节操作步骤。

7）围压柜回油。在计算机上操作试验程序 Station Manager，控制方式调节为 Confine Displacement 控制状态。开启围压油柜油阀和空气动力，排除压力室的液压油，提起三轴压力室。

8）取样。在计算机上操作试验程序 Station Manager，控制方式调节为轴向位移控制状态控制下承压板下降，使试件脱离上承压板，取下试件。

9）描述试件的破坏形态，并记录破裂面分布情况及与加载方向的关系、试验过程中有无异常情况等。

10）试验结束。试验结束后依次关闭试验房里的数据采集系统、控制系统、加载系统、液压泵、循环冷水机器和空气压缩机。

3.5.5 成果整理

1）试件应力差按下列公式计算：

$$\sigma_1 - \sigma_3 = \frac{P}{A} \tag{3.5.1}$$

式中，$\sigma_1 - \sigma_3$——应力差，MPa；

     P——轴向载荷，N；

     A——试件截面积，mm^2。

2）试件纵向应变、横向应变和体积应变按下列公式计算：

$$\varepsilon_1 = \frac{\Delta h}{h} \tag{3.5.2}$$

$$\varepsilon_3 = \frac{\Delta c}{c} \tag{3.5.3}$$

$$\varepsilon_v = |\varepsilon_1| - 2|\varepsilon_3| \tag{3.5.4}$$

式中，ε_1——纵向应变；

     ε_3——横向应变；

     Δh——纵向变形，mm；

     Δc——横向变形（环向引伸计读数），mm；

     h——试件的初始高度，mm；

     c——试件的初始周长，mm；

     ε_v——体积应变。

3）绘制试件的应力-应变曲线，如图 3.5.1 所示。

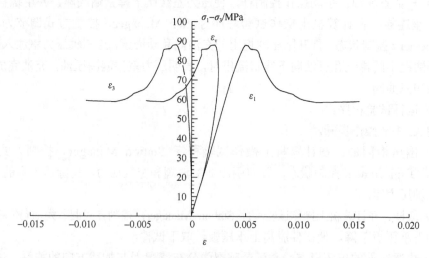

图 3.5.1　典型试件应力-应变曲线

4）弹性模量和泊松比按下列公式计算：

$$B = \frac{\varepsilon_3}{\varepsilon_1} \qquad (3.5.5)$$

$$\mu_{50} = \frac{B\sigma_1 - \sigma_3}{\sigma_3(2B-1) - \sigma_1} \qquad (3.5.6)$$

$$E_{50} = \frac{\sigma_1 - 2\mu\sigma_3}{\varepsilon_1} \qquad (3.5.7)$$

式中，E_{50}、μ_{50}——分别为三轴压缩状态下，主应力差为 50%时的弹性模量和泊松比；

　　　　σ_1、σ_3——分别为轴向应力和围压；

　　　　ε_1、ε_3——分别为轴向应变和环向应变；

　　　　B——ε_1、ε_3 的关系数。

5）绘制不同围压试件的应力-应变曲线，如图 3.5.2 所示。

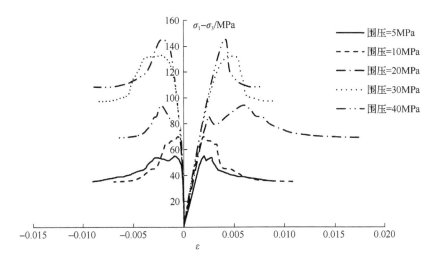

图 3.5.2　不同围压试件的应力-应变曲线

6）计算内摩擦角φ和内聚力 C。有 2 种方式计算抗剪强度参数。

① 以试件破坏时的 σ_1 为纵坐标，围压 σ_3 为横坐标，将试验点绘制在直角坐标系中，然后用图解法或最小二乘法绘制出最佳关系曲线，确定最佳关系曲线的直线方程（图 3.5.3）。可按下式直接求内聚力 C 和内摩擦角φ，即

$$C = \frac{\sigma_c(1 - \sin\varphi)}{2\cos\varphi} \qquad (3.5.8)$$

$$\varphi = \arcsin\frac{m-1}{m+1} \qquad (3.5.9)$$

式中，　C ——岩石的内聚力，MPa；

　　　　φ ——岩石的内摩擦角，（°）；

　　　　σ_c ——最佳关系曲线在纵坐标上的截距，MPa；

　　　　m ——最佳关系曲线的斜率。

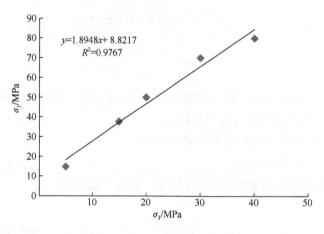

$$y = 1.8948x + 8.8217$$
$$R^2 = 0.9767$$

图 3.5.3　　$\sigma_1 - \sigma_3$ 最佳关系曲线

②　以（$\sigma_1 - \sigma_3$）/2 为纵坐标，（$\sigma_1 - \sigma_3$）/2 为横坐标，将每个试件的极限轴向应力σ_1 点绘在直角坐标系中，然后用图解法或最小二乘法绘制出最佳关系曲线。在最佳关系曲线上选择若干组对应值，以每一应力组的（$\sigma_1 - \sigma_3$）/2 的值为圆心，以（$\sigma_1 - \sigma_3$）/2 的值为半径，在τ-σ 图上绘制应力圆，并作这些圆的包络线（图 3.5.4）。包络线在纵轴上的截距 C 为岩石的内聚力，包络线与横轴的夹角 φ 为岩石的内摩擦角。

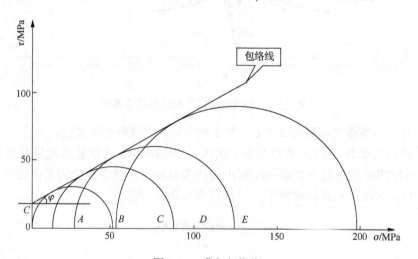

图 3.5.4　　莫尔包络线

7）将试验数据及成果填入表 3.5.1。

表 3.5.1 岩石常规三轴压缩试验记录与成果表

岩石名称	试件编号	受力方向	含水状态	试件直径 d/cm	试件高度 h/cm	试件质量/g	围压 σ_3/MPa	破坏荷载 P/kN	应力差 $(\sigma_1-\sigma_3)$/MPa	内聚力 C/MPa	内摩擦角 φ/(°)	备注
试件描述													

班级：　　　　　　　　组别：　　　　　　　　日期：

试验者：　　　　　　　计算者：

3.5.6 规律总结与注意问题

1. 规律总结

围压对岩石变形破坏具有很大影响，围压为零时为脆性，随着围压的增加，脆性减弱（或延展性增强）。在这个趋势的某一个阶段，峰后曲线基本是一条水平线。这表明，在常应力水平下应变不断地增长，强度不随应变增长而增长。在这条线以下材料发生应变软化，在这条线以上材料发生应变硬化。这条水平线称为脆性-延展性过渡（图 3.5.5），即在三轴压缩下存在由一个脆性向延展性转化的临界围压。当围压小于临界围压值时，岩石呈脆性破坏，有峰值强度；当围压大于临界围压时，岩石呈延展性状态，没有明显的峰值强度。

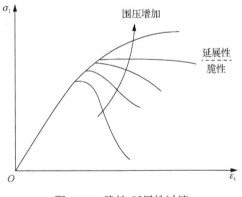

图 3.5.5 脆性-延展性过渡

这方面已经得到大量试验验证，如徐松林等（2001）研究了岩石脆性-延展性转化特性（图 3.5.6 和图 3.5.7），将不同围压下的岩石变形曲线划分为 3 种类型。图 3.5.6 中 a 为低围压下岩石变形曲线，显示岩石为脆性破坏，岩石具有先硬化后软化的特性；b 为围压达临界压力时的岩石变形曲线，显示岩石正处于脆性-延展性转化；c 为高围压的岩石变形曲线，岩石呈延展性，此时岩石已明显有硬化特性。

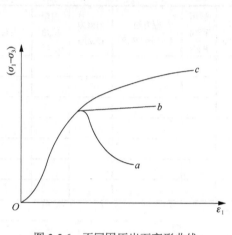

图 3.5.6　不同围压岩石变形曲线

（林卓英，1992）

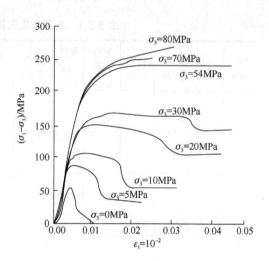

图 3.5.7　围压对应力、应变关系的影响

（徐松林等，2001）

对于不同岩石，脆性-延展性转化临界状态时的最小主应力与最大主应力的比值是各不相同的，其与岩石本身的物理力学性质相关。一般而言，孔隙度小、中等强度的岩石比值较低，而高孔隙度、强度偏低的岩石比值较高。

2. 注意问题

（1）围压确定

在制订岩石常规三轴压缩试验方案时，首先应根据工程需要和岩石特性确定最大侧向压力。在工程没有特殊要求的情况下，可按下列方法预估最大侧向压力（围压）：

1）根据地下工程埋深和地面工程规模，确定试样的取样深度（H）。

2）分析试件上覆岩层的岩性及结构特征。若上覆岩层性质与所取试件岩石性质相同或相近，则可用试件的块体密度（γ）和泊松比（μ）代替上覆岩层岩石的相应参数。

3）对于单一地层，用式（3.5.10）和式（3.5.11）计算最大围压：

$$\sigma_3 = 10^{-2} \times \xi \times H\gamma \qquad (3.5.10)$$

$$\xi = \mu/(1-\mu) \qquad (3.5.11)$$

式中，σ_3——最大围压，MPa；

H——上覆地层厚度，m；

γ——上覆岩层的块体密度，g/cm³；

ξ——侧压力系数；

μ——岩石泊松比。

4）若上覆岩层性质不相同，则需对岩层按性质分层，并确定各层的块体密度（γ）和泊松比（μ），再按式（3.5.12）和式（3.5.13）计算最大围压：

$$\sigma_3 = 10^{-2} \times \sum_{i=1}^{n} \xi_i \times H_i \times \gamma_i \qquad (3.5.12)$$

$$\xi_i = \mu_i / (1 - \mu_i) \tag{3.5.13}$$

式中，H_i——第 i 层岩石的厚度，m；

γ_i——第 i 层岩石的块体密度，g/cm³；

ξ_i——第 i 层岩石的侧压力系数；

μ_i——第 i 层岩石的泊松比。

（2）试件防油问题

建议用热缩管密封试件。热缩管具有不易被破碎岩块戳破、易于密封等特点，被广泛用于常规三轴压缩试验。一般是先将试件放在套有热缩管的刚性圆柱体垫块上，再在试件上面放相同尺寸的刚性垫块，要求垫块直径与试件直径一致。然后用带风焊塑枪给热缩管加热，使热缩管紧贴上、下刚性垫块。试件被完全封闭在热缩管和刚性垫块之间，在整个试验过程中与液压油完全隔离，起到防油作用。采用热缩管密封试件，仍要注意密封问题。

（3）操作细节注意问题

常规三轴压缩试验降围压缸时，需注意缸内的传感器线别被压住，并且确认围压缸与下底盘密封良好。围压注油时，确保围压缸被全部注满。当回油完成时，禁止立即关闭油阀，需继续充气等待 5min 左右，待油气完全静置后方可关闭。提起三轴压力室前，确保螺栓完全松开。

（4）试验成果整理

由于岩石具有非均匀性和不连续性，因此岩石常规三轴压缩试验结果往往呈现很大的分散性，不易确定应力圆簇的包络线。为此，可将得出的所有应力圆按其偏大和偏小分为两族，分别做出各圆簇，其中一条代表岩石强度的上限，另一条代表下限，然后根据试验的具体情况分别选用上限或下限。

3.6　岩石结构面剪切试验

3.6.1　目的与原理

岩体与一般介质的重大差别在于它是由结构面纵横切割而具有一定结构的多裂隙体，岩体中的结构面对岩体的变形和破坏起着控制作用。岩石结构面剪切试验就是主要研究不同特性的岩石结构面在压剪荷载作用下的剪切强度、剪切变形等力学特性的变化规律，其试验基本原理与 3.4 节岩石直剪试验相同，不同之处在于本试验对象是岩石结构面。

本节介绍岩石结构面剪切试验，将制备好的试件装入剪切盒中，先通过垂向千斤顶加预定的法向应力，然后通过水平千斤顶分级施加剪应力至破坏，测得破坏时的极限剪应力。若分别用多个试件在不同正应力下求取其破坏极限剪应力，便可根据库仑定律确定结构面的抗剪强度参数（内摩擦角和内聚力）。

3.6.2　仪器设备

1）岩石携带式剪切仪和岩土力学多功能数据采样仪（图3.6.1）：①上、下剪切盒；②加荷和测力装置，包括2个液压泵、2个千斤顶，2个压力表和4个百分表。

1—剪切盒；2—压力表；3—油泵。

图 3.6.1　岩石携带式剪切仪和岩土力学多功能数据采样仪

2）制样模具（5套以上）及开缝垫条（10根以上）。

3）其他：调土刀、钢锯条、大剪刀、红色油笔、细铁丝、高标号水泥、粗砂及碎石、黄油、牛皮纸及透明纸等。

3.6.3　制样要求

1. 采样

现场采取试件，依据不同的模具规格，确定长轴50～100mm，高50～100mm的近似方块体，也可采大块试件回室内加工成前述规格的试样。注意，应使试件保持原状，并在现场用油笔在试件上标出剪切方向，用细绳将试样捆扎好，以保证试件不被扰动，并进行现场编号登记。

2. 受剪面积粗测

若试件不规则，可用细绳贴紧试件受剪面绕一周，获得一个用细绳圈成的与受剪面轮廓相应的面积，并将它绘在纸上，求出受剪面的粗略面积。

3. 制作水泥砂浆

根据试验的要求确定水泥砂浆的配合比（混凝土最好采用高标号水泥，其中水泥、干砂、水比为 1∶2∶0.5），根据制定的配合比制作水泥砂浆，搅拌均匀后用于试件浇筑。

4. 试件浇注

浇注前，在上剪切盒内壁涂上一层黄油，并贴上一张牛皮纸，以使浇注好的试件易与样模脱离。

在上模具内加少量的水泥砂浆，静置捣匀后将试件居中放入砂浆之中，使受剪切面高出上模具边框 4～5mm，并使之水平；同时保持剪切方向与模具框长边方向一致，随后继续填入水泥砂浆，填满捣实，待水泥砂浆凝固（24～48h）。

在下剪切盒用同样的方式涂黄油、贴牛皮纸并且加入适量水泥砂浆，在下模具边框两端各放一根开缝垫条，将已凝固的那一半样模倒转，把漏出的样品盖在下模具上对齐并且保持水平；然后从开缝中向空模注入砂浆，填满捣实，24～48h 后，拆去上下模具，取出试件进行养护，每组各需制 5～10 块。

操作如图 3.6.2～图 3.6.7 所示。

图 3.6.2　样盒内壁涂黄油并贴牛皮纸

图 3.6.3　配置水泥砂浆

图 3.6.4　制备上半部分试件

图 3.6.5　半块试件

图 3.6.6　制备整个试件

图 3.6.7　制好的完整试件

3.6.4　操作步骤

1）选择法向应力，一般应不小于设计应力。对于充填夹泥的结构面试验，法向应力的选择应以不挤出夹泥为原则。

2）按试验要求施加第一级法向应力，当法向应力达到预定值后，再施加剪切载荷，并注意剪切过程中通过手动控制法向应力的恒定性和稳定性。

3）控制剪切载荷的加载速度，试件相对位移不超过 2mm/min，每位移 0.2～0.5mm 记录一次相应的剪应力值和法向位移量。当随剪切位移增加而剪应力降至近似某一常数值时（或剪切总位移量超过 15～20mm 时），本次试验即可停止。

4）先卸掉剪切载荷，再卸掉法向力载荷，取出试件。

5）取第二个试件施加第二级法向应力，开始第二次试验。一般情况下，法向应力需施加 3～5 级。在试验过程中，岩土力学多功能数据采样仪自动记录相应的法压力值、剪切力值、法向位移量和切向位移量。

3.6.5　成果整理

1. 计算法向应力和剪应力

根据岩土力学多功能数据采样仪采集的试验数据，按下式计算法向应力和剪应力：

$$\sigma = \frac{(I_\sigma - I_{\sigma 0})\, S_v + G}{S_j} \tag{3.6.1}$$

式中，σ——法向应力，MPa；

I_σ——法向千斤顶压力表预定值读数，MPa；

$I_{\sigma 0}$——法向千斤顶压力表初值读数，MPa；

S_v——法向千斤顶活塞面积，mm^2；

G——加载仪器盖重，N；

S_j——剪切面面积，m^2。

$$\tau = \frac{(I_\tau - I_{\tau 0})\, S_h}{S_j} \tag{3.6.2}$$

式中，　τ——剪应力，MPa；

　　　　I_τ——水平千斤顶压力表最大值，MPa；

　　　　$I_{\tau 0}$——水平千斤顶压力表初值，MPa；

　　　　S_h——水平千斤顶活塞面积，mm^2。

2. 绘制剪应力与剪切位移关系曲线

以剪应力为纵坐标，剪切位移为横坐标，绘制不同正应力 σ 作用下的剪应力 τ 与剪切位移关系曲线，如图 3.6.8 所示，在曲线上确定各剪切阶段特征点的剪应力值（即屈服剪应力、峰值剪应力及残余剪应力。屈服剪应力可按峰值剪应力的 80% 取值）。

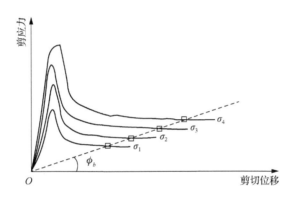

图 3.6.8　剪应力与剪切位移关系曲线

3. 计算抗剪强度参数 C、φ 值

以剪应力（τ）为纵坐标，法向应力（σ）为横坐标，将每个试件的特征点剪应力和对应的法向应力点绘在坐标系中，用最小二乘法绘制剪应力（τ）与法向应力（σ）的最佳关系曲线，如图 3.6.9 所示。该曲线在纵坐标轴的截距为试件的内聚力（C），与横坐标轴的夹角为内摩擦角（φ）。

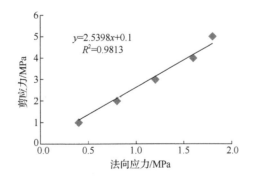

图 3.6.9　剪应力 τ 与法向应力 σ 的最佳关系曲线

3.6.6　规律总结与注意问题

1. 规律总结

结构面的剪切破坏形式可由法向应力大小的不同而产生较大差异，当法向应力较小时，岩体沿结构面产生滑动破坏（剪胀效应）；当法向应力大于一定值时，岩体以剪断凸起的形式进行破坏（啃断效应）。Jaeger（1971）指出，在较低的法向应力下也有结构面的凸起部分发生啃断效应，仅发生剪胀效应或啃断效应破坏是两种极端情况。Pereira等（1993）在砂岩齿状结构面剪切破坏机制的研究中也有类似结论。刘佑荣等（2008）也指出，针对发生剪切破坏的天然岩体结构面凸起部分，当法向应力极小时，结构面也有部分凸起会发生剪断破坏；当法向应力较大时，结构面凸起部分不会被完全剪断。可见，当法向应力较小时，岩体以剪胀效应为主进行破坏，随着法向应力的增大，岩体将逐渐转变为以啃断效应为主进行破坏（苏道刚，2018）。

2. 注意问题

1）制作样品时，配置的水泥砂浆需要有一定的强度，防止试验中施加压力或者剪切力时先破裂。涂抹黄油时需要将模具内部抹匀，便于拆卸。上、下模具结合时，需要注意受剪面要平行于模具上、下平面，防止样品倾斜。

2）法向荷载和剪切荷载的作用方向：法向荷载和剪切荷载的作用方向应通过预定剪切面（岩石结构面）的几何中心。

3）试验中，施加剪切力时需要注意剪胀等现象，出现剪胀现象时应立即调节液压泵手柄和换向把手。

4）当结构面内有充填物时，应描述剪切面的准确位置、充填物的组成成分、性质、厚度和含水状态。根据需要可以取代表性样品进行矿物鉴定。

5）对于不规则岩石及结构面试件饱水，则需用小螺钉旋具将浇铸好试件的拟剪面上的油漆刮去，再把试件浸入水池中自然饱和或放入真空饱和箱进行强制饱和。

其他内容可参考 3.4.6 节。

3.7　岩石点荷载强度试验

3.7.1　目的与原理

岩石点荷载强度试验是将岩石试件置于上、下两个球端圆锥形加荷器之间，通过油压千斤顶对其施加集中点荷载，直到试件破坏，以测得岩石的点荷载强度指数和强度各向异性指数。利用该试验测得的岩石点荷载强度指数可作为岩石分级的依据，并可利用经验公式计算岩石的单轴抗压强度和抗拉强度指标。根据平行和垂直岩石层面的点荷载强度测值，可确定岩石的各向异性指数。

该试验既可以在室内进行，也可以在现场进行。由于试件承载面积很小，试件破坏所需的压力较低，因此点荷载仪是一种体积小、质量小、携带方便的仪器。点荷载强度试验的另一优点是对试件的形状和表面平整度的要求较低，无须机械加工。一定长度的岩芯或从现场露头岩体上敲击下来的不规则岩块，用地质锤略加修整即可以直接用于试验。该试验为获得软弱岩石、强风化岩石、遇水易于崩解的岩石、冰碛砾石等难以成型岩石的强度指标提供了一个便捷的方法。点荷载强度试验不仅大大降低了试验成本，缩短了试验时间，而且使低强度和严重风化岩石的强度测试问题得以解决。自 20 世纪 80 年代以来，人们更多的是将点荷载强度试验直接测得的点荷载强度作为一个独立指标来表达岩石的强度特性，应用于岩体工程分类、岩体风化带的划分等。

3.7.2 仪器设备

岩石点荷载强度试验可以采用携带式点荷载试验仪（图 3.7.1）实现。由于携带式点荷载试验仪具有质量较小、携带方便、操作简单、试验方法易于掌握等优点，目前在岩石点荷载强度试验中被广泛应用。携带式点荷载试验仪由加载、载荷测量和距离测量 3 部分组成（苏道刚，2008）。

1. 加载部分

加载部分包括承载框架、液压泵、油压千斤顶及圆锥形加载器。油压千斤顶的最大出力应大于试验岩石的强度，一般选用最大出力为 6t 的油压千斤顶。承载框架应满足以下要求：

1）承载框架应具有足够的刚度，以避免在加载过程中出现框架变形、上下加载器中心线偏离（允许偏离不超过±0.2 mm）和被夹持的不规则形状试件滑动现象。

图 3.7.1 携带式点荷载试验仪

2）承载框架应能调节上、下加载器的间距，以适应试件尺寸变化（一般变化范围为 15～100 mm）。在满足刚度的条件下，尽可能减小质量以便于携带。

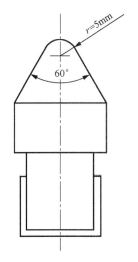

图 3.7.2 标准加载器示意图

2. 荷载测量部分

荷载测量范围取决于液压泵的容量，要求液压泵容量应与试件强度和试件直径的可能范围相适应，一般采用容量为 1～0.5MN 的液压泵。国际岩石力学学会试验方法委员会规定的标准加载器形状和尺寸如图 3.7.2 所示。载荷测量部分一般采用装有最大压力指针的压力表，其精度应保证读数达到破坏荷载的±5% 或更高。分别用测力范围不同的两个压力表以适应不同强度的岩石，或对低强度岩石采用测力钢环。

3. 距离测量部分

距离测量用于测量加载点间距，一般利用固定在承载框架上的刻尺，也可以利用位移传感器进行测量。

3.7.3 制样要求

1）试件可采用钻孔岩芯或从岩石露头、勘探坑槽、洞室中采取的岩块。

2）对试件尺寸的要求随试件形状和试验方法的不同而不同。点荷载强度试验的试件形状有圆柱体（岩芯）、方块体和不规则块体。其中，圆柱体试件又可用来进行径向试验和轴向试验。

① 圆柱体的径向试验。沿直径方向加载的岩芯，试件直径 d（与加载点间距 D 一致）最好在 50 mm 左右，长度 $2L$ 与直径 d 之比大于 1.0 时，破坏荷载与长度无关，故 $2L \geqslant 1.0d$ ［图 3.7.3（a）］。

② 圆柱体的轴向试验。沿轴向方向加载（加载方向与钻进方向一致）的岩芯，长度 $2L$（与加载点间距 D 一致）与试件宽 W（直径 d）之比应为 0.3～1.0 ［图 3.7.3（b）］。

③ 方块体和不规则块体的加载试验。加载点间距 D 为 30～50 mm，D 与垂直于加载轴的宽度 W 之比应为 0.3～1.0，长度 $2L$ 与 D 之比应小于 1.0 ［图 3.7.3（c）和（d）］。同一组不规则块体试件的形状、大小和应力应相近。

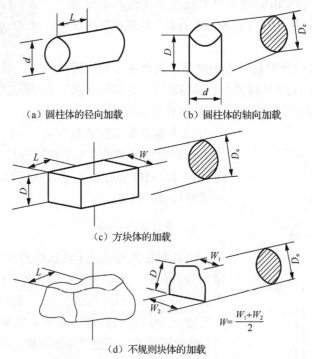

（a）圆柱体的径向加载　　　　　（b）圆柱体的轴向加载

（c）方块体的加载

（d）不规则块体的加载

d—圆柱体试件直径；D—加载点间距；D_e—等价岩芯直径；L—岩芯长度；
W—垂直于加载轴的宽度平均值；W_1、W_2—分别为垂直于加载轴的上边宽、下边宽。

图 3.7.3　试件的尺寸要求

3）试件数量要求。

① 试件应按岩石含水状态和各向异性特征分组。

② 每组岩芯试件数量不应少于 10 块。

③ 每组方块体或不规则块体试件的数量不应少于 20 块。

3.7.4　操作步骤

1. 试件描述

试验前应描述已选定的各个试件，内容包括：

1）岩石名称、颜色、矿物成分、结构、构造、风化程度和胶结性质等。

2）试件形状、尺寸及制备方法。

3）加载方向与层理、裂隙等结构面的关系。

4）含水状态和所使用的方法。

2. 试件安装

1）径向试验。将岩芯试件置于上、下两加载器之间，启动液压泵，使加载器的球端圆锥与试件紧密接触，两加载点的连线应通过试件直径，加载点至试件自由端的距离应为两加载点间距的 1/2。测量试件加载点间距，要求误差不超过±2%。

2）轴向试验。将岩芯试件置于上、下两加载器之间，启动液压泵，使加载器的球端圆锥与试件紧密接触，两加载点的连线应通过试件圆心。测量加载点间的距离及试件直径，前者允许偏差为±2%，后者允许偏差为±5%。

3）方块体和不规则块体试验。选择试件最小尺寸的一边为加载方向，将试件置于上、下两加载器之间，启动液压泵使加载器的球端圆锥与试件中心处紧密接触，加载点至试件自由端的距离应为两加载点间距的 1/2。测量加载点间的距离及垂直于加载方向的试件的最小宽度或平均宽度，前者允许偏差为±2%，后者允许偏差为±5%。

4）在进行各向异性岩石试验时，应使加载方向平行层面做一组径向试验，再使加载方向垂直于层面做一组轴向试验。

3. 施加荷载

试验时应连续、均匀地施加荷载，使试件控制在 10～60s 破坏，并记录破坏荷载。

4. 检查试件破坏情况

当破坏面贯穿整个试件并通过上、下加载点时，试验有效，否则无效。描述试件的破坏形态。

3.7.5　成果整理

1）两加载点间距为 50mm 时，计算点荷载强度指数。点荷载试验的主要目的是计

算点荷载强度指数 $I_{s(50)}$，其定义为加载点间距为 50mm 时的破坏荷载 P_{50} 与等价岩芯直径 D_e 的平方之比：

$$I_{s(50)} = \frac{P_{50}}{D_e^2} \tag{3.7.1}$$

式中，　$I_{s(50)}$——点荷载强度指数；

　　　　P_{50}——加载点间距为 50mm 时的破坏荷载，N；

　　　　D_e——等价岩芯直径，mm。

等价岩芯直径 D_e 即在圆柱体试件的径向试验中圆断面的直径，同时也包括轴向试验或其他形状试件试验中加载轴的最小端面的等面积圆的直径。等价岩芯直径 D_e 可按下述方法取值。

① 圆柱体试件径向试验：

$$D_e = D \tag{3.7.2}$$

② 圆柱体试件轴向试验：

$$D_e = \left(\frac{4A}{\pi}\right)^{1/2} \tag{3.7.3}$$

③ 方块体和不规则块体试件试验：

$$D_e = \left(\frac{4DW}{\pi}\right)^{1/2} \tag{3.7.4}$$

④ 对于单轴饱和抗压强度小于 30MPa 的软岩，试件破坏瞬间加载器锥端贯入试件，则

$$D_e = (DD')^{1/2} \tag{3.7.5}$$

$$D_e = \left(\frac{4D'W}{\pi}\right)^{1/2} \tag{3.7.6}$$

式中，　D——加载点间距，mm；

　　　　A——通过两加载点的最小截面积，mm²；

　　　　W——垂直于加载轴的最小宽度或平均宽度，mm；

　　　　D'——试件破坏时加载点的实际间距，mm。

2）两加载点间距不等于 50mm 时，计算点荷载强度指数。岩石点荷载强度试验不要求试件规整是其主要优点之一，因为试验中试件的尺寸实际上是不可能完全统一、标准的。为了消除尺寸效应，将加载点间距标准规定为 50mm。因此，对加载点间距不符合这一标准的试验所得到的破坏荷载 P 必须修正为相当于加载点间距为 50mm 的 P_{50}，然后按式（3.7.1）求得标准的点荷载强度 $I_{s(50)}$。修正方法如下：

① 若试件较少，此时的修正公式为

$$I_{s(50)} = F \times I_s \tag{3.7.7}$$

$$F = \left(\frac{D_e}{50}\right)^m \tag{3.7.8}$$

式中，$I_{s(50)}$——经尺寸修正后的岩石点荷载强度指数，MPa；

　　　I_s——试验测量的点荷载强度指数，MPa；

　　　F——尺寸修正系数，若 D_e 值试验数据大于 6 个，用统计方法确定 D_e 的标准值；

　　　m——修正系数，取 0.4～0.45，也可根据同类岩石的实测资料确定。

② 若试验的试件数较多，并且同一组试件中的等价岩芯直径具有多种尺寸，可根据试验结果绘制等价岩芯直径 D_e^2 与破坏荷载 P 的关系曲线，然后在曲线上找出 $D_e^2 = 2500\text{mm}^2$ 时所对应的 P 值，并按下式计算修正后的点荷载强度指数：

$$I_{s(50)} = \frac{P_{s(50)}}{2500} \tag{3.7.9}$$

式中，$I_{s(50)}$——经尺寸修正后的岩石点荷载强度指数，MPa；

　　　$P_{s(50)}$—— D_e^2 为 2500mm² 时对应的 P 值，N。

3.7.6　成果应用

通过岩石点荷载强度试验得到岩石点荷载强度指数，然后根据岩石点荷载强度指数估算岩石的抗拉强度和抗压强度，这是点荷载强度试验的主要目的。同时，可利用沿岩石不同层面的点荷载强度指数确定岩石的各向异性。

1. 估算岩石的抗拉强度

观察岩石试件在点荷载作用下的破坏性状，分析点荷载对试件的作用方式和机理，可以看出，点荷载强度试验与标准岩石试件抗拉强度试验中的劈裂法很相似，破坏其属性均为在压力作用下产生的拉断破坏。另外，从理论上分析其破坏机制，也可以清楚地认识到岩石在点荷载作用下，由垂直于加载轴的横向拉应力引起试件产生拉裂破坏。所以，点荷载强度试验可以作为确定岩石抗拉强度的一种间接方法。

已有研究表明试件的破坏属性是拉裂破坏，由此导出的抗拉强度σ_t与点荷载强度指数的关系式为

$$\sigma_t = kI_{s(50)} \tag{3.7.10}$$

式中，σ_t——岩石的抗拉强度，MPa；

　　　k——系数，取值范围为 0.80～0.96。

2. 估算岩石的单轴抗压强度

常规抗压强度试验是在试件承受均布压缩荷载下进行的，试件的破坏属性因试验端

部效应而存在较多的剪断成分，因而与点荷载强度试验的应力分布状态和破坏属性有明显的不同。但由于它们同属在单轴压缩荷载作用下的破坏，且岩石的抗拉强度和抗压强度间存在公认的经验关系，因此在实践中也通常用点荷载强度试验估算单轴抗压强度。其计算公式如下：

$$\sigma_c = k' I_{s(50)} \tag{3.7.11}$$

式中，　σ_c——岩石的抗压强度，MPa；

k'——系数，建议取值范围为 20～25（对于不同类型的岩石，此值的变化范围可为 15～50）。

3. 确定岩石强度的各向异性

自然界中的岩石由于其生成条件不同常产生不同的定向性结构，从而导致了强度的各向异性。点荷载强度试验是评定岩石强度各向异性的简便方法。

表征岩石各向异性的指标是点荷载强度各向异性指数，其计算方法如下：

$$I_{a(50)} = \frac{I'_{s(50)}}{I''_{s(50)}} \tag{3.7.12}$$

式中，　$I_{a(50)}$——点荷载强度各向异性指数；

$I'_{s(50)}$——垂直于层面的岩石点荷载强度指数平均值，MPa；

$I''_{s(50)}$——平行于层面的岩石点荷载强度指数平均值，MPa。

3.7.7 规律总结和注意问题

1. 确定点荷载强度指数平均值

点荷载强度试验的最终目的是估算岩石的抗压强度、抗拉强度及岩石的各向异性。估算岩石的抗压强度、抗拉强度及岩石的各向异性的准确性受控于点荷载强度试验的直接结果——点荷载强度指数。所以，合理确定点荷载强度指数平均值非常重要，下面提供两种确定方法：

1）当同一组试验数据不超过 10 个时，舍去一个最大值和一个最小值，计算算术平均值。

2）当同一组试验数据超过 10 个时，舍去两个最大值和两个最小值，计算算术平均值。

2. 测量加载点间距 D 和垂直于加载轴的宽度 W 的正确方法

1）用式（3.7.2）和式（3.7.4）计算等价岩芯直径 D_e 时，式中 W 为平均宽度。计算方法可根据图 3.7.4 所示的破坏情况进行选择。

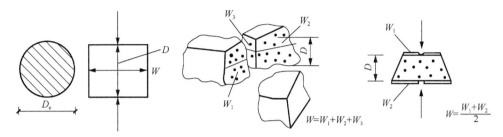

W—垂直于加载轴的平均宽度；W_1、W_2、W_3—垂直于加载轴的某一宽度。

图 3.7.4　破坏面数据量测

2）若岩石强度较低，D 的量测应以试件劈裂前加荷点压入试件的凹陷底部为准。

3. 试件加载方式的规定

针对不同的试验，其加载方式有不同的规定，如图 3.7.5 所示。当试件中存在层面时，加载方向应分别平行层面和垂直层面（图 3.7.6），以获得各向异性岩石的最小和最大点荷载强度指数。

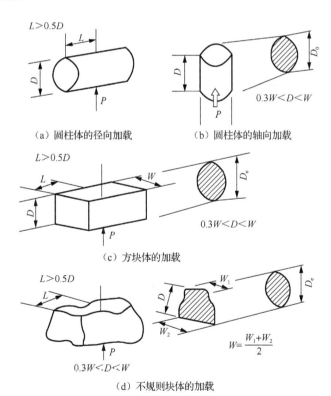

图 3.7.5　试件尺寸、形状和加载方向

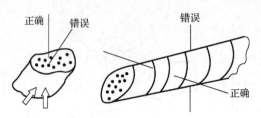

图 3.7.6　各向异性岩石试验的加载方向

4. 有效试验的判定方法

若试件破坏面未通过两加载点，可判定该试验为无效试验（图 3.7.7），其试验结果不能用来计算。

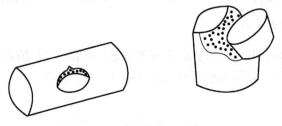

图 3.7.7　无效试验破坏模式

参 考 文 献

蔡毅，2018. 岩体结构面粗糙度评价与峰值抗剪强度估算方法研究[D]. 武汉：中国地质大学.

陈钢林，周仁德，1991. 水对受力岩石变形破坏宏观力学效应的实验研究[J]. 地球物理学报（3）：335-342.

邓建华，黄醒春，彭结兵，等，2008. 膏溶角砾岩不同天然含水率情况下力学特性的试验研究[J]. 岩土工程学报，30（8）：1203-1207.

付小敏，邓荣贵，2012. 室内岩石力学试验[M]. 成都：西南交通大学出版社.

黄彦森，邓建华，钟蜀晖，等，2014. 含水率对泥质白云岩力学特性影响的试验研究[J]. 地下空间与工程学报，10（2），276-284.

李海波，王建伟，李俊如，等，2004. 单轴压缩下软岩的动态力学特性试验研究[J]. 岩土力学，25（1），1-4.

刘俊新，刘伟，杨春和，等，2014. 不同应变速率下泥页岩力学特性试验研究[J]. 岩土力学，35（11）：3093-3100.

刘佑荣，唐辉明，2009. 岩体力学[M]. 北京：化学工业出版社.

宋义敏，邢同振，邓琳琳，等，2017. 不同加载速率下岩石变形场演化试验研究[J]. 岩土力学，38（10）：2773-2779、2788.

苏承东，李怀珍，张盛，等，2013. 应变速率对大理岩力学特性影响的试验研究[J]. 岩石力学与工程学报，32（5）：943-950.

苏道刚，2008. 工程地质勘察试验教程[M]. 成都：西南交通大学出版社.

王凯，蒋一峰，徐超，2018. 不同含水率煤体单轴压缩力学特性及损伤统计模型研究[J]. 岩石力学与工程学报，37（5）：1070-1079.

徐松林，吴文，王广印，等，2001. 大理岩等围压三轴压缩全过程研究Ⅰ：三轴压缩全过程和峰前、峰后卸围压全过程实验[J]. 岩石力学与工程学报，20（6）：763-767.

Hawkins A B，Mcconnell，et al.，1992. Sensitivity of sandstone strength and deformability to changes in moisture content[J]. Quarterly Journal of Engineering Geology，25（2）：115-130.

Jaeger J C，1971. Friction of rocks and stability of rock slopes[J]. Géotechniquee，21（2）：97-134.

Pereira J P, DE Freitas M H, 1993. Mechanisms of shear failure in artificial fractures of sandstone and their implication for models of hydromechanical coupling[J]. Rock Mechanics and Rock Engineering，26（3）：195-214.

第4章 岩石复杂状态下力学性质试验

在复杂地质和应力等环境条件下，岩石的力学性质很大程度上受到加载条件、应力路径，以及时间、地下水、温度等环境因素的控制，往往表现出更加复杂的非连续、非弹性、各向异性和多相性特征等。在第3章岩石基本力学性质试验的基础上，本章主要介绍复杂状态下岩石力学性质试验，主要包括岩石常规三轴卸荷试验、循环加卸载试验、高温三轴试验、高压渗透试验、THM三场耦合试验、双轴压缩试验、三轴流变试验、直剪蠕变试验、真三轴试验和声发射测试。

4.1 岩石常规三轴卸荷试验

4.1.1 目的与原理

深部岩体工程开挖或高边坡开挖是一个岩体应力的卸荷过程，卸荷过程中岩石的强度、变形和破坏特征与加载过程是有区别的。在卸荷作用下，岩体强度劣化，岩体中原有的裂隙扩张、贯通，并重新生成新的裂隙，岩体的力学参数也会发生一定的变化。岩体开挖方式的不同及岩体所处位置的不同都意味着岩体所受应力调整变化的路径不同，不同的卸荷路径会导致不同的变形破坏规律。通过开展岩石卸荷力学试验，研究卸荷条件下的岩石本构模型和强度准则，对揭示岩石的卸荷力学行为及其破坏机制等具有十分重要的理论意义。

岩体开挖导致岩体所受应力的变化过程可以概括为岩体在一个方向上所受的应力被卸除，而在其他方向上所受的应力出现减小、增大或者不变。简单卸荷应力路径可归纳为以下3种（图4.1.1）：

1）卸荷应力路径Ⅰ：保持轴压恒定，卸除围压。首先加围压至预定值，然后加轴压至预定值并保持恒定，再以一定速率卸围压，直至试件破坏。

（a）卸荷应力路径Ⅰ   （b）卸荷应力路径Ⅱ   （c）卸荷应力路径Ⅲ

图 4.1.1 卸荷应力路径

2）卸荷应力路径Ⅱ：增加轴压，卸除围压。首先加围压至预定值，然后加轴压至预定值，再以一定速率卸围压，同时以一定速率增加轴压，直至试件破坏。

3）卸荷应力路径Ⅲ：轴压与围压同时卸载。首先加围压至预定值，然后加轴压至预定值，再以一定速率卸围压，同时以一定速率卸轴压，直至试件破坏。

上述 3 种卸荷应力路径，不同的斜率大小代表轴压与围压的不同加卸载速率比例。复杂卸荷应力路径是上述 3 种路径的组合方式。

例如，隧道开挖之前，岩体处于一定的应力平衡状态，由于隧道开挖改变了原有的应力平衡状态，从而造成周围岩体应力调整和应力重分布，形成二次应力场。调整后的径向应力随着向隧道开挖临空面接近而逐渐减小，至洞壁处几乎降为零；切向应力沿洞壁周围的应力大小及其分布特征主要取决于侧压力系数，随着向隧道开挖临空面接近而逐渐增大，至洞壁处为 2 倍原岩应力。总体来说，隧道在开挖卸荷作用下会导致围岩应力发生强烈的分异现象，使围岩的应力差越靠近开挖面越大，至洞壁处达到最大值。因此，这一部分岩体的应力状态与低围岩（或无围压）条件下轴向应力增大这一应力状态大体相当。在室内实验中，可以通过卸围压模拟径向应力降低、增加轴压模拟切向应力增大的方式来实现这种隧道开挖导致的二次应力场变化。

4.1.2 仪器设备

MTS815 程控伺服刚性试验机（同 3.5.2 节）。

4.1.3 制样要求

同 3.1.3 节。

4.1.4 操作步骤

常规三轴卸荷试验的操作步骤与常规三轴压缩试验基本一致，但加载应力路径不同。进行试验时，选择三轴卸荷应力路径的 MPT 程序（图 4.1.2）。卸荷路径的主要步骤如下：

1）根据三轴试验机要求安装试件，试件采用热缩管进行防油。

2）采用荷载控制方式，以一定加荷速度同时施加侧压和轴压至预定围压值。

3）以一定速率对试件施加轴压至预定值，如取峰值强度的 70%～80%。

4）采用一定应力路径进行加卸载，如以 0.1MPa/s 的速率卸载围压，同时以 0.1mm/min 的速率增加轴压，直到试件破坏。

5）试验结束后，回油、排气，排除压力室的液压油，提起三轴压力室，取样进行描述。

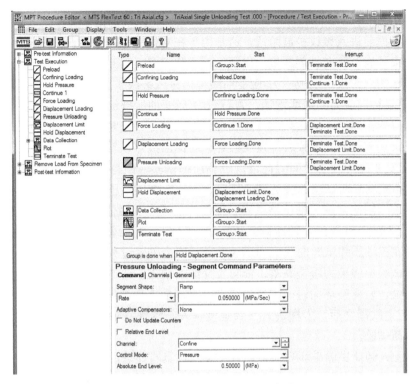

图 4.1.2　典型卸荷路径 MPT 程序

4.1.5　成果整理

成果整理方法与 3.5.5 节基本一致。

4.1.6　规律总结

1. 压缩试验与卸荷试验应力-应变曲线特征对比

典型砂岩常规三轴压缩与三轴卸荷应力-应变曲线对比如图 4.1.3 所示。

1）从压密阶段到弹性阶段，常规三轴压缩试验与三轴卸荷试验的加载条件相同，二者的应力-应变曲线基本重合，岩石的变形破坏特征大致相同。

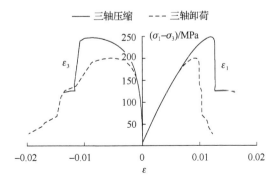

图 4.1.3　典型砂岩常规三轴压缩与三轴卸荷应力-应变曲线对比

2）随着轴向应力的增大，常规三轴压缩试验的曲线仍处于弹性阶段，而三轴卸荷试验的曲线提前进入裂纹扩展阶段。这是由于在常规三轴压缩试验中围压保持不变，围压作用约束了岩石侧向扩展速度，出现应变强化现象；而卸荷试验中，卸荷围压会逐渐削弱对岩石侧向约束，造成应力-应变曲线提前进入裂纹扩展阶段。

3）随着轴向应力的继续增加，岩石应力-应变曲线裂纹进入加速扩展阶段，轴向应变和环向应变快速增大，微裂纹开始迅速扩展、演化，宏观裂纹逐渐形成、贯通，最终扩展形成宏观破坏面，导致岩样发生破坏。对比曲线可以看出，在该阶段，三轴卸荷试验应力-应变曲线持续的时间要比常规三轴压缩试验曲线持续的时间短，曲线较早偏离直线段，当三轴卸荷试验曲线达到峰值应力时，常规三轴压缩试验曲线的应力和应变还在继续增大，因此常规三轴压缩试验岩样的峰值强度和峰值应变大于三轴卸荷试验。

4）应力跌落阶段：三轴卸荷试验曲线比常规三轴压缩试验曲线提前进入应力跌落阶段。常规三轴压缩试验曲线应力迅速跌落，应力跌落过程轴向应变几乎保持不变；而三轴卸荷试验曲线应力缓慢跌落，轴向应变继续增大。这是由于卸荷围压削弱了对岩石的侧向约束，岩样破坏面进一步发生错动，轴向应变继续增大。

5）应力跌落之后，岩样进入残余强度阶段。常规三轴压缩试验岩样的残余强度大于三轴卸荷试验。

总体上，卸荷试验破坏更突然，且更剧烈，具有显著的脆性破坏特征。卸荷试件具有较强的张性破裂特征，各种级别的张裂隙发育，甚至在次卸荷方向上也可能出现张拉裂隙。卸荷试件也会存在剪切裂隙，一般以共轭 X 或局部剪切破坏为主，呈现一定程度的张性特征（黄润秋等，2008）。

2. 3 种卸荷路径的试验结果

赵国彦等（2015）对图 4.1.1 所示的 3 种卸荷应力路径进行试验研究，结果表明，从卸围压一开始侧向应变就急剧增大，明显大于轴向应变增长速率，且应力路径Ⅱ>应力路径Ⅰ>应力路径Ⅲ；应力路径Ⅰ体积扩容最大，说明岩样的扩容特征与卸荷路径有关（图 4.1.4）。3 个卸荷路径方案中变形模量随围压卸载而逐渐减小，且随初始围压增大，总体上呈负指数分布趋势；同一种卸荷应力路径时，变形模量的减小量随初始围压增大有所增大；而同一围压时，应力路径Ⅱ的变形模量的减小量最大（图 4.1.5）。

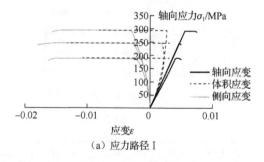

（a）应力路径Ⅰ

图 4.1.4　3 种卸荷路径的应力-应变关系曲线（赵国彦等，2015）

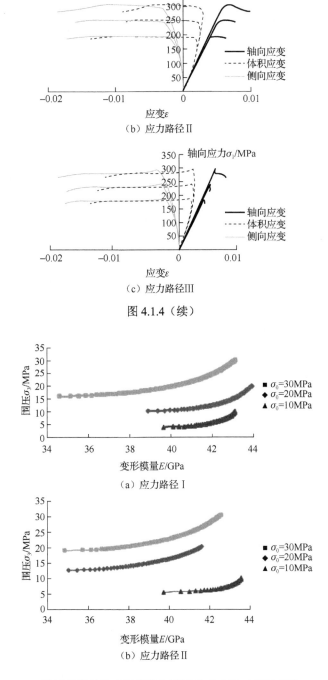

（b）应力路径Ⅱ

（c）应力路径Ⅲ

图 4.1.4（续）

（a）应力路径Ⅰ

（b）应力路径Ⅱ

图 4.1.5　3 种卸荷路径的变形模量与围压关系曲线（赵国彦等，2015）

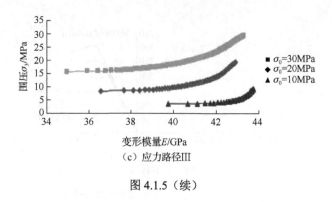

（c）应力路径Ⅲ

图 4.1.5（续）

4.2　岩石循环加卸载试验

4.2.1　目的与原理

在岩石力学工程中，可能会遇到循环加卸载的作用，如地震荷载、爆破荷载、高速列车的周期荷载等，这些作用都使得工程岩体经历反复加卸载的过程。岩体变形和强度特征与所受的应力状态及加载历史密切相关，岩体在循环荷载作用下所呈现的力学特性近年来越来越受到人们的关注。研究循环加卸载条件下岩石的强度和变形特征具有重要的工程实践价值，研究岩石在动力循环荷载下的疲劳特性对于研究岩体工程的长期稳定性有着重要的意义。

通过岩石循环加卸载试验研究岩石的动力特性，分析岩石在低于强度极限的交变应力（应变）反复作用下，固有微裂纹不断发展，新裂纹不断萌生，最终形成贯通裂隙，导致岩石被破坏的全过程。根据试验应力条件，该试验可分为三轴和单轴循环加卸载试验。在试验过程中，可测定试样的轴向和横向变形，绘制应力-应变滞回环，并据以计算岩石的动弹性模量、动泊松比、阻尼系数及阻尼比。

岩石三轴循环加卸载试验的一般应力路径为：首先加围压至预定值，然后加轴压至预定值，采用荷载控制方式，设置动态应力的上下限、循环频率和周次，进行循环加卸载试验。完成循环试验后，采用位移控制方式继续静力加荷，直到试件破坏。试验过程中采用分级循环加卸载，循环级数、循环频率和循环周次可根据工程需求或研究目的确定。

4.2.2　仪器设备

本试验使用 MTS815 程控伺服岩石刚性试验机（同 3.5.2 节）。该试验机由美国 MTS公司生产，可开展岩石循环加卸载试验、疲劳试验等，理论振动频率最高可达 5Hz，振动波形可为正弦波、三角波、方波、斜波及随机波，振动相位差可在 0～2π 任意设定，具有多种控制模式，并可在试验过程中进行多种控制模式的任意转换。

4.2.3　制样要求

同 3.1.3 节。

4.2.4　操作步骤

运行程序时，选择循环加卸载试验程序，其余步骤见 3.5.4 节。如图 4.2.1 所示，三轴循环加卸载试验路径的主要步骤如下。

1）根据三轴试验机要求安装试件，试件采用热缩管进行防油。

2）采用荷载控制方式，以一定加荷速度同时施加侧压和轴压至预定围压值。

3）以一定速率对试件施加轴压至动态应力上限。

4）采用一定应力路径设置动态应力上下限、循环频率和周次等参数，如应力下限 2kN、应力上限 48kN、频率 1Hz，循环 1000 次。

5）循环加卸载完成后，改成位移控制方式，以 0.1mm/min 的速率增加轴压，直到试件破坏。

6）试验结束后，回油、排气，排除压力室的液压油后，提三轴压力室，描述试件。

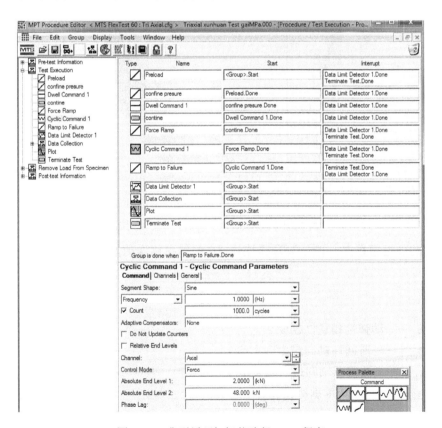

图 4.2.1　典型循环加卸载路径 MPT 程序

4.2.5　成果整理

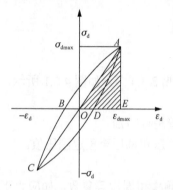

图 4.2.2　动态应力-动态应变滞回环

　　由于岩石的弹塑性性质，当荷载大于一定程度后，在卸荷时会产生残余变形，即荷载为零而变形不回到零，称之为滞后现象。这样经过一个荷载循环，荷载位移曲线就形成了一个环，此环线称为滞回环，如图 4.2.2 所示。通过滞回环，可计算动弹性模量、动泊松比、阻尼系数及阻尼比等动力学参数。

　　1）动态应力-动态应变曲线。计算动态应力和动态应变，绘制动态应力-动态应变曲线，如图 4.2.3 所示。

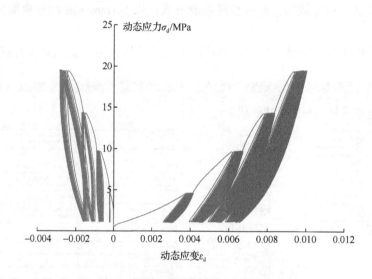

图 4.2.3　典型试件动态应力-动态应变曲线

　　2）动弹性模量 E_d。滞回环顶点连线 AC 的斜率称为动弹性模量，按下列公式计算：

$$E_d = \frac{\sigma_{dmax}}{\varepsilon_{dmax}} \qquad (4.2.1)$$

式中，　E_d——动弹性模量，GPa；

　　　　σ_{dmax}——滞回环轴向最大动态应力；

　　　　ε_{dmax}——滞回环轴向最大动态应变。

　　3）动泊松比 μ_d 按下列公式计算：

$$\mu_d = \frac{\varepsilon_{tmax} - \varepsilon_{tmin}}{\varepsilon_{dmax} - \varepsilon_{dmin}} \qquad (4.2.2)$$

式中， μ_d ——动泊松比；

　　　ε_{dmin} ——滞回环轴向最小动态应变；

　　　ε_{tmax} —— ε_{dmax} 对应的横向最大应变；

　　　ε_{tmin} —— ε_{dmin} 对应的横向最小应变。

4）阻尼比 λ 按下列公式计算：

$$\lambda = A_s / 4\pi A_n \tag{4.2.3}$$

式中， λ ——阻尼比；

　　　A_s ——应力-应变滞回环图形 $ABCDA$ 的面积；

　　　A_n ——应力-应变滞回环三角形 AOE 的面积。

5）阻尼系数 C 按下列公式计算：

$$C = \frac{A_r}{\pi X^2 \omega} \tag{4.2.4}$$

式中， C ——阻尼系数，kN/（mm/s）；

　　　A_r ——荷载-位移曲线中单次循环滞回环的面积；

　　　X ——半振幅；

　　　ω ——振动的角频率。

6）假定材料符合线弹性关系，可将动弹性模量 E_d 转化为动剪切模量 G_d ，如下：

$$G_d = \frac{E_d}{2(1+\mu)} \tag{4.2.5}$$

7）动剪应变 γ_d 按下列公式计算：

$$\gamma_d = (1+\mu)\varepsilon_d \tag{4.2.6}$$

8）最大动弹性模量 E_{dmax} 或最大动剪切模量 G_{dmax} 。无论是动力模型还是静力模型（如 Duncan-Chang 模型），都定义初始动弹性模量 E_{dmax} 或动剪切模量 G_{dmax} 是 $\varepsilon_d \rightarrow 0$ 的模量。

求取方法：在普通直角坐标系统中绘制 (ε_d/σ_d) - ε_d 关系曲线，在图中 $\varepsilon_d=0$ 处截取纵标 $a=1/E_{dmax}$ ，其中 a 的倒数就是 E_{dmax} 。

9）动弹性模量比 R_E 、动剪切模量比 R_G 按下列公式计算：

$$R_E = E_d / E_{dmax} \tag{4.2.7}$$

$$R_G = G_d / G_{dmax} \tag{4.2.8}$$

4.2.6 规律总结

1）随着围压增加，动剪切模量呈现先增加再减小的趋势（图 4.2.4）。在相同围压和轴向振动荷载下，随着振动次数的增加，动剪切模量逐渐减小。这是由于随着振动次数的增加，虽然岩样在振动荷载作用下内部空隙越来越小，岩石越来越密实，表现得越来越稳定，但是试件在扰动作用下仍然有剪切变形存在，而剪应力此时可认为不变，因此动剪切模量逐渐减小。当围压一定时，动弹性模量随振动次数的增加整体呈增加趋势；随着围压增加，动弹性模量呈现先增加后减小的趋势（图 4.2.5）。

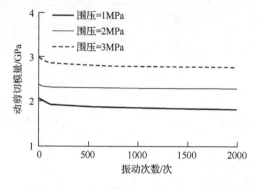

图 4.2.4 动剪切模量与振动次数曲线
（黄兴建，2017）

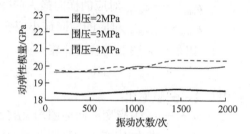

图 4.2.5 动弹性模量与振动次数曲线
（黄兴建，2017）

2）循环荷载在同一级围压下，阻尼比和阻尼系数随着动态应力振幅增大而递增，且随着围压的增大，递增的速率呈现出变快的趋势；在相同的动态应力系数下，阻尼比和阻尼系数随着围压的增大而递增，且随着动态应力系数的增大，递增的速率呈现出变快的趋势（图 4.2.6）。

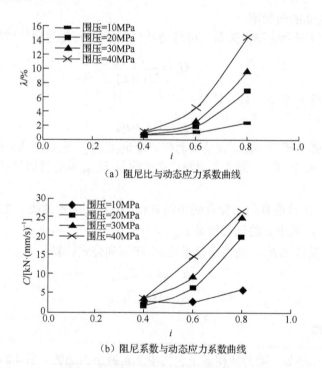

（a）阻尼比与动态应力系数曲线

（b）阻尼系数与动态应力系数曲线

图 4.2.6 阻尼比、阻尼系数与动态应力系数曲线（任浩楠等，2011）

3）动弹性模量随动态应变增大而减小（图 4.2.7），动剪切模量随动态应变的增大而减小（表 4.2.1）。动弹性模量比随动态应变增大而减小（图 4.2.8），动剪切模量比随剪应变增大而减小。阻尼比随动态应变、剪应变的增大而增大（图 4.2.9 和图 4.2.10）。

表 4.2.1　不同动态应变下的动参数

动态应变 ε_d	动弹性模量 E_d/GPa	动弹性模量比 R_E	剪应变 γ_d	动剪切模量 G_d/GPa	动剪切模量比 R_G	阻尼比 D	泊松比 μ
2.9×10^{-5}	25.05	1.00	3.3×10^{-5}	10.71	0.99	0.025	0.1698
8.8×10^{-5}	23.02	0.92	1.0×10^{-4}	9.84	0.95	0.036	0.1698
1.5×10^{-4}	22.09	0.88	1.7×10^{-4}	9.44	0.93	0.044	0.1698
2.1×10^{-4}	22.05	0.88	2.4×10^{-4}	9.42	0.89	0.048	0.1698
4.2×10^{-4}	20.12	0.80	4.9×10^{-4}	8.60	0.88	0.052	0.1698

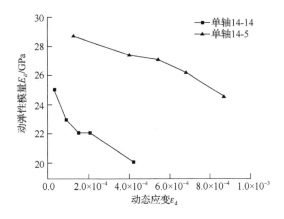

图 4.2.7　动弹性模量 E_d 与动态应变关系曲线

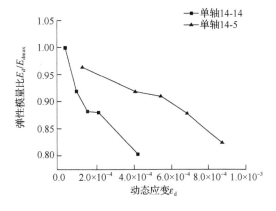

图 4.2.8　弹性模量比 E_d/E_{dmax} 与动态应变关系曲线

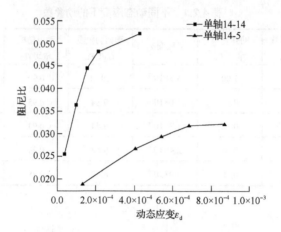

图 4.2.9　阻尼比与动态应变关系曲线

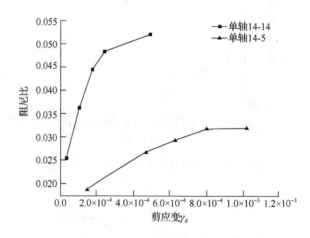

图 4.2.10　阻尼比与剪应变关系曲线

4.3　岩石高温三轴试验

4.3.1　目的与原理

近年来，高温、高应力环境下的岩石工程问题已成为岩体力学的新课题。热力耦合作用对岩土体的影响已在地质、能源、土木等许多领域中被提出来，如高放射性核废料的深地质处置、地热资源的开发、煤炭地下气化、矿下煤与瓦斯爆炸、煤炭开采过程中煤炭自燃、深埋高地热隧道与地下工程等，其岩体均承受高温和力的作用。

典型课题如高放射性核废料的深地质处置，对岩体力学和工程学科提出了许多挑战性的科学和技术课题。核废料深地质处置通过将放射性废物深埋在 500～1000m 的地质体中，并通过工程及天然屏障系统使之与人类生存环境永久隔离。核废料深地质处置库赋存环境具有埋深大、周期长、温度高、渗透压力大等显著特点。因此,核废料深地质处置库及其赋存环境是一个涉及热、水、力、化学过程耦合作用的复杂动态体系,其多场耦合机理及长期性能研究事关国家安全和核工业的可持续发展。处置库围岩的多场耦合效应已成为核废料安全处置乃至国家安全领域迫切需要解决的关键科学问题。针对核废料深地质处置中的复杂岩体多场耦合问题,国际合作组织 DECOVALEX 开展了一系列的系统研究工作,其中热-力耦合机理研究也是国际岩石力学的前沿问题。

不仅如此,深埋地下工程也遇到很多高地应力、高地热问题。自 20 世纪 80 年代以来,随着我国铁路、公路、水电站等大型基础设施项目以前所未有的速度蓬勃发展,我国地下工程已进入飞速发展的时代。特别是我国西部地区,长隧道多、埋深大,在深埋地下工程中常遇到高地应力、高地热环境下的岩体稳定问题。例如,目前已经在施工的林芝-拉萨铁路特长隧道埋深超过 2000m,地应力高,隧址区预测最高温度为 76℃。规划中的南水北调西线 I 期工程,隧道最大埋深超过 1000m,水平地应力最高可达 50MPa,据推算,局部地温异常区的洞室围岩温度可达 53～68℃。大理-瑞丽铁路高黎贡山隧道,长 34.5km,穿越层状岩体的长度约 22km,占隧道总长的 64%;埋深超过 1000m,地应力最高约 30MPa;地表温泉最高温度达 106℃。在如此高地热、高地应力环境中开挖隧道,围岩将发生更加复杂的变形破坏。因此,研究热-力作用下岩体力学特性具有重大的理论和工程实践意义。

本节介绍岩石高温三轴试验,通过试验研究高温下岩石的力学特性和破坏机制。

4.3.2　仪器设备

本试验使用 MTS815 程控伺服刚性试验机,最高温度为 200℃,最大围压可达 140MPa。

4.3.3　制样要求

同 3.1.3 节。

4.3.4　操作步骤

1) MTS815 程控伺服刚性试验机启动与准备:打开主程序时,选择含温度控制的配置文件。

2) 采用热缩管进行试件防油密封处理,注意热缩管必须是耐高温热缩管。

3) 安装传感器。试件上安装环向引伸计和轴向引伸计,将试件放置于下承压板后,安装温度传感器。将温度传感器接线插在下承压板上的接口内(图 4.3.1),打开温度传感器显示器开关,可实时监测温度变化(图 4.3.2),下降三轴室前状态如图 4.3.3 所示。

图 4.3.1　温度传感器接线

图 4.3.2　温度传感器显示器

图 4.3.3　下降三轴室前状态

4）试件轴向接触调零，施加接触荷载（3kN 左右）。降三轴室，向三轴室注油。

5）试件加温。预压 0.5MPa 围压，调至 Healing Temperature 控制，设定目标温度，打开控制柜加温开关，加至目标温度后保持恒温 2～6h。

6）运行 MPT 程序。选择 MPT 程序，根据试验目的，编制不同的应力路径和相关参数，执行程序。

7）降温、回油，提三轴室。试验加载完成后，关闭控制柜的加温开关，保持温度监测，待监测围压缸内液压油冷却至 40℃ 以下才能回油。在计算机上操作试验程序 Station Manager，控制方式调节为 Confine Displacement 控制。开启围压油柜排油阀，排除压力室的液压油，提起三轴室。

8）取样，断开传感器数据接线，取下试件。

9）试验结束。

部分详细步骤操作可参见 3.5.4 节。

4.3.5　成果整理

应力、应变等成果整理方法与 3.5.5 节基本一致，不同的是本试验考虑了温度的影响。

4.3.6　规律总结

1）20～150℃下典型砂岩应力-应变全过程曲线如图 4.3.4 所示，可见其力学特征受到温度影响。岩样破坏前，应力-应变曲线基本相似，但在破坏后有所不同，20～120℃时，岩样达到峰值应力后，应力跌落明显，跌落过程中轴向应变几乎不变，岩样表现出明显的脆性破坏特征，而且岩样的残余强度保持在 130～160MPa；150℃时，岩样达到峰值应力后，应力跌落速率相对放缓，跌落过程中轴向应变继续缓慢增长，岩样表现出一定的塑性破坏特征，总体呈现脆-塑性破坏，而且岩样几乎处于无残余强度或残余强度很小的状态。150℃时，岩石的峰值应力和轴向应变与其他温度相比明显降低，表明 150℃对层状砂岩的力学特性影响很大。

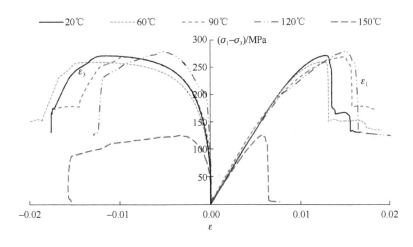

图 4.3.4　20～150℃下典型砂岩应力-应变全过程曲线

总体上，随着温度的升高，砂岩峰值应力整体呈现先弱增长后急剧降低趋势，弹性模量呈先增大后急剧减小的趋势，泊松比随着温度的升高呈先减小后增大的趋势。20℃、60℃、90℃、120℃、150℃时层状砂岩的弹性模量平均值分别为 31.66GPa、31.70GPa、32.79GPa、33.15GPa、31.59GPa，砂岩的平均弹性模量相比于温度为 20℃时的变化分别为 0.13%（60℃）、3.57%（90℃）、4.71%（120℃）、−0.22%（150℃）。温度在 20～120℃，弹性模量随温度升高而增大，这主要是砂岩矿物表面及内部空隙结构中存在着水分和气体，由于在温度作用下，水分和气体从砂岩中挥发出来，以及砂岩内部矿物及晶体热膨胀，岩石内部相互挤压，造成内部微裂隙闭合，孔隙率降低，使得砂岩的密实程度得到改善，刚度增加，而提高了砂岩的抗变形能力，以致弹性模量升高；150℃时，弹性模量随温度升高而减小，这主要是因为当砂岩处于较高温度时，砂岩内部矿物及晶体受热膨胀差异明显，以及岩石内部矿物颗粒成分和体积等的不同，导致砂岩内部颗粒变形不均匀，颗粒之间继续相互挤压，岩石内部产生热损伤，衍生出新裂纹，从而降低了岩石刚度及抗变形能力，以致弹性模量降低。

2）吴明静（2018）在常温至1000℃范围内对砂岩开展了试验，在相同加载条件下，砂岩抗压强度在200℃达到最大，这是由于砂岩试件内部水分随着温度的增加逐渐减少，使得矿物内部黏结力增强，从而其抗压强度得到增强；在800～1000℃高温作用下，岩石内部的微孔隙和微裂缝出现膨胀并延伸，裂隙逐渐扩展，使得内部体积变大，砂岩试件从压实迅速变成松散，砂岩的抗压强度随之迅速下降（图4.3.5）。赵静（2014）对油页岩开展了高温试验，结果表明在常温到500℃作用下，岩石的平均弹性模量随温度的升高基本呈现降低的趋势（图4.3.6），说明经过温度作用后，油页岩样品抵抗变形的能力越来越差，这是由于在温度作用下，岩石内部结构发生了弱化；而在500～600℃的升温过程中，油页岩样品的平均弹性模量随温度的升高又呈现上升趋势，这可能是由于在这个温度段，固定碳的热解作用所致。在常温至600℃作用下，岩石平均泊松比随温度的升高基本呈降低的趋势，这是由于随着温度的升高，油页岩内部产生了孔裂隙，使得侧向变形在单轴压缩条件下减弱。

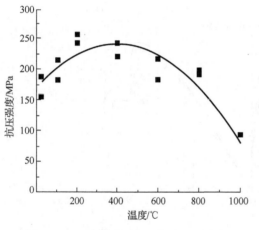 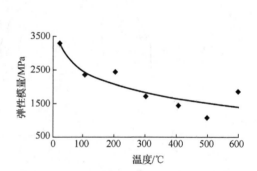

图4.3.5　砂岩抗压强度与温度关系曲线（吴明静，2018）　　图4.3.6　油页岩弹性模量与温度关系曲线（赵静，2014）

4.4　岩石高压渗透试验

4.4.1　目的与原理

岩体是由固相（岩石）、液相（水等）、气相（空气等）组成的多相物质，其内部包括微裂纹、孔隙及节理裂隙等宏观非连续面，它们的存在为地下液体提供了存储和运移的场所。在人类工程活动过程中，由于工程开挖，工程荷载施加于岩体之上，改变岩体内部应力的分布，从而影响岩体的结构，引起岩体力学特性的改变；同时也改变了区域或局部地下水的补给、径流和排泄条件，形成人工干扰下的地下水渗流场。地下水对岩体的力学特性产生显著影响，最终影响岩体的稳定性。在隧道与地下工程、煤矿井发生的涌水突泥，就是在开挖过程中岩体变形引起岩体渗透性的改变导致的。因此，在施工前应充分考虑岩体应力场及地下水渗流场的相互作用，地下水渗流以渗透压力作用于岩体，影响岩体中应力场的分布，同时岩体应力场使孔隙、裂隙产生变形，影响岩体的渗透性能，这种相互影响作用称为渗流-应力耦合，简称流固耦合。流固耦合研究的焦点在于固体介质和流体间的力学耦合基本规律，耦合现象和耦合问题越来越受到许多领域的学者和专家的重视。

本节介绍岩石高压渗透试验，通过试验研究高渗透压力下岩石（体）的渗透特性、破坏机制和力学特性。

4.4.2　仪器设备

岩石高压渗透试验机如图 4.4.1 所示，该套仪器由黄润秋负责，徐德敏和付小敏具体研制（黄润秋等，2008）。该设备采用计算机控制，电、气、液相互调控，可完成对压力、渗透量的控制，可对侧向压力、轴压、渗透压分别进行单独伺服控制，完成多种条件下的测试研究。

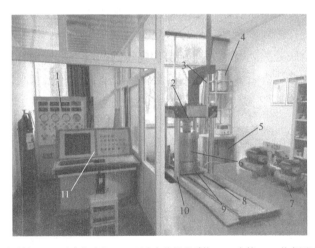

1—液压控制柜；2—压力传感器；3—压力室体提升系统；4—水箱；5—体变测试系统；
6—压力室体；7—空气压缩机；8—定位导轨；9—移动小车；10—油压千斤顶；11—液压控制台。

图 4.4.1　岩石高压渗透试验机

其主要技术参数如下：

1）轴压为 4000kN，围压为 0～30MPa，渗透压力为 0～30MPa。

2）流量传感器检测范围：100～9600mL/min。

3）体变测量仪测量范围：0～100mL、0～250mL、0～1000mL、0～2000mL、0～20000mL。

4）荷载传感器：CZL-YB-5-600kN、CZL-YB-5-1000kN、CZL-YB-5-2000kN、CZL-YB-5-4000kN。

4.4.3 制样要求

同 3.1.3 节。

试件规格：ϕ300mm×600mm、ϕ200mm×400mm、ϕ150mm×300mm、ϕ100mm×200mm、ϕ50mm×100mm。

4.4.4 操作步骤

1）试验的防油处理。首先在准备好的试件表面套一个热缩管，再用带风焊塑枪给热缩管加热，使之紧缩于试件表面，以防止液压油渗入试件内部和试件破坏后碎屑落入压力室内。

2）高压渗透装样（图 4.4.2）。打开计算机和计算机旁红色总开关，将压力室体推至中间，用钢钉插入左侧或右侧小孔，校对位置。用带螺纹钢钉与吊机相连，拧紧螺母，把缸底旋转盘拧开。启动吊机液压缸（关闭液压控制柜底红色双阀门，打开蓝色双阀门，打开液压控制柜中的轴压手动加压阀），此时压力室体被吊起抬升，目测升至一定位置后，关闭蓝色双阀门。关闭液压控制柜中的轴压手动加压阀，将压力室体底盘向前推至一定距离，将制好的试件放入底盘中，然后将底盘推至原来位置。打开蓝色双阀门，压力室体缓缓下降，降至底处关闭蓝色阀门，拧紧旋转盘，取下吊机钢钉。将压力室体推回工作区，手动降下位移计，用橡皮筋固定，检查压力室体上部出水阀门是否紧闭及下部围压放水开关是否关闭。

图 4.4.2　高压渗透装样

3）准备工作（图 4.4.3～图 4.4.5）。

① 将液压控制柜左下方的旋转开关拧到 3 的位置，进入手动控制模式，打开红色双阀门，关闭蓝色双阀门。按下液压控制柜中的"轴压油缸顶出"按钮，打开"轴压手动施压"开关，目测压力室体顶与顶盘的距离，快接触时回拧"轴压手动施压"开关，但不要彻底关闭，观察轴压显示器，出现正值时，马上关闭"轴压手动施压"开关，清零位移显示器。

图 4.4.3　液压控制柜

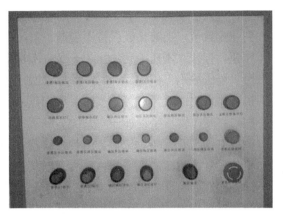

图 4.4.4　液压控制台

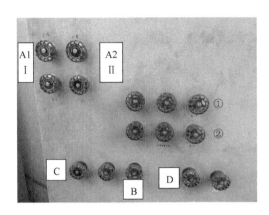

图 4.4.5　油水转换系统

② 打开总水阀，打开油水转换系统的 D、C、B、A1、液压控制柜中的围压手动加压阀，关闭压力室体排水阀门，压力室体内开始注水，观察液压控制柜中围压显示器，待围压读数出现正值且长时间保持不变时，关闭 A1、C、围压手动加压阀。

③ 打开①、②、B、Ⅰ或①、②、B、Ⅱ，打开氮气瓶，打开升（降）压速度微调开关，用升（降）微调按钮调整压力表数值，指针读数即为设定渗透压，最终以液压控制柜中渗透压显示器显示数值为准。调定渗透压后，关闭氮气瓶，关闭升（降）压速度微调开关，按下液压控制柜渗透压输出按钮。

4）开始试验。将液压控制柜左下方旋转开关拧到 1 的位置，进入计算机控制模式。关闭红色双阀门、围压手动试压和轴压手动试压。打开软件，控制通道设置，每一行都要下载参数。在软件上设定围压、轴压、渗透压，每一步加压过程都需在上一个加压步骤的基础上（如加完围压后选择保持围压，结束方式选择手动，完成后再加轴压），进行试验。

5）试验结束。关闭油水转换系统全部阀门，将液压控制柜左下方旋转开关拧到 3 位置，进入手动控制模式，按下"轴压油缸收回"按钮。打开"轴压手动加压"开关，降到一定数值，当其长久保持不变时，关闭"轴压手动加压"开关，关闭"轴压油缸收回"按钮。打开"围压手动加压"开关，围压降至一定数值，且保持不变时，打开压力室体旁"围压放水"阀门。此时，关闭"围压手动加压"开关，接上导气管，打开空气压缩机，排水完成后，取下导气管，关闭压力室体上部排水阀门。按下"轴压油缸收回"按钮，打开"轴压手动加压"开关，降下压力室体，将压力室体推至中间，用钢钉插入左侧或右侧小孔，校对位置。用带螺纹钢钉与吊机相连，然后把缸底旋转盘拧开。启动吊机液压缸（关闭液压控制柜底红色双阀门，打开蓝色双阀门，打开液压控制柜中轴压手动加压阀），此时压力室体被吊起抬升，目测升至一定位置后，关闭蓝色双阀门。关闭液压控制柜中的轴压手动加压阀，将压力室体底盘向前推至一定距离，取下试样，试验完成。

6）关闭所有开关和阀门，关总开关，关机。

4.4.5 成果整理

1. 仪器渗透系数计算（徐德敏，2008）

水力学中定义侧压管水头 $H_n=z+\dfrac{P}{r}$，流速水头为 $\dfrac{u^2}{2g}$，总水头为侧压管水头和流速水头之和，即 $H=z+\dfrac{P}{r}+\dfrac{u^2}{2g}$。其中 z 为位置水头，代表单位重力流体的位置势能；P/r 为压强水头，代表单位重力流体相对于大气压的压强势能；两者之和为侧压管水头，代表单位重力液体所具有的总势能。对于流动的水，还有动能。实际速度为 u，质量为 m 的物体动能为 $\dfrac{1}{2}mu^2$，单位重力物体的动能为 $\dfrac{1}{2}mu^2/(mg)=\dfrac{u^2}{2g}$，称为流速水头，代表单位重力流体所具有的动能。在自然界中地下水的运动很缓慢，流速水头 $\dfrac{u^2}{2g}$ 很小，可以忽略不计。因此，地下水运动中可以认为水头 H 等于侧压管水头 H_n，即 $H=H_n=z+\dfrac{P}{r}$。

渗透系数的测定根据达西公式，用流体通过试件的流量 Q 及其两端的水头差 ΔP 等参数计算。考虑到试验仪器水压表相对待测试件的安放位置（图 4.4.6），若选择 A 点为针对试样发生渗流时的基准面，根据水力学的原理，岩样实际所受水头差分两种情况：当出水端水压表读数 P_2 不为零时，试件所受水头差 $\Delta P=P_1/r+H_1-(P_2/r-H_2)$；当出水端水压表读数 P_2 为零时（调速阀完全打开），则水头差 $\Delta P=P_1/r+H_1$。其中 $H_1+H_2=35+70=105(cm)$，则渗透系数计算公式可写为

$$K=\frac{v}{J}=\frac{QL}{A[100(P_1-P_2)/r+105]} \qquad P_2\neq0 \qquad (4.4.1)$$

$$K = \frac{v}{J} = \frac{QL}{A(100P_1 / r + 35)} \qquad\qquad P_2 = 0 \qquad\qquad (4.4.2)$$

式中，K——渗透系数，cm/s；

v——渗透速度，cm/s；

J——水力梯度；

Q——流体通过试件的流量，mL/s；

A——试件的截面积，cm^2；

P_1、P_2——试件进、出端水压（进、出端水压表实测值），MPa；

r——测试液体的重度，这里按 $r=10^3 kg/m^3 = 10 kN/m^3$ 计算；

L——试样的高度，cm。

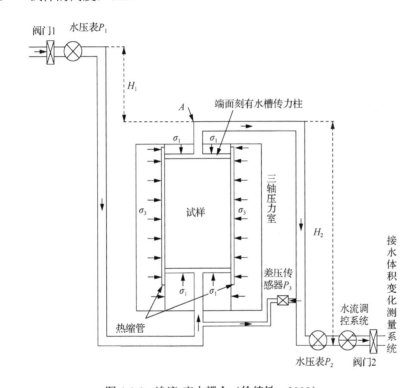

图 4.4.6　渗流-应力耦合（徐德敏，2008）

若采用差压传感器进行渗透性计算，可选择试件顶端位置为基准面，差压传感器实测水压值为 P_3，设其进、出端水压分别为 P_4、P_5（$P_3 = P_4 - P_5$），差压传感器距试件底端距离为 L_1，试件高为 L，则根据压力平衡原理，$P_4/r + L_1 - \Delta P - (P_5/r + L_1 + L) = 0$，则 $\Delta P = P_3/r - L$。当出水端水压为零时，即 $P_5 = 0$，得到的结果是一样的，所以两种情况水头差 ΔP 均为 $P_3/r - L$。

若采用差压传感器进行渗透性测试，则渗透系数计计算公式变为

$$K = \frac{v}{J} = \frac{QL}{A(100P_3 / r - L)} \qquad\qquad (4.4.3)$$

2. 试件轴向压力及有效应力计算（徐德敏，2008）

（1）试件轴向压力计算

受围压水的作用，不同直径试件轴向压力大小要进行相应换算。图 4.4.7 所示为直径 100mm 和 300mm 试件受力示意图。如图 4.4.7 所示，传力柱 1 与轴向压力传感器相连，其直径是 200mm；传力柱 2 与试件相连，其直径与试件直径大小一致。

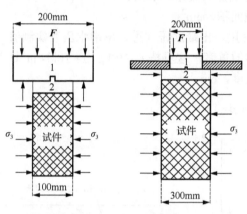

1—传力柱 1；2—传力柱 2。

图 4.4.7 不同尺寸试件受力示意图（徐德敏，2008）

从图 4.4.7 可以看出，若试件直径小于 200mm，则在围压水作用下对传力柱 1 会产生反向力的作用，试件轴向受力需考虑围压的影响。若试件直径等于 200mm，传力柱 1、2 大小相等，围压水对传力柱 1 无影响；当试件直径大于 200mm 时，传力柱 2 与压力室体上端紧密相连，围压水不会对试件轴向或传力柱 1 产生力的作用。因 $1\text{MPa}=10^3\text{kN/m}^2=0.1\text{kN/cm}^2$，传力柱 1 端面面积为 314cm^2，则试件轴向所受压力大小为

$$\sigma_1 = \frac{F - \sigma_3/10 \times (314 - S)}{S} \times 10 \qquad A < 314\text{cm}^2 \qquad (4.4.4)$$

$$\sigma_1 = \frac{F}{A} \times 10 \qquad A \geqslant 314\text{cm}^2 \qquad (4.4.5)$$

式中，σ_1——试件所受轴向压力，MPa；

　　　　F——轴向荷重，kN；

　　　　σ_3——试件所受围压，MPa；

　　　　A——试件端面面积，cm^2。

（2）试件有效应力计算

图 4.4.8 所示为本套试验仪器水压表相对待测试件安装位置及有效围压分布。由 4.4.8 可知，试件所受水压差为 $P_1' - P_2'$，试件纵向中点孔隙水压力 $P_0 = (P_1' - P_2')/2 + P_2'$，则试件进、出水端及纵向中点有效侧向压力（平均有效孔隙水压）分别为 $P_{c1} = \sigma_3 - P_1'$、$P_{c2} = \sigma_3 - P_2'$、$P_c = \sigma_3 - P_0$。因水压力的等梯度分布特点，为分析计算方便，把试件纵向中点处受力大小等价为试件的平均受力大小，即为平均孔隙水压力、平均有效侧向压力。

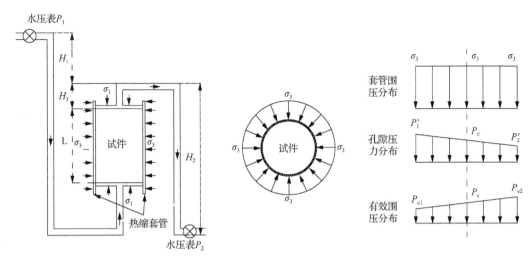

σ_3—套管围压；P_1'—试件入口端压力；P_2'—试件出口端压力；P_0—试件纵向中点孔隙压力；
P_{c1}—试件入口端的有效围压；P_{c2}—试样出口端的有效围压；P_c—试件纵向中点的有效围压。

图 4.4.8　水压表相对待测试件安装位置及有效围压分布（单位：MPa）（徐德敏，2008）

岩石高压渗透试验模拟岩石（体）实际水流速度很慢，流速水头 $u^2/(2g)$ 很小，动水压力可以忽略不计。因此，同理可得出试件轴向上进、出水端有效压力可近似为所加试件上轴向压力与其进、出端水压值相减，即 $\sigma_1 - P_1'$、$\sigma_1 - P_2'$。因同一点处水压力在各个方向上大小相等，故试件纵向中点处轴向上孔隙水压力也为 P_0，即有效轴向压力为 $\sigma_1 - P_0$。同样，可以把该点的压力值等效为轴向上的平均有效压力。为方便表述，以有效轴向压力（侧向压力）、孔隙水压力分别代替平均有效轴向压力（侧向压力）、平均有效孔隙水压力。

因地质体地下水重度一般可按 10kN/m^3 计算（若对油等其他重度值有较大差异的渗透液体，则需按相应重度值重新计算推导），故 1cm 水头的压力相当于 10^{-4}MPa。按上面渗透系数计算分析可知，当出水端水压表读数 P_2 不为零时，试件所受水头差 $\Delta P = P_1 - P_2 + 0.0105$；当 P_2 为零时（调速阀完全打开），$\Delta P = P_1 + 0.0035$。

由图 4.4.8 容易得出 $P_2' = P_2 - (H_2 - H_3)/10^4$。不同组合试件底座位置是固定的，对高径比为 2∶1 的标准试件，$H_3 = 15$cm；当为非标准试件时，$H_3 = 15 + 2D - L$（D 为圆柱体试件的直径或方柱体试件的边长，cm；L 为圆柱体或方柱体试件的高度，cm），则试件出水端水压可表示为 $P_2' = P_2 - (70 - 15 - 2D + L)/10^4 = P_2 - 0.0055 + (2D - L)/10^4$。当 P_2 为零时，则 $P_2' = 0.0015 + (2D - L)/10^4$。因此，两种情况试件所受到的平均孔隙水压力大小分别为

$$P_0 = \frac{P_1 - P_2 + 0.0105}{2} + P_2 - 0.0055 + \frac{2D - L}{10^4} \qquad P_2 \neq 0 \qquad (4.4.6)$$

$$P_0 = \frac{P_1 + 0.0035}{2} + 0.0015 + \frac{2D - L}{10^4} \qquad P_2 = 0 \qquad (4.4.7)$$

4.4.6 规律总结和注意问题

1. 规律总结

徐德敏（2008）对岩石应力-应变全过程开展了渗透率测试，结果表明，渗透率与围压有一定关系：渗透率的下降速率在初期较大，随着围压的增加，渗透率的下降速率逐渐减小，渗透率比与围压近似呈反比关系。当围压下降时，渗透率出现回升，但渗透率回升路径低于原始路径（图4.4.9）。岩石（体）在全应力-应变过程中，其渗透性变化与其内部结构演化特点有关，一般都经历如下5个特征阶段（图4.4.10）。

1）初始压密阶段：试件内部结构在垂直于主应力的原始微孔隙出现闭合或压密，试件渗透性出现随轴向应力的增长而下降趋势。

2）线弹性变形阶段：随着轴向应力的增加，试件渗透系数呈缓慢增加趋势，但变化不大，说明试件在外载荷与孔隙压力联合作用下，内部结构出现微裂隙萌生和原始孔隙扩展，导致渗透性发生相应变化。

3）非线性变形与峰值强度阶段：随着轴向应力的继续增加，试件内部结构的微裂纹合并，逐渐演变成宏观裂缝，试件出现破裂，试件渗透系数突增。

4）试件应变软化阶段：破裂岩块沿断裂面产生错动和凹凸体的爬坡效应，使宏观裂隙法向间距加大，试件的渗透率也达到峰值。

5）残余强度阶段：随着破裂岩块变形的进一步发展，凹凸体被剪断或磨损，裂隙间距减小，同时剪切与磨损产生的岩屑部分充填到裂隙间，使试件的渗透性下降。

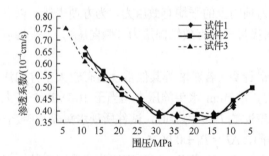

图 4.4.9　围压与渗透系数（徐德敏，2008）

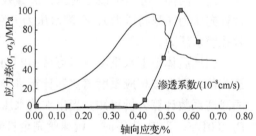

图 4.4.10　应力-应变全过程渗透性测试（徐德敏，2008）

2. 注意问题

该套设备功能复杂，程序开发、硬件调试是一个不断完善的过程，试验过程中应注意以下问题（徐德敏，2008）。

1）使用差压传感器（图4.4.11）测水压时，首先保证阀门3为打开状态，在进水端水压低于6MPa时先打开阀门1（接试件进水端管路阀门），然后打开阀门2（接试件出水端管路阀门）并关闭阀门3。注意表盘读数变化，其数值变化范围应保证在-1～6MPa，否则会损坏差压传感器。在不使用差压传感器进行测试时，先打开阀门3，再关闭阀门

1，然后关闭阀门 2。差压传感器只在校核及
对低水压下（水压低于 1MPa）试验要求测试
精度非常高时使用，以防热缩管被击穿毁坏
仪器。

1—阀门 1；2—阀门 2；3—阀门 3。

图 4.4.11　差压传感器

　　2）围压、轴压气压表读数需大于相应预
加压力值，否则压力加不上去。其中围压表
所显示的气压值即为对试件侧向压力可加的
最大压力值；而轴压以力大小显示，气压表
数值显示的是压强值，需将气压值换算为相
应荷重大小。因液压千斤顶顶端与移动小车
相接触面积 S 约为 960cm^2，若气压表压力 P
为 10MPa，则轴向最大可加力 F 为 960kN，即 $F=P/10 \times S$。

　　需注意的是，工作压力大小受气压和油源压力大小双重控制。液压控制柜靠下一排
相对较小表盘指针所指的数值为实际所加气压大小，上面一排表盘指针所指数值是工作
时最大可加压力大小（渗透压表数值大小在控制电磁阀按下接通电源时，即为实际所加
进水端水压大小；而其他表盘所指压力未必是工作时实际所加压力大小，可通过计算机
控制加压至低于相应压力下任一数值大小），只有油源压力表数值大于相应气压表数值
大小时，相应大表盘指针才能达到气压表数值大小，因此需将油源压力表盘指针最小值
调在工作压力以上。

　　3）检查传感器选择是否正确，以及计算机采集数据与相应液压表上数据是否相符，
若有差距，需进入传感器标定对话框对标定数据进行重新调整（数据标定需要专业人士
完成，标定后一般不需再进行改变）。

　　4）若体变采集数据与体变仪表数据不符，则可关闭运行软件再重新打开，问题一
般可以解决。

　　5）当渗透压处于稳压状态时，应将控制柜"升压速度微调"和"降压速度微调"
阀门调小，控制加减气量，防止气压过冲而使渗透压稳定保持效果不佳。

　　6）试验在低压状态运行时，若气压表值较高，会出现换向频繁、换向声音较大的
情况，这时需降低围压、轴压气压表数值大小。

　　7）试验时若出现死机现象，可重新启动计算机，并不影响程序运行，只是重启期
间数据会丢失。

　　8）试验过程若出现异常现象，如频繁换向、当前运行命令错误等，可将控制台按
钮转向非计算机控制状态，并根据情况决定是否按下"紧急停车"按钮（按下此按钮，
当油源压力表低于设定的最小压力值时液压泵不工作），调整程序后再转换回计算机控
制状态。在转向非计算机控制时，围压、轴压数据下降非常缓慢，对试验进程影响不大，
而且对数据采集没有任何影响。

　　9）低渗流量体变曲线可能会出现突降、突升现象，这与渗出水中残留有气泡有关。

4.5　岩石 THM 三场耦合试验

4.5.1　目的与原理

随着西部大开发，隧道越来越多，埋深越来越大。一方面，深部复杂的地质环境导致地应力大、温度高、渗透力强，加之岩体自身的时间效应，使其组织结构、基本行为特征等均发生根本性变化，表现出明显的非线性力学特性，不再是浅部工程岩体所属的线形力学系统，传统的理论、方法与技术已经部分甚至全部失效；另一方面，深部岩体处于更复杂的环境场（温度、压力和渗流）之中，由于三场之间存在复杂的耦合作用，因此通过单独考察每个场来预测评价岩体工程围岩的行为已经不能令人信服。由此可见，深埋地下工程的典型地质特征就是高地应力、高渗透水压、高地温（简称"三高"），在"三高"环境下开挖隧道，其围岩变形破坏机理将更加复杂，如果对其认识不清，极易引发施工地质灾害。所以，必须考虑岩体在温度场（thermo）-渗流场（hydraulic）-应力场（mechanics）的三场耦合（简称 THM 耦合）作用下的力学特性和破坏机理。

本节介绍岩石 THM 三场耦合试验，通过试验研究温度场-渗流场-应力场耦合作用下岩石的力学行为和破坏机制。

4.5.2　仪器设备

本试验使用 MTS815 程控伺服刚性试验机，需要配备高压渗透系统。

4.5.3　制样要求

同 3.1.3 节。

4.5.4　操作步骤

本试验基本操作与 3.5.4 节一致，主要步骤如下：

1）根据三轴试验机要求安装试件，试件应进行防油处理，采用耐高温热缩管。

2）采用荷载控制方式，以一定加荷速度同时施加侧压力和轴向压力至预定围压值。

3）以一定速率对试件两端施加水压，达到预定值后保持不变（水压必须小于围压）。然后打开加温开关，对试件均匀加温，加热到预定温度后保持恒温 2～6h，以保证试件与三轴室液压油温度一致。

4）采用一定应力路径进行加卸荷（如卸荷试验可为继续增加轴压至岩石破坏前的某一应力状态，如取峰值强度的 80%，然后以 0.1MPa/s 的速率减小围压且同时以 0.1MPa/s 的速率增加轴压）。在加卸荷过程中测定岩石渗透性，先降低试件上部水压力到下部水压力的一半，在试件两端形成压差，测量压差消散的速率，5s 采集一次数据，约 5min 后恢复试件两端水压到初始值，然后继续卸载，直至岩样破坏，峰后进行 2～3次渗透性测试。

5）试验结束后，降温，回油。关闭加温开关，待围压缸内液压油冷却至 40℃以下再开启围压油柜排油阀，排除压力室的液压油。提起三轴压力室，取样进行描述。

4.5.5　成果整理

应力、应变等成果整理方法与 3.5.5 节基本一致。渗透率按下列公式计算：

$$k = \eta \times \beta \times V \times \left(\frac{\ln\left(\frac{\Delta P_i}{\Delta P_f}\right)}{2 \times \Delta t \left(\frac{A_s}{L_s}\right)} \right) \tag{4.5.1}$$

式中，k——渗透率，cm^2；

V——参照体积，cm^3，此情况下 $V=V_1=V_2$；

$\Delta P_i/\Delta P_f$——初始压差与最终压差之比；

Δt——试验持续时间，s；

L_s——试件长度，cm；

A_s——试件横截面积，cm^2；

η——孔隙水的黏滞系数，Pa·s；

β——孔隙水的压缩系数，Pa^{-1}。

4.5.6　规律总结

1. 应力-应变全过程渗透率变化特征

典型试件三轴卸荷试验应力-应变全过程渗透率曲线如图 4.5.1 所示。试件在卸荷过程中，其应力-应变关系可以分成 3 个阶段，即矿物颗粒骨架回弹的弹性变形阶段，微裂隙滑动扩展的弹塑性变形阶段和裂隙扩展的破坏后阶段。由于围压及温度引起的矿物颗粒热膨胀对岩石原生裂纹的闭合作用，因此应力-应变曲线基本没有裂隙压密阶段。渗透率变化有以下特征。

1）弹性变形阶段。卸荷开始之前，岩石中裂隙和微裂纹已被围压和高温膨胀作用挤压紧密，渗透性降低至最低。总体上，岩石渗透率在这一阶段很小且变化不大，但岩石卸荷回弹，本来被挤压紧密的裂隙逐渐张开，渗透率增大较明显。这与在压缩状态下三轴渗透试验结果不同，在压缩状态下，该阶段的渗透率基本保持不变或缓慢增加。

2）弹塑性变形阶段。扩容破坏阶段前期，随着岩石内部新生裂隙的扩展，加之水压对岩石内部的扩容作用，渗透率有所增大；扩容破坏阶段后期，也是峰值破坏前期，岩石产生明显的塑性变形，横向应变急剧增加，随着岩石内部裂隙的贯通，渗透率急剧增大。

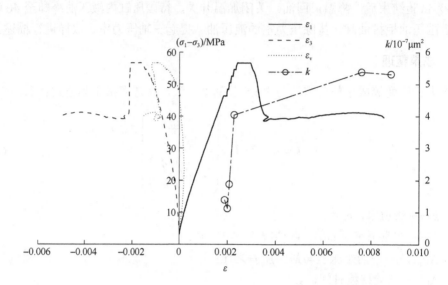

图 4.5.1　典型试件三轴卸荷试验应力-应变全过程渗透率曲线

（渗透压力 P=7MPa，温度 T=60℃）

3）破坏后阶段。由于形成宏观裂纹和破裂面，因此试件的渗透率保持较大值。

2. 温度对力学特性的影响

在 20~60℃范围内，温度升高对弹性模量和泊松比的影响较大，但对岩石强度影响不大。在弹塑性变形阶段，高温下的矿物颗粒骨架因为热膨胀作用而更易变形，岩石在此阶段的抵抗变形能力降低，所以弹性模量随温度升高而变小，如图 4.5.2 所示。即使有水压的存在，温度对岩石内部矿物颗粒的热膨胀作用还是比较明显，弹性模量仍有降低趋势（Meng L B et al.，2012）。

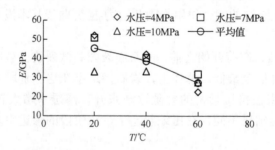

图 4.5.2　水压一定时弹性模量与温度的关系

试件在弹塑性阶段表现出较明显的体积膨胀，特别是在高温作用下，发生剪胀时的应力差越小，岩石进入剪胀状态的速度越快。温度对岩石的影响直观反映为膨胀变形，由于组成岩石的矿物成分复杂，各矿物的热膨胀系数不同，而且矿物的热膨胀系数也为温度的函数。一方面，随着温度的升高，矿物间的变形不一致，产生热应力，岩石内部出现微裂纹，从而造成岩石的强度降低；另一方面，岩石试件在开始试验之前，如果试件周围已施加了一定的围压，试件中原有的裂隙和微裂纹已经闭合，当试验温度较高时，矿物颗粒间表现更为致密，孔隙率已很低的试样会因热膨胀在矿物晶体周围形成新的微裂纹，从而弱化岩石的强度特性。

3. 孔隙水压力对力学特性的影响

孔隙水压力对弹性模量和泊松比的影响不大，随着孔隙水压力的增大，岩石弹性模量略有降低，泊松比略有增大，但峰值强度急剧降低。这是由于一方面孔隙水压力的存在削减了围压对轴向变形的抵制作用；另一方面，孔隙水压力在微裂隙的扩展过程中扩容和劈裂，岩石在高孔隙水压力作用下，岩石微裂缝快速贯通，导致岩石峰值强度迅速降低。

在弹塑性变形阶段，孔隙水压力的存在削减了围压对轴向变形的抵制作用，所以在相同的围压条件下，随着孔隙水压力的增大，岩石弹性模量会有所降低（图 4.5.3），泊松比有随着水压增大而上升的趋势。试件破坏后，在较大水压力环境下的试件都有明显的应变软化阶段，显现出延展性破坏特征，而在水压力较小的情况下，试件均显现出脆性破坏特征，峰值强度后，应力迅速跌落。在高孔隙水压力作用下，试件呈现出明显的延展性破坏特征。随着孔隙水压力的升高，应力-应变曲线的非线性特征表现越来越明显，说明孔隙水压力在微裂隙的扩展过程中的扩容和劈裂起到相当大的作用，岩石以张剪性破坏为主，有很明显的剪胀作用。

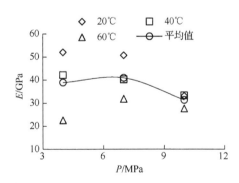

图 4.5.3　温度一定时弹性模量与水压的关系

4. 温度和孔隙水压力对渗透率的影响

温度对渗透率的影响：水压一定时，初始渗透率与温度的关系曲线如图 4.5.4 所示。可见，在 20℃时初始渗透率相对较大，在 40℃时初始渗透率降低较快，在 60℃时初始渗透率降低趋于平缓。在同一水压下，初始渗透率随温度升高而降低。这是由于在试验初始阶段，岩石受围压应力作用，内部孔隙度已经受到挤压，在较高的温度下，岩石骨架颗粒产生膨胀变形，在岩石内产生更大的热应力。最大热应力主要集中在颗粒棱角或微裂缝端部。岩石颗粒体积增大而降低孔隙空间及喉道，表现出渗透率的降低。

孔隙水压力对渗透率的影响：温度一定时，初始渗透率与水压力的关系曲线如图 4.5.5 所示。在同一温度下，初始渗透率随水压力升高而增大。当孔隙水压力为 4MPa 时，试件初始渗透率都很低；当孔隙水压力升高为 7MPa 时，低温环境下的初始渗透率有了明显的增长，处于高温环境下的岩石由于矿物颗粒的膨胀作用，渗透率依然处于一个较低水平；在孔隙水压力为 10MPa 的环境下，初始渗透率都有了明显的增长。这个现象说明，孔隙水压力的大小对岩石渗透率有一定的影响作用，随着水压力的升高，渗透率逐渐增长。

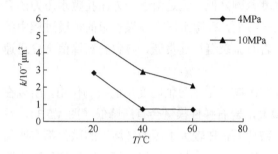

图 4.5.4　初始渗透率与温度的关系曲线　　　图 4.5.5　初始渗透率与水压力的关系曲线

温度和水压力对渗透率的影响都比较大，但两者对渗透率的影响机理不同。温度对试件渗透率的影响主要在于随温度升高，岩石骨架热膨胀，岩石颗粒体积增大，从而降低孔隙空间，渗流通道减弱，渗透率变小；水压力对试件渗透率的影响主要表现在水压的劈裂作用使得裂纹张开，渗流通道增强，渗透率增大。

4.6　岩石双轴压缩试验

4.6.1　目的与原理

自然界中，大多数情况下岩石处于三轴压缩状态。在一些特定情况下，岩石会出现平面应力状态，即双轴压缩状态：$\sigma_1 \geqslant \sigma_2$，$\sigma_3 = 0$（图 4.6.1），如隧道和边坡开挖后，

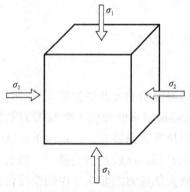

图 4.6.1　双轴压缩状态

其表面附近岩石就处于近似双轴压缩状态，σ_3 接近于零。由于多数破坏准则中未考虑中间主应力对岩石力学特性的影响，现存的岩石破坏准则并不能很好地解释某些现象。因此，对岩石进行双轴加载下力学特性试验研究，对于加深人们对岩石力学性质的认识具有十分重要的理论和实践意义。

双轴压缩试验目前尚无双轴加荷试验设备标准，一般参照单轴压缩和常规三轴压缩试验相关标准。本节介绍岩石双轴压缩试验，研究双轴压缩条件下岩石的力学行为和破坏机制。

4.6.2　仪器设备

岩石双轴压缩试验机如图 4.6.2 所示，其主要由计算机、数值控制器、试验主机和机电伺服液压系统组成。该试验机可用于岩石直剪、岩石单轴压缩、岩石双轴压缩、岩石有侧压的单轴加卸载试验，能同时对试件施加垂直轴向荷载和水平侧向荷载，通过应力值控制加荷。

1—试验机主机；2—数值控制；3—计算机；4—机电控制柜。

图 4.6.2　岩石双轴压缩试验机

4.6.3　制样要求

1）试件可用采自现场的块状毛样或由大直径钻孔岩芯经切割、精磨加工而成。试件形状为立方体，尺寸范围为 5cm×5cm×5cm～10cm×10cm×10cm。

2）试件两相对面互相平行，不平行度不能大于 ±0.05mm。

3）试件两相邻面互相垂直相交，角度最大偏差不大于 ±0.25°。

4）试件边长最大偏差不能大于 ±0.3mm。

5）对于掉块或缺角导致受力面凹凸不平的情况，一定要用水泥浆填平，使其平行和垂直精度达到 1%。

4.6.4　操作步骤

1）旋转开关至"开"，此时"停止"按钮指示灯亮（图 4.6.3）。打开信号接收器开关，启动计算机。

1—开关开的方向；2—开关关的方向；3—启动按钮；4—停止按钮。

图 4.6.3　启动控制面板

2）打开岩石双轴加卸载循环试验软件，进入主界面如图 4.6.4 所示。

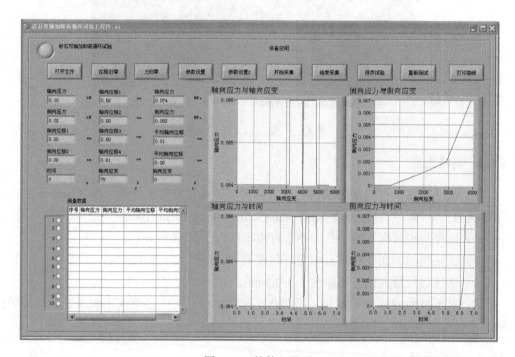

图 4.6.4　软件主界面

3）单击"参数设置"按钮，弹出"参数设置"对话框，设置轴向截面积与侧向截面积、试样轴向长度与试样侧向长度，必要时可根据需要改变采样间隔时间，其余参数保持不变，如图 4.6.5 所示。

4）单击"参数设置 2"按钮，弹出"参数设置"对话框，按照试验方案只设置加卸荷速度、加荷 1 压力值、侧向压力、保压时间、轴向最大位移和加荷次数，其余参数为 0。其中，岩石双轴压缩试验加荷次数设置为 1，加荷压力值为轴力设定，如图 4.6.6 所示。

图 4.6.5　参数设置 1　　　　　　　　　　　图 4.6.6　参数设置 2

5）放样。将岩样放到加压平台并对中，加压平台下承压板可左右移动，如图 4.6.7 所示。

1—下承压板。

图 4.6.7　放样

6）开始试验。按下主控机箱上的绿色"启动"按钮，试验机开始启动，此时软件主界面上顶部中间显示"设备空闲"，先单击"位移归零"和"力归零"按钮，检查一切正常后，单击"开始采集"按钮，试验机开始工作。首先法向千斤顶进行轴向接触，之后水平千斤顶进行侧向接触并施加设定的侧向力，按照之前设定的参数稳定一段时间后，法向千斤顶开始加压轴力直到设定值，主界面开始显示数据与曲线。

7）试验结束。试件破坏或者达到设定值后，单击"结束采集"按钮，试验机自动卸去压力，千斤顶回缩至预定位置后自动停止，试验机自动关闭，之后取下试验岩样，单击"保存试验"按钮保存数据。

8）依次关闭红色电源开关、信号接收器、计算机软件和计算机，清理试验残渣。

4.6.5　成果整理

岩石双轴压缩试验的主要成果是得到了双轴抗压强度、轴向应变与侧向应变等，主要计算公式如下：

$$R_{双} = \frac{P}{S} \tag{4.6.1}$$

$$\varepsilon_1 = \frac{\Delta h}{h} \tag{4.6.2}$$

$$\varepsilon_{侧} = \frac{\Delta b}{b} \tag{4.6.3}$$

式中，$R_{双}$——双轴抗压强度，MPa；

P——轴向荷载，N；

S——垂直于试件轴向的横截面积，mm²；

ε_1——轴向应变；

$\varepsilon_{侧}$——侧向应变；

Δh——轴向变形，mm；

h——试件轴向长度，mm；

Δb——侧向变形，mm；

b——试件侧向长度，mm。

4.6.6　规律总结和注意问题

1. 规律总结

王延宁（2014）对完整试件进行了侧压为 1MPa 的双轴压缩试验，轴向加载速率采用标准加载速率 0.5MPa/s。完整试件加载过程应力-应变曲线如图 4.6.8 所示，可将试件变形破坏过程分成 4 个阶段。

1）初始裂隙压密阶段：试件中原有空隙、裂隙或张开性结构面随应力增大逐渐闭合，试件被压密。应力-应变曲线常呈现上凹型，曲线斜率随应力增大而逐渐增大。本次试验的试件采用分层击实，内部空隙等初始损伤较小，该阶段变形不明显。

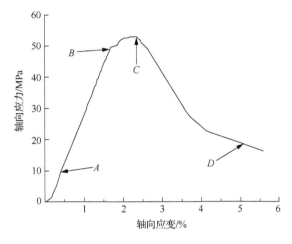

图 4.6.8　典型完整试件应力-应变曲线（王延宁，2014）

2）线弹性阶段：在经历了初始裂隙压密阶段后，应力-应变曲线总体上呈线性关系。该阶段很大程度上符合胡克定律，呈弹性规律。

3）塑性变形阶段：进入该阶段后，试件内部呈现屈服性，应力-应变曲线斜率逐渐减小，变得平缓。试件微破裂开始扩展，试件变形局部化现象明显，随着应力继续增大，裂纹逐渐扩展，直到峰值强度。

4）峰后破坏阶段：本阶段裂隙迅速发展，宏观裂纹贯通试件。由于试件内部结构破坏，有效承载面积减小，因此试件承载能力迅速下降。

一般情况下，轴向加载速率越大，试件强度越大；双轴压缩加载条件下岩石的破坏强度相对单轴强度较高，中间主应力对岩石的破坏强度有着显著的影响。

2．注意问题

1）若在试验过程中发现需要停止试验或出现故障、异常等情况，应立即按下主控机箱红色开关按钮。

2）如果不进行位移清零与力清零，会出现法向千斤顶不工作，只有水平千斤顶工作的情况，并可能造成试验机损坏。

4.7　岩石三轴流变试验

4.7.1　目的与原理

岩石的流变是指物质在外部条件不变的情况下，应力或变形随时间而变化的现象，主要包括岩石蠕变与应力松弛。其中，岩石蠕变是指在恒定应力条件下，变形随时间逐渐增长的现象；应力松弛是指在应变一定时，应力随时间逐渐减小的现象。

现场岩石蠕变试验由于受地形条件、岩体结构、试验设备及人力、物力等因素的限制，目前大都采用室内试验。按照岩石试件的受力方式，岩石室内蠕变试验分为 3 种类型，即单轴压缩蠕变试验、直剪蠕变试验和三轴压缩蠕变试验，本节介绍单轴压缩蠕变试验和三轴压缩蠕变试验。

岩石单轴压缩蠕变试验常采用陈氏（陈宗基）加载法，即在一个试件上施加恒定的围压，当试件固结稳定后，逐级施加轴压（采用常规抗压强度的 70%，分为至少 5 级对试件施加轴向应力），直到试件破坏。通过试验测定试件在每级恒定轴向应力作用下不同时间的应变值，并据以计算岩石的长期强度和黏滞系数等。

4.7.2　仪器设备

本试验使用岩石三轴压缩流变仪（图 4.7.1），其主要由两部分组成：控制台与加压台。

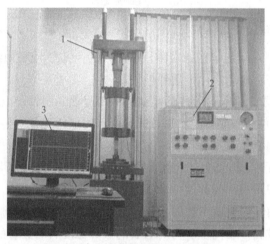

1—加压台；2—控制台；3—CFS 软件。

图 4.7.1　岩石三轴压缩流变仪

控制台与加压台分别如图 4.7.2 和图 4.7.3 所示，按钮控制均是逆时针为打开，顺时针为关闭。"强制停止按钮"旋开后，仪器紧急停止工作；"总卸荷"按钮旋开后，机器开始将油卸回油箱。

油压表盘如图 4.7.4 所示，黑色指针为目前油压值，黑头指针为最低油压值，加载时当油压值低于黑头指针所指示的数值时自动启动液压泵，当黑色指针到达红头指针时，液压泵自动停止。黑色指针不得超出黑头指针与红头指针之间的范围，否则代表仪器出现故障。

围压缸控制按钮组（图 4.7.5）：G3 为提升围压缸控制阀，打开则表示可以提升围压缸；G1 可手动控制围压缸上升速度；G4 可降下围压缸；G2 可手动控制围压缸下降速度。

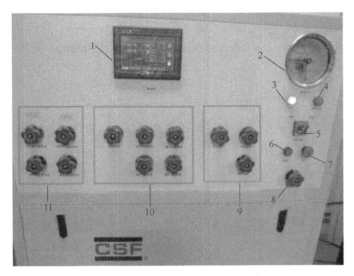

1—控制操作界面；2—油压表盘；3—电源指示灯；4—油压启动指示灯；
5—控制模式转换；6—液压泵启动按钮；7—强制停止按钮；8—总卸荷按钮；
9—围压控制按钮组；10—轴压控制按钮组；11—围压缸控制按钮组。

图 4.7.2　控制台

1—围压缸；2—传立柱；3—试件；
4—千分仪；5—试件基座；
6—轴压加压台；7—轴压加压液压缸。

图 4.7.3　加压台

1—黑色指针；2—红头指针；3—黑头指针。

图 4.7.4　油压表盘

图 4.7.5　控制按钮组

轴压控制按钮组（图 4.7.5）：Z1 为轴压总油门按钮，使用轴压必须打开 Z1；Z4 为轴压台向上（轴压加压）控制阀，打开则表示可以抬升轴压台；Z2 可手动控制轴压加压速度；Z5 为轴压台向上（轴压卸载）控制阀；Z3 可手动控制轴压卸载速度。

围压控制按钮组（图 4.7.5）：W1 为围压总油门按钮，使用围压必须打开 W1；W2 为围压注油按钮，打开则向围压缸中注油及加围压；W3 为围压卸油按钮，打开则表示从围压缸中卸油及卸载围压。

4.7.3 制样要求

圆柱体有 3 种尺寸 ϕ50mm×100mm、ϕ75mm×150mm、ϕ100mm×200mm，其他要求同 3.2 节。

4.7.4 操作步骤

三轴压缩流变仪可开展单轴压缩流变试验和三轴压缩蠕变试验，两种试验操作步骤分别如下。

1. 单轴压缩流变试验操作步骤

1）使用控制台上的操作界面进行保护设置，如图 4.7.6 所示。将图 4.7.6（a）中右边的"控制-诊断"按钮调至"诊断"。如图 4.7.6（b）所示，单击"保护设置"按钮，进入"保护设置"界面，如图 4.7.6（c）所示，设置上限和下限。一旦屏幕右边显示的数值超出保护设置，则机器停止工作。

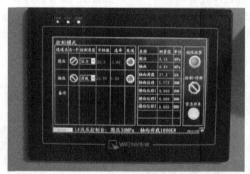
（a）调"诊断"

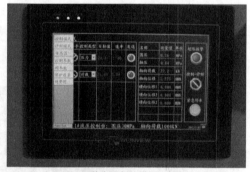
（b）单击"保护设置"按钮

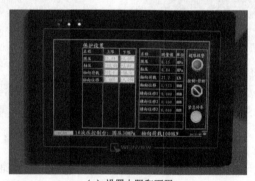
（c）设置上限和下限

图 4.7.6　保护设置

2）通过控制台上的操作界面进行清零，如图 4.7.7 所示。单击"传感器"按钮 [图 4.7.7（a）]，进入"传感器设置"界面，单击"围压""轴压""轴向荷载""轴向位移"清零按钮，完成后图 4.7.7（b）右边相关参数清零。

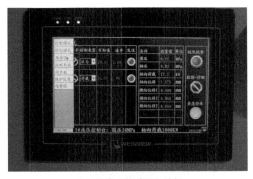
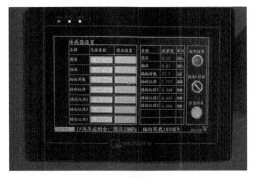

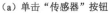
（a）单击"传感器"按钮　　　　　　　　　　　　　　　　　　　（b）清零

图 4.7.7　参数清零

3）安置试件。将试件基座底部嵌入加载台上的凹槽中，打开轴压总油门 Z1，打开 Z5、Z3，使加压台向下移动，使用 Z3 调整移动速度直至达到足够高度，高度需大于试件高度与传立柱高度之和，关闭 Z3、Z5。最后将试件放在基座上，传立柱放在试件顶部。

4）打开 Z4，之后打开 Z2，使加压台向上移动，使用 Z2 调整上升速度，提升加压台时尽量用手扶住试件和传立柱以免掉落。提升加压台直到传立柱顶面刚好抵住上部半球体［图 4.7.8（a）］，此时观察操作屏幕上的轴向荷载值，使其尽量低于 0.5kN，若超过则使用 Z5 微调。最终试件安置如图 4.7.8（b）所示。

（a）传立柱刚好抵住半球体　　　　　　　　　　　　　　　　　（b）试件最终安置

图 4.7.8　试件安置

5）安装千分表。如图 4.7.9 所示，将千分表吸附在金属立柱上，安装完成后将轴向位移清零。

6）用塑料纸遮住加压台上的出油孔，以免试件破裂后岩渣堵住出油管道，如图 4.7.10 所示。

1—塑料纸。

图 4.7.9　安装千分表　　　　　　图 4.7.10　在出油孔放置塑料纸

　　7）保存试验数据。打开计算机，双击桌面上的 CSF 图标［图 4.7.11（a）］，选择相应的试验仪器［图 4.7.11（b）］，进入控制台界面［图 4.7.11（c）］，在此界面可观察相关试验中的参数。选择"数据保存"→"设置"命令，如图 4.7.11（d）所示，在弹出的对话框中双击"时间"按钮，可调整记录时间间隔。设置完成后，单击"保存"按钮，如图 4.7.11（f）所示，将 txt 文档保存到相应文件夹内［图 4.7.11（g）］。之后计算机程序开始自动记录试验数据，记录格式如图 4.7.11（h）所示。

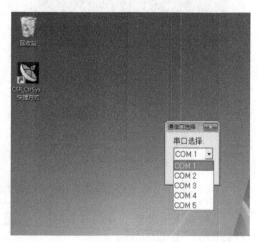

（a）单击"CSF"图标　　　　　　　　（b）选择试验仪器

图 4.7.11　保存试验数据

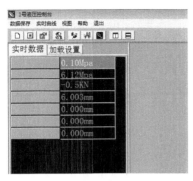

（c）控制台界面

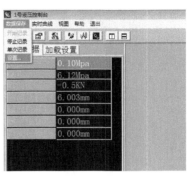

（d）选择"设置"命令

（e）设置保存数据参数

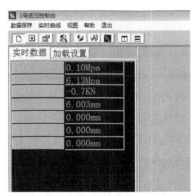

（f）单击"保存"按钮

（g）设置数据保存路径

图 4.7.11（续）

20201023-R0 - 记事本

文件(F)　编辑(E)　格式(O)　查看(V)　帮助(H)

试验数据保存时间：2020/10/23 16:34:55

围压	轴压	轴向荷载	轴向位移	相对时间	绝对时间
Mpa	Mpa	KN	mm	秒	年-月-日　时:分:秒
0.035	0.018	0.250	0.011	0.41	2020/10/23 16:34:56
0.035	0.018	0.000	0.011	55.17	2020/10/23 16:35:51
0.035	0.018	0.250	0.011	56.18	2020/10/23 16:35:52
0.035	0.009	0.000	0.011	57.19	2020/10/23 16:35:53
0.035	0.009	0.250	0.011	59.22	2020/10/23 16:35:55
0.035	0.009	0.000	0.011	72.40	2020/10/23 16:36:08
0.035	0.009	0.250	0.011	73.42	2020/10/23 16:36:09
0.035	0.018	0.000	0.011	74.43	2020/10/23 16:36:10
0.026	0.018	0.250	0.011	75.45	2020/10/23 16:36:11
0.026	0.018	0.000	0.011	77.47	2020/10/23 16:36:13
0.035	0.009	0.250	0.011	78.49	2020/10/23 16:36:14
0.035	0.018	0.000	0.011	82.54	2020/10/23 16:36:18
0.026	0.018	0.250	0.011	83.56	2020/10/23 16:36:19
0.035	0.009	0.000	0.011	84.57	2020/10/23 16:36:20
0.035	0.009	0.250	0.011	86.60	2020/10/23 16:36:22
0.035	0.018	0.000	0.011	87.61	2020/10/23 16:36:23

（h）记录格式

图 4.7.11（续）

8）加载试样。保持 Z2、Z3、Z5 关闭，Z1 和 Z4 打开。

加载方法一：如图 4.7.12（a）所示，设置目标值和加载速率，单击"发送"按钮。将控制模式中轴压的"自-手"设置为"自动"，将"控制-诊断"设置为"控制"。

加载方法二：如图 4.7.12（b）所示，使用计算机操作加载，在界面上设置加载目标值和加载速度，选中"自动控制"复选框，单击"发送"按钮，即可开始试验。

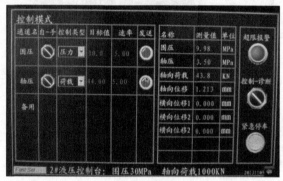

（a）控制台操作系统

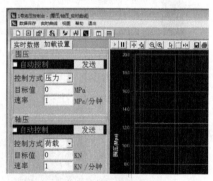

（b）计算机操作系统

图 4.7.12　加载试样

9）加载完成后，需要每天观察记录数据。若采用的是分级加载，需隔一段时间加载一次，加载时只需改变目标值后单击"发送"按钮即可。同时，在计算机上可显示加载曲线，如图 4.7.13 所示，选择"实时曲线"→"新建"命令，弹出"双通道曲线显示设置"对话框，将通道 0 设置为"轴向荷载"，将通道 1 设置为"轴向位移"，单击"确定"按钮后即可显示曲线。

10）试件破坏后，轴向位移会超过保护值，试验停止。试验停止后，在计算机操控界面单击"结束试验"按钮，停止记录，如图 4.7.14 所示。在控制台上关闭 Z4，打开 Z5，之后使用 Z3 控制速度降下加压台，取下试件，进行记录和拍照。

（a）选择"新建"命令

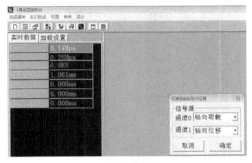
（b）设置通道

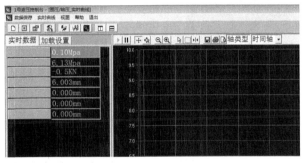
（c）显示曲线

图 4.7.13　建立实时曲线

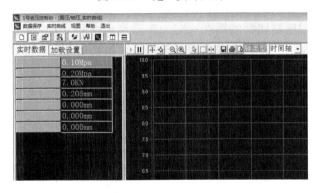

图 4.7.14　结束试验

11）取下千分表，关闭所有油路开关。

2. 三轴压缩流变试验操作步骤

1）保护设置参见单轴压缩流变试验步骤 1）。

2）清零参见单轴压缩流变试验步骤 2）。

3）制作试件。准备热缩管和热吹风机，剪取适当长度的热缩管（长度大于试件长度，若试样为 10cm，则剪取 15~20cm 的热缩管），将热缩管完全包裹在试件上并套在基座和传立柱上（图 4.7.15），再用吹风机均匀地吹热缩管，使热缩管收缩，紧密包裹试件。

（a）放好试件　　　　　　　　　　（b）套好热缩管

图 4.7.15　制作试件

4）安置试件。打开轴压总油门 Z1，打开 Z5、Z3，使加压台向下移动，使用 Z3 调整移动速度直至足够高度。高度大于试件、基座与传立柱高度之和后，关闭 Z3、Z5。最后将整个试件放好。

5）轴向接触调零。安装千分表并清零，参见单轴压缩流变试验步骤 5）。

6）降下围压缸。打开 G4，再打开 G2，使围压缸向下，使用 G2 调整下降速度（通常情况下不需要打开 G2，围压缸会因为自重自动降下）。围压缸快降至加压台时，用金属棒从两端提起围压缸底部的钢圈（这一步需要至少两个人完成），如图 4.7.16 所示。当围压缸底部降至加压台后（通常情况下围压缸与加压台不会完全接触），放下钢圈。使用金属棒顺时针旋转钢圈，直至完全拧紧。

图 4.7.16　使用金属棒提起钢圈

7）固定位移变量。如图 4.7.17 所示，轴压控制类型选择"位移"，设置"目标值"和"加载速率"（一般"目标值"设为 0.01，"加载速率"为 5），将控制模式中轴压的"自-手"设置为"自动"，将"控制-诊断"设置为"控制"，单击"发送"按钮。

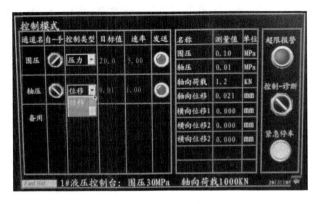

图 4.7.17　固定位移变量

8）打开计算机，开始记录，参见单轴压缩流变试验步骤7）。

9）注油。打开围压缸上部出油口阀门，使用塑料瓶将其拴在围压缸上部的出油口，以接住注满油后漏出的油，如图 4.7.18（a）所示。打开 W1，之后打开 W2，仪器开始注油，注油大概需要 30min。注满油时，多余的油会从围压缸上部出油口流出，此时关闭 W2，再关闭出油口阀门，将塑料瓶中接的油倒回液压泵，如图 4.7.18（b）所示，保持 Z1 和 Z4 打开。

（a）拴住塑料瓶　　　　　　　　　（b）将油倒回液压泵

图 4.7.18　塑料瓶接油

10）加载围压。继续保持操作界面上的位移控制，设置围压目标值和加载速率，设置为"自动"，单击"发送"按钮，如图 4.7.19 所示。

11）轴压清零。在加载轴压前，由于施加围压造成轴压，因此需将轴压清零，再施加目标轴压。将轴压"自-手"设置为"手动"，设置控制类型为"荷载"，再设置目标值和加载速率，单击"发送"按钮，最后将轴压"自-手"设置为"自动"，如图 4.7.20 所示。注意：整个过程中"控制-诊断"按钮始终为"控制"。

12）加载完成，始终保证 Z1、Z4，W1、G3 和 G4 打开，需每天观察记录。若采用的是分级加载，需隔一段时间加载一次，加载时只需改变目标值后单击"发送"按钮即可。建立实时曲线请参见单轴压缩流变试验步骤9）。

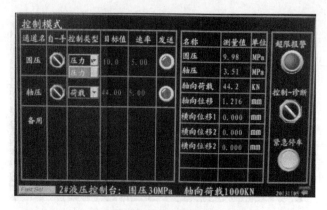

图 4.7.19　加载围压

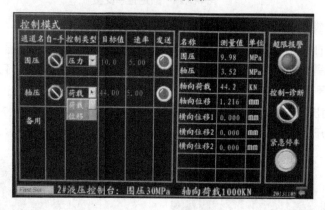

图 4.7.20　轴压清零

13）试件破坏后，在计算机上结束试验。开始卸围压，打开 W3 后，等待一段时间（约 1min），打开围压缸上的出油口，用塑料瓶接住漏出的油直至不再有油滴出，将塑料瓶中的油倒回液压泵。将空气压缩机的出气导管口接在出油口上（图 4.7.21），拧紧后打开空气压缩机，此时围压缸中的油开始流回液压泵，此过程需 30~60min。当液压泵中发出灌气的"咕噜"声并且倒油口明显感觉到有气体吹出时，代表围压缸中的油已排光。关闭 W1、W3，打开液压缸上的出油口，等待气体全部排出。

图 4.7.21　向围压缸内吹气

14）打开围压缸，用金属棒逆时针旋开围压缸上的金属圈，并抬起金属圈（此步骤需要两个人完成）。打开 G3 和 G1，向上提升围压缸，待围压缸完全离开加压台后放下金属圈。将围压缸提升至原来的位置，方便取出试件。

15）取下试件，参见单轴压缩流变试验步骤 9）。用剪刀剪开热缩管，对坏样进行记录拍照。

16）取下千分表，关闭所有油路开关。

4.7.5　成果整理

成果整理方法与 3.5.5 节基本一致。流变参数可采用以下方法计算。

1. 最小应变速率确定方法

1）具有等速蠕变阶段的蠕变曲线，其最小应变速率为等速蠕变阶段的应变速率（图 4.7.22 中曲线 a 等速蠕变阶段直线的斜率）。

2）对不具有等速蠕变阶段的曲线，其最小应变速率为初始蠕变与加速蠕变转换处曲线的斜率（图 4.7.22 中曲线 b 上的 M 点）。

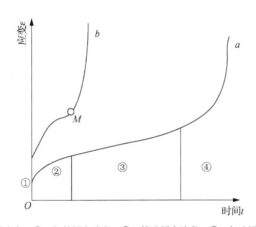

①—瞬时应变；②—初始蠕变阶段；③—等速蠕变阶段；④—加速蠕变阶段。

图 4.7.22　应变-时间曲线

2. 长期强度

1）等时曲线法。等时曲线法是指利用分级加载得到应变-时间曲线。通过 Boltzmann 叠加原理进行叠加，可得到不同应力水平下相等时间所对应的蠕变位移（或应变）与应力的关系曲线（图 4.7.23），每条曲线出现的明显拐点所对应的应力值即为该岩石的长期强度。

2）稳态蠕变速率法。蠕变试验时，当某级荷载不大于长期强度时，随着时间推移，稳态流变速率逐渐为零，岩石不会发生破坏；当大于长期强度时，经历一段稳态蠕变时间后进入加速蠕变阶段，并随之发生破坏。稳态蠕变速率随着蠕变荷载的增大而增大，相反稳态蠕变时间随之减短。因此，可定义岩石的长期强度为使岩石稳态蠕变速率为零的最大荷载（图 4.7.24）。

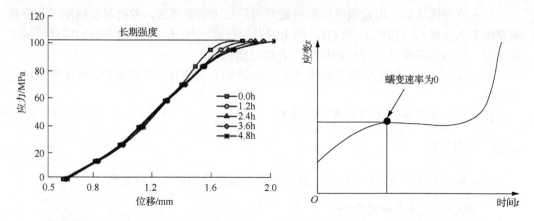

图 4.7.23　蠕变位移与应力的关系曲线　　　　　图 4.7.24　应变-时间曲线

3）稳态蠕变速率改进法。基于稳态蠕变速率法原理，通过分析偏应力（最大主应力与最小主应力之差）与稳态蠕变速率曲线（图 4.7.25）可知，临界拐点之前岩石处于衰减蠕变阶段，蠕变速率随轴向荷载增大而增加，但增幅很小；临界拐点之后曲线呈骤然上升趋势，表明岩石进入稳态蠕变并转向加速蠕变。分别绘制出临界点之前曲线的切线 l_1 和 l_2，其交点所对应的轴向应力即为岩石的长期强度。

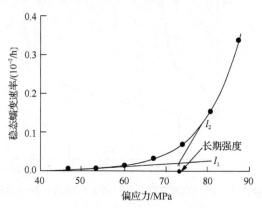

图 4.7.25　偏应力与稳态蠕变速率曲线

3. 黏滞系数

根据岩石在不同法向应力作用下的蠕变曲线，找出每条蠕变曲线的最小应变速率，以最小应变速率作为横坐标，以相对的轴向应力为纵坐标，绘出轴向应力-应变速率关系曲线（图 4.7.26），利用曲线的直线段 ab 计算黏滞系数，计算公式如下：

$$\eta = \frac{\sigma}{\dot{\varepsilon}} \tag{4.7.1}$$

式中，η ——黏滞系数；

σ ——直线段对应加载轴向应力；

$\dot{\varepsilon}$ ——直线段对应应变速率。

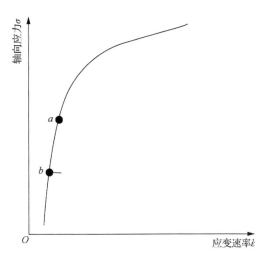

图 4.7.26　应力-应变速率关系曲线

4.7.6　规律总结

1）典型试件三轴压缩流变试验分级全过程曲线如图 4.7.27 所示。

① 每一级应力的加载瞬间，试件都会出现瞬时弹性应变。

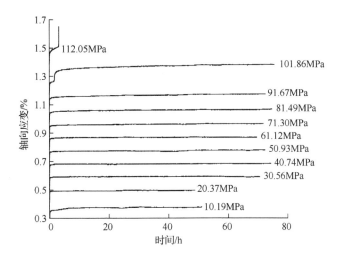

图 4.7.27　典型试件三轴压缩流变试验分级全过程曲线

② 在低应力水平条件下，流变变形主要是由试件内部原始裂纹的挤压密实产生的黏弹性变形引起的，此时流变速率随着时间增长而逐渐趋于零，轴向应变开始维持在一个定值且随着时间的增长保持稳定。当应力超过某个值后，试件内部出现微裂隙的萌生和发展，应变出现了随着时间增长而逐渐增大的变化趋势，说明砂岩存在一个门槛值，而这个门槛值又与岩石受到的应力状态相关。

③ 在恒定荷载作用下，应变量值随着荷载水平的增加而增加，且从试件破坏前一级荷载曲线可以明显看出轴向应变随着时间的增长而呈直线增加。

④ 试件在破坏时荷载恒定维持时间较短。

2）岩石的蠕变可以分为两部分，一个是稳定蠕变，另一个是非稳定蠕变。稳定蠕变是经过过渡蠕变后变形最终趋于一个稳定值，岩石不会发生蠕变破坏；非稳定蠕变是蠕变变形随着时间不断发展，经历过渡蠕变（第Ⅰ阶段）、稳定蠕变（第Ⅱ阶段）和加速蠕变（第Ⅲ阶段）过程，最终导致岩石发生蠕变破坏。在荷载水平低于阈值应力时，岩石处于黏弹性阶段，其值只表现出第Ⅰ阶段和第Ⅱ阶段变形，但第Ⅱ阶段应变速率最终为零，即当时间趋于无穷时，应变趋于稳定值，应变速率也趋于稳定值。当应力超过此阈值后，试件曲线出现第Ⅲ阶段破坏过程，有学者又将此破坏过程细分为 3 类：蠕变韧性破坏、蠕变韧-脆破坏、蠕变脆性破坏。

① 蠕变韧性破坏：图 4.7.28（a）所示为蠕变韧性破坏曲线，其中 $0\sim\varepsilon$ 表示过渡蠕变阶段，此阶段应变持续增加，但蠕变速率不断降低；$\varepsilon\sim\varepsilon_1$ 表示稳定蠕变阶段，变形随着时间增加而增加，变形速率将大于零，且速率变化与应力状态相关；$\varepsilon_1\sim\varepsilon_2$ 表示加速蠕变阶段，此时应变快速发展，蠕变速率持续增加，且在 t_2 后岩石内部裂隙、孔隙产生扩展、汇集直至贯通破坏。

② 蠕变韧-脆破坏：从图 4.7.28（b）可以看出，在第Ⅱ阶段变形持续发展后，试件直接发生了破坏，而没有出现明显的加速蠕变破坏过程。

③ 蠕变脆性破坏：从图 4.7.28（c）可以看出，曲线只具有第Ⅰ阶段的过渡蠕变过程和短暂的加速蠕变过程，无明显的第Ⅱ阶段和第Ⅲ阶段。

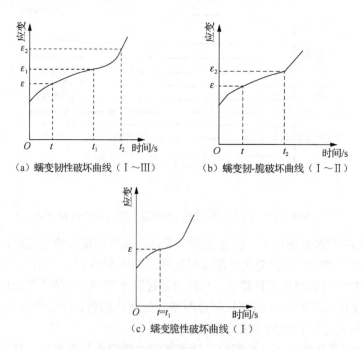

图 4.7.28　蠕变过程破坏曲线

典型岩石试件破坏阶段全过程曲线如图 4.7.29 所示,可以看出,试验曲线存在明显的蠕变三阶段过程,说明该试件的非稳定破坏过程主要属于蠕变韧性破坏。

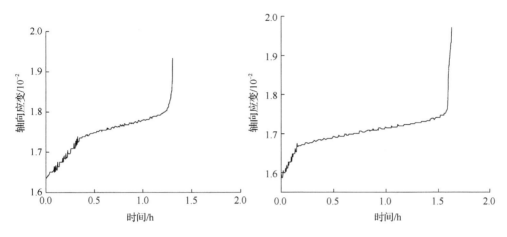

图 4.7.29　试件破坏阶段全过程曲线

4.8　岩石直剪蠕变试验

4.8.1　目的与原理

岩石的变形和应力受时间因素的影响。当荷载(或应力)为常量时,岩石的变形随时间的发展而变化的过程称为岩石的蠕变现象。

由于岩石是由不同成分、不同物理性质、不同大小和形状的矿物晶体或矿物非晶体颗粒胶结在一起的集合体,因此其蠕变的形成机理是岩块受力后,岩石内部的裂隙逐渐张开、扩展和汇合,当一个裂隙形成后,应力高度集中区域中的应力会转移到应力强度较小的相邻区域。应力的这种转移需要时间,因此岩石试件随时间的推移会产生变形;另外,匀质岩石内部剪切位错变形也需要时间。

研究岩石的蠕变特性对地学和岩体工程的许多问题非常重要。由于蠕变的影响,在岩石结构的内部及人工结构物内将产生集中应力转移而影响它们的长期稳定性。例如,地下结构由于围岩变形随时间的变化,使衬砌内力增加,并可能使衬砌破坏或丧失使用条件;对喷锚支护的作用机理与结构定量计算分析,也应考虑岩体开挖后的蠕变变形的影响。又如,岩质边坡因长期滑移变形最终出现突发性大滑坡,构造地质学中的褶皱、地壳隆起、地壳断裂等因长期地质作用导致的现象均与岩石的蠕变性质有关。

研究岩石蠕变特性最直接的方法是岩石蠕变试验。本节主要介绍岩石直剪蠕变试验,分析不同法向应力作用下岩石随时间的变形特性,求取岩石的极限长期强度及蠕变变形特性指标等,为岩体工程设计与施工长期方案的制定提供科学依据。

岩石直剪蠕变试验的基本原理是对同一岩性的一组试件(5 块左右)在相同的法向

应力作用下，采用陈氏分级加载法，分别施加不同量级的剪应力（采用直剪强度的70%，分为至少4级对试件施加剪应力），直到试件破坏，从而得到一簇剪应变-时间关系曲线（图4.8.1），不同量级的剪应力对应不同的剪应变-时间关系曲线形态。

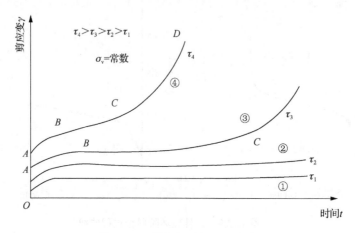

图4.8.1　剪应变-时间关系曲线

在一定时间内，当剪应力量级小于某一值时，即$\tau < \tau_2$时，剪切蠕变变形随时间的增长趋于一个稳定值，即应变速率随时间的增加逐渐减小，最后趋于零，试件不破坏。这种现象称为阻尼蠕变，时间与剪应变的变化趋势如图4.8.1中的曲线①和②。随着剪应力量级的增加，蠕变变形逐渐增加，直到剪应力大于某一定值，即$\tau \geq \tau_\infty$时，剪切蠕变随时间不断增长，直至试件破坏。此时时间与剪应变的变化趋势如图4.8.1中的曲线③和④。

4.8.2　仪器设备

本试验采用成都理工大学地质灾害防治与地质环境保护国家重点实验室研制的岩石直剪蠕变试验系统。该系统由试验机A、试验机B和试验机C3台主机（图4.8.2），以及高压泵站、六通道高精度液压稳压器、荷载及位移测量系统、计算机数据采集系统等构成。由六通道高精度液压稳压器控制3台主机的压力，同时可进行3个试件的直剪蠕变试验，试件允许的尺寸范围为（5cm×5cm×5cm）～（30cm×30cm×30cm）的立方体。法向荷载、剪切荷载和位移均由计算机自动全程采集。整套系统精度高，稳定性好。该试验系统功能可覆盖岩石力学试验领域的多个测试项目，包括岩石（含软弱结构面）直剪蠕变试验、岩石（含软弱结构面）直剪松弛试验、岩石（含软弱结构面）直剪常规试验（按国家标准和行业规程要求为应力控制）、岩石（含软弱结构面）等剪切速率控制全过程接剪试验、岩石单轴压缩常规试验、岩石单轴压缩蠕变试验、岩石单轴压缩松弛试验、岩石单轴压缩全过程试验。剪切流变试验机系统如图4.8.3所示。

图 4.8.2 试验主机

1—法向千斤顶；2—位移计；3—滚珠轴承；4—水平千斤顶；5—承压板。

图 4.8.3 剪切流变试验机系统

加载及数据采集系统如图 4.8.4 所示，剪切流变试验操作平台如图 4.8.5 所示。

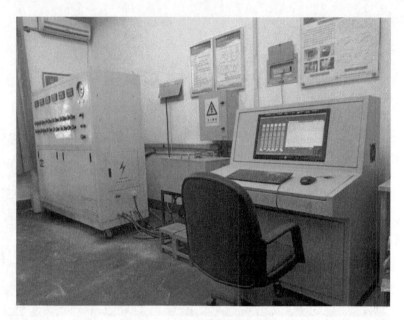

图 4.8.4　加载及数据采集系统

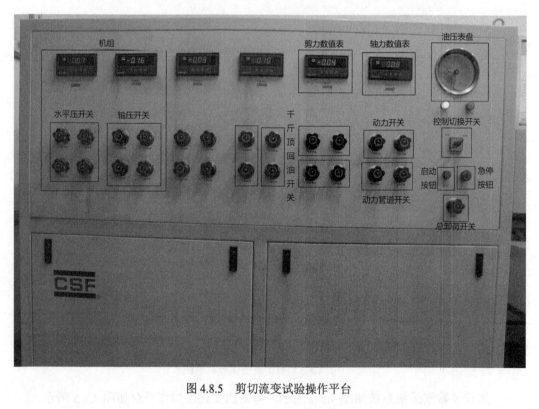

图 4.8.5　剪切流变试验操作平台

4.8.3 制样要求

试件可用采自现场的块状毛样或由大直径钻孔岩芯经切割、精磨加工而成。试件形状为立方体，尺寸范围为（5cm×5cm×5cm）～（30cm×30cm×30cm）。制备试件时，可视岩样的软硬程度分别采取不同的试件形状和加工方法。对质地较硬、易于切割成型的试件，一般制备成长、宽、高为 1∶1∶1 的立方体标准试件；对较软或较破碎而难以切割成型的岩样，一般选用非标准尺寸的长方体试件，与法向荷载垂直的上下两端面和与剪切荷载垂直的侧面的平行度要满足精度要求；对于掉块或缺角导致受力面凹凸不平的情况，一定要用水泥砂浆填平，使其平行和垂直精度达到1%。将含有软岩的混凝土试块放在剪切盒里，进行直剪蠕变试验。

4.8.4 操作步骤

1. 开机

连接好仪器电源插头，合上直剪试验仪右侧空气开关，红色电源指示灯亮起，将"控制切换"开关设置为"自动"，按下直剪试验仪"启动"按钮，试验仪上所有开关默认关闭（图 4.8.6）。

图 4.8.6 开机

2. 试验准备

（1）打开软件

运行 MCGS 组态环境，单击"运行工程"按钮或者直接按 F5 键进入组态工程数据文件界面（图 4.8.7）。单击"返回主菜单"按钮，进入主界面。

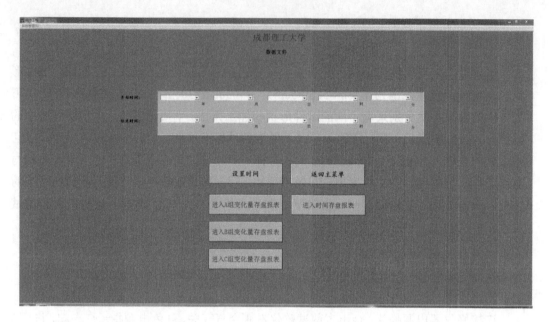

图 4.8.7　MCGS 组态工程数据文件界面

（2）设置准备阶段参数

MCGS 组态工程主界面如图 4.8.8 所示，选择对应的岩石直剪试验机组进行参数设置。首次打开软件时，"状态"栏显示红色字体"控制停止"状态，单击第一排"清零"按钮。按照试验方案设置加载速率；在"数据保存"一栏中，选择"开时间存盘"，保存时间设置为 10s，选择"开变化量存盘"和"位移变化量存盘"，保存变化量设置为 1mm（可根据试验方案设置）。

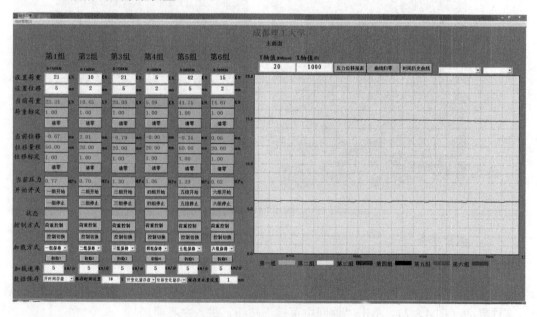

图 4.8.8　MCGS 组态工程主界面

（3）装样

　　将试件放入承压板内并对中，承压
板可左右移动。试件放置好后，首先进
行轴向接触，选择直剪试验仪上对应机
组的开关组合[红蓝双色 4 个轴压开关
（图 4.8.5），其中第一排为动力开关，
作用为注油回油；第二排为动力管道开
关，即开关阀门（图 4.8.9）]。关闭蓝
色上下双千斤顶回油开关（上腔供油），
先打开第二排红色动力管道开关（下腔
供油），之后观察法向千斤顶，缓缓旋

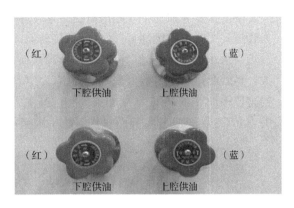

图 4.8.9　加卸荷开关组合

转第一排红色动力开关（下腔供油），目视千斤顶缓缓向下移动，快要接触滚珠轴承时，
立即关闭第一排红色动力开关（下腔供油）。

　　此时，注意轴力数值表上的力值，之后快速一开一合地左右旋转第一排红色动力开
关（下腔供油），当数值表的读数增加 1kN 左右时立即关闭当前开关（图 4.8.10），轴向
接触完成（图 4.8.11）。

图 4.8.10　压力表读数

图 4.8.11　法向千斤顶接触

　　轴向接触完成后，开始进行试件水平接触。关闭红色双开关，先打开第二排蓝色动力管道开关（上腔供油），之后缓缓旋转第一排蓝色动力开关（上腔供油），目视水平千斤顶向承压板方向移动，待水平千斤顶快要接触承压板时，立即关闭第一排蓝色动力开关，然后观察水平力数值表上的力值，之后快速一开一合地左右旋转开关，直至数值表的力值增加 1kN 左右，立即关闭当前开关，水平接触完成（图 4.8.12），关闭蓝色双开关。MCGS 组态工程主界面里的对应机组当前荷重出现力值，试件放置完成（图 4.8.13）。

图 4.8.12　水平千斤顶接触

图 4.8.13　放置试件

（4）安装位移计

　　轴向位移计与水平位移计安装合适（图 4.8.14）后，选择 MCGS 组态工程主界面中的对应机组，根据位移计规格设置"位移量程"，单击第二排"清零"按钮将"当前位移"清零。

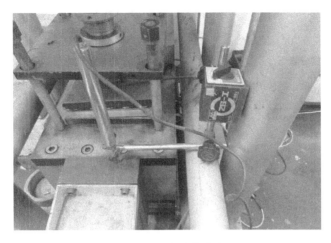

图 4.8.14　安装位移计

3. 开始试验

检查直剪仪上的蓝色开关是否全部关闭，选择对应机组，首先设置加载轴力（X 垂直）；在"设置荷重"文本框中输入荷载数值并按 Enter 键确定；"控制方式"按照试验方案选择，程序默认为"荷重控制"；选择"加载方式"为"X 组等速"。开始加载，在"开始开关"一栏中单击"X 组开始"按钮，"状态"栏变为绿色字体"启动控制"，待"当前荷重"力值与"设置荷重"大致相同时，将"加载方式"一栏切换为"X 组保持"。轴力（X 垂直）加载完成后，开始设置加载水平力（X 水平），步骤同加载轴力。加载完成后，记录时间、当前位移与当前荷重（图 4.8.8）。

4. 试验阶段

按照试验方案进行第二次加载时，先将"加载方式"设置为"X 组等速"，然后选择对应机组（X 水平），在"设置荷重"文本框中输入改变力值，按 Enter 键确定后开始加载水平力。待"当前荷重"力值与"设置荷重"大致相同时，将"加载方式"一栏切换为"X 组保持"。加载完成后，记录时间、当前位移与当前荷重。后续加载同此步骤。

5. 试验结束

1）卸样。试件破坏时，设备自动停止加载，MCGS 组态工程主界面中对应机组"状态"栏自动变为"停止控制"；试件未破坏时如需终止试验，可直接单击"开始开关"中的"X 组停止"按钮。首先卸下水平荷重，在直剪仪上找到对应机组的 4 个水平压开关进行手动操作，关闭红色双千斤顶注油开关（下腔供油），打开第二排蓝色动力管道开关（上腔供油），然后缓缓旋转第一排蓝色动力开关（上腔供油），目视水平千斤顶回收。水平千斤顶回收一定位移后，关闭第一排蓝色动力开关（上腔供油）；水平卸荷完成后，进行轴压卸荷，找到对应机组的 4 个轴压开关进行手动操作，步骤同水平卸荷。

图 4.8.15　"用户窗口管理"对话框

2）导出数据。选择主界面左上角"系统管理"→"用户窗口管理"命令，弹出"用户窗口管理"对话框，选中"设置时间"复选框，单击"确定"按钮（图 4.8.15）。打开"数据文件"窗口，输入"开始时间"与"结束时间"，单击"设置时间"按钮，保存时间区间，选择不同组变化量存盘报表会弹出输入时间段内的对应组的试验原始数据（图 4.8.7）。

描述破坏后试件，清理试件残渣，打扫卫生，试验完成。

4.8.5　成果整理

岩石直剪蠕变试验的主要成果是长期强度指标、蠕变剪切模量及黏滞系数，下面分别介绍各参数的取值和计算方法。

1. 绘制剪应变-时间关系曲线

1）根据试验记录绘制岩石在不同法向应力作用下蠕变过程的剪应变（γ）-时间（t）关系曲线，如图 4.8.16 所示。剪应变按下列公式计算：

$$\gamma = \frac{u}{h} \tag{4.8.1}$$

式中，γ——剪应变；

　　　u——剪切位移，mm；

　　　h——试件预留剪切高度（剪切缝），mm。

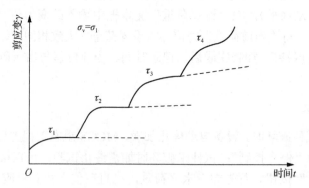

图 4.8.16　剪应变-时间关系曲线

2）由于每级剪应力历时较长，其剪应变已基本保持稳定，因此可以直线延长每级剪应力作用下的剪应变与时间过程线，并应用包尔茨曼叠加原理进行叠加。叠加后的剪应变-时间关系曲线如图 4.8.17 所示。

2. 确定长期强度

1）根据图 4.8.1 所示的剪应变-时间关系曲线簇，可以求得不同剪应力 τ 作用下相同时刻的剪应变 γ，并以剪应力 τ 为纵坐标、剪应变 γ 为横坐标绘制一系列不同时刻的剪应力-剪应变等时曲线，如图 4.8.18 所示。从图 4.8.18 中可以看出，剪应力-剪应变等时曲线簇的前段为线性，线性段的斜率为岩石的剪切模量 G，G 随时间 t 的增加而减小。曲线簇的后段弯曲，而且其曲率随着时间 t 的增加而趋于平缓。根据这一变化趋势，可以绘制一条 $t=\infty$ 的平行于横坐标 γ 的直线，该直线与纵坐标相交的应力值 τ_{∞} 即为极限长期强度。由此可以判断，若施加的剪应力小于 τ_{∞}，岩石只产生稳定蠕变；若施加的剪应力大于 τ_{∞} 时，则将产生非稳定蠕变。

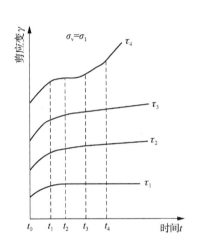

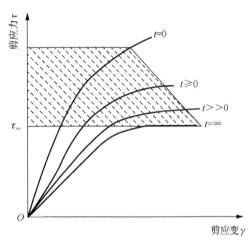

图 4.8.17　叠加后的剪应变-时间关系曲线　　　图 4.8.18　剪应力-剪应变关系曲线（等时曲线）

2）确定极限长期强度参数。将一组试样各试件的法向应力（σ_{v}）和对应的极限长期强度（τ_{∞}）点绘在以 τ_{∞} 为纵坐标、σ_{v} 为横坐标的直角坐标系上，再用最小二乘法绘制极限长期强度（τ_{∞}）与法向应力（σ_{v}）的最佳关系曲线，如图 4.8.19 所示，由此可求得岩石的蠕变极限长期强度参数 C_{∞} 和 φ_{∞}。

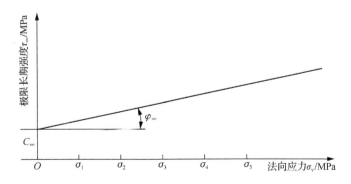

图 4.8.19　极限长期强度-法向应力关系曲线

3. 剪切模量

根据剪应力（τ）-剪应变（γ）关系曲线中的直线段斜率可以确定剪切模量 G，按下列公式计算：

$$G = \frac{\tau}{\gamma} \qquad (4.8.2)$$

式中，G ——剪切模量，MPa；

τ ——剪应力，MPa；

γ ——剪应变。

4. 黏滞系数

岩石的流动特性采用黏滞系数来表征，因为岩石不是理想的纯黏性液体，所以其黏滞系数和剪应力及极限长期强度有如下关系：

$$\eta = \frac{\tau - \tau_\infty}{\dot{\gamma}} \qquad (4.8.3)$$

式中，η ——黏滞系数，MPa·s；

τ、τ_∞ ——剪应力和极限长期强度，MPa；

$\dot{\gamma}$ ——剪切应变速率，s^{-1}，$\dot{\gamma} = \mathrm{d}\gamma/\mathrm{d}t$。

4.8.6 规律总结和注意问题

1. 规律总结

1）不同时刻岩石对应着不同的长期强度值（τ_t）。长期强度具有随时间增加而逐渐减小的趋势，即瞬时强度最高，随着时间的延长最终降低到极限长期强度 τ_∞，如图 4.8.20 所示。由此，可从图 4.8.20 上求得不同时刻 t_1，t_2，t_3，…，t_n 对应的长期强度。

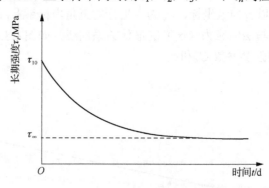

图 4.8.20　长期强度-时间关系曲线

2）当剪切历时很短时（相当于快剪），曲线直线段为瞬时剪切模量 G_0；随着剪切历时的增长，剪切模量 G 值逐渐下降，为蠕变剪切模量。根据统计，岩石的剪切模量随时间呈负指数增长，由瞬时剪切模量 G_0 逐渐减小，最后趋于稳定值，即蠕变剪切模量 G_∞，如图 4.8.21 所示。

该曲线方程计算如下：

$$G_t = xy^{-t} + G_\infty \qquad (4.8.4)$$

式中，G_∞——极限长期剪切模量；

　　x、y——待定参数。

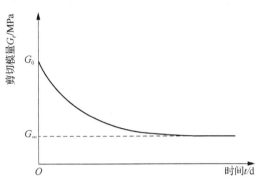

图 4.8.21　剪切模量-时间关系曲线

3）当剪应力小于极限长期强度时，在恒定的剪应力作用下，变形趋于稳定，此时应变速率为 0。当剪应力大于极限长期强度而小于瞬时抗剪强度时，岩石在恒定剪应力作用下发生剪切流动，进入等速蠕变阶段，其应变速率等于常数，如图 4.8.1 曲线的 BC 段；如增大剪应力值，试件仍处于等速蠕变阶段，但曲线斜率变陡，剪切应变速率增大，如图 4.8.1 中的曲线③、④。根据在同一法向应力作用下，不同剪应力值与等速蠕变曲线 BC 段的斜率（应变速率值），可作出剪应力（τ）与应变速率（γ）关系曲线，如图 4.8.22 所示，由该图的直线段可以求得在某一法向应力作用下的黏滞系数。

众多试验结果表明，黏滞系数与试验的法向应力有明显关系，如图 4.8.23 所示。黏滞系数随着法向应力的增加而逐渐增大，这是因为随着法向应力的增大，孔隙压缩，粒间结合水膜变薄，联结加强，黏滞阻力增大。

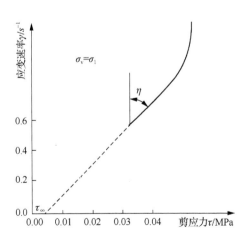

图 4.8.22　剪应力与应变速率关系曲线

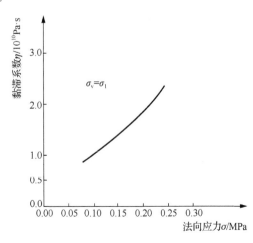

图 4.8.23　黏滞系数与法向应力关系曲线

2. 注意问题

要成功完成一组岩样的直剪蠕变试验，既要合理预测在每个试件上施加的恒定法向应力，又要预测每个试件上逐级施加的剪应力量值。若施加应力量值小，则不能反映岩石在其强度范围内的特征；若施加应力量值大，则试验应力级数不足，难以确定其流变参数。

1）预测法向应力

① 预测一组试验的最大法向应力为工程压力的 1.2 倍，或岩石单轴抗压强度的 70%～80%。

② 根据一组试验的试件个数，将最大法向应力按等差级数分级。一般情况下，一组试验需要 5 个以上试件，所以法向应力的分级数不应少于 5 级，分别施加给每个试件。

③ 对于不需要固结的试件，法向应力可以一次施加完毕，立即测读法向位移，5min 后再测读一次，即可以施加剪应力。对于需要固结的试件，在法向应力施加完毕后的第一个小时内，每 15min 读一次法向位移，1h 后则每半小时读数一次。当每小时法向位移不超过 0.05mm 时，可以施加剪应力。

④ 试验过程中法向应力应始终保持常数。

2）预测剪应力。一个试件的直剪蠕变试验是否成功，主要取决于在恒定法向应力作用下能否得到 4 条以上剪应变-时间关系曲线。如果施加的每级剪应力预测不合理，试件就会在第一级或第二级剪应力作用下被剪坏，从而导致试验失败。所以，合理预测每级剪应力量值事关重要，其具体方法如下：

① 用同一地质单元的岩样做常规的直剪强度试验，得到岩石在不同法向应力作用下的峰值剪应力。

② 以（0.7～0.8）峰值剪应力 τ_p 作为直剪蠕变试验在相同法向应力作用下的最大剪应力的参考值，然后将最大剪应力按等差级数分成 4～5 级，逐级施加给试件。

③ 由于岩石结构的复杂性，一组试样中每个试件在相同的荷载作用下，其破坏强度都有差异。因此，在施加每级剪应力的过程中，要随时观察剪应变的变化情况，如果施加第一级剪应力就产生了较大的剪应变，则应调整以后各级剪应力级数，减小每级剪应力的量值。

3）试验过程中要注意以下问题：

① 在试验过程中当遇到故障、异常等情况时，应立即按下直剪仪右侧的红色急停按钮。

② 试验开始时，用手拨动位移计，观察主界面窗口"当前位移"读数是否发生变化，检测位移计是否正常。

③ 卸样与导出数据可以交换进行。

④ 如不能正常导出数据或者数据异常，可找到数据保存文件，直接导出原始数据。

⑤ 如果仪器断电，可在原始数据中查看停止时间，记录断电时间长短，延长试验方案，按照缺失时间段内原本试验方案进行。

⑥ 如果长时间不再进行新的试验，则关闭直剪仪所有红色、蓝色旋转开关，打开

总卸荷开关，待所有数值表上读数接近零时，关闭当前开关，将直剪仪右侧空气开关向下开闸。单击 MCGS 组态工程主界面中所有 "X 组停止"（1~6 组）按钮，关闭软件，关闭计算机。取下仪器插头，断开电源。

4.9　岩石真三轴试验

4.9.1　目的与原理

在实际工程中，工程岩体的受力状态是十分复杂的。在洞室开挖、工作面推进及露天开采工程中，除洞室和边坡表面外，其余各点均处于三向受力状态。此外，随着边坡开挖工作面推进及洞室掘进的进行，各点的受力状态不断改变。通过真三轴试验可方便模拟高地应力条件下地下工程开挖引起的应力路径演化复杂性。因此，进行岩石真三轴试验对于研究岩体强度理论具有重要意义。

真三轴试验是模拟岩体在受到复杂载荷情况下，岩体内任意一个小单元体所承受的应力状态；研究在主应力方向固定的条件下，主应力与应变的关系及强度特性，即岩石的本构关系。试件为立方体，试验时对试件各个互相垂直的主应力面（x、y、z 方向）分别施加最大主应力 σ_1、中间主应力 σ_2 及最小主应力 σ_3（主应力关系是 $\sigma_1 > \sigma_2 > \sigma_3$），测定相应的主应变和体积变化等。

4.9.2　仪器设备

成都理工大学研制的真三轴仪如图 4.9.1 所示。真三轴仪的主要技术指标：最大主应力为 0~110MPa，中间主应力为 0~80MPa，最小主应力为 0~55MPa。加载过程中 σ_1、σ_2 和 σ_3 方向的位移可用位移计测出，位移计最大量程为 100mm。液压控制系统可通过自动控制输出油压值来控制 σ_1、σ_2 和 σ_3 的大小。

图 4.9.1　真三轴仪

4.9.3　制样要求

真三轴试验的试件一般为正立方体或矩形体，具体尺寸应根据试验方案的要求选择。

4.9.4　试验应力路径

真三轴试验是在试件的 3 个互相垂直的面上施加独立的 3 个主应力 σ_1、σ_2、σ_3。为了研究真三轴条件下岩石的力学行为及特征，可根据不同的试验目的设计不同的应力路径。

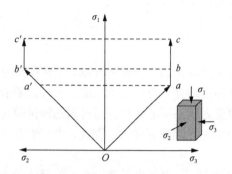

图 4.9.2　真三轴试验加载过程（李文帅等，2019）

例如，李文帅等（2019）开展了真三轴试验，设计的真三轴试验加载过程如图 4.9.2 所示（恒定 σ_3 为 10MPa，σ_2 分别为 20MPa、30MPa、40MPa、50MPa、60MPa）。首先以恒定力加载速率 0.2MPa/s 对试件施加至静水压力状态（$\sigma_1=\sigma_2=\sigma_3$，图 4.9.2 中的 oa 和 oa' 段）；然后保持 σ_3 不变，继续以恒定力加载速率 0.2MPa/s 增加 σ_1、σ_2 至设定值（$\sigma_1=\sigma_2$，图 4.9.2 中的 ab 和 $a'b'$ 段）；保持 σ_2 和 σ_3 不变，以恒定位移加载速率 0.002mm/s 对试件施加轴向应力 σ_1，直至试件发生破坏（图 4.9.2 中的 bc 和 $b'c'$ 段）。

再如，熊海彬（2019）采用真三轴试验模拟岩爆，采用单面临空-三向五面加载方式（图 4.9.3）模拟开挖卸荷后引起应力分异，开挖面应力为零，竖向应力持续增加的应力路径（图 4.9.4）。首先暴露 Y 方向的一个面为临空面，应力接着沿 Z、X 方向对试件的四面同时以 5kN/s 的加载速率加载至 20kN、10kN，此后应力沿 Y 方向对临空面的对立面加载至 3kN，以稳定试件。待预压完成后，以 5kN/s 的加载速率增加试件 Z、X 方向上的压力，其中 X 方向压力增至设定值保持不变，当 Z 方向上压力增加至 300kN 时，开始对 Y 方向上临空对立面压力以 2kN/s 的加载速率加载至 20kN，同时 Z 方向保持加载速率持续加载至试件发生岩爆。

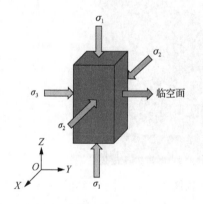

图 4.9.3　真三轴试验试件加载过程（熊海彬，2019）

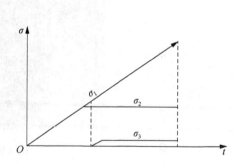

图 4.9.4　真三轴试验应力路径（熊海彬，2019）

4.9.5　成果整理

通过真三轴试验，计算试件 3 个方向上的应力和应变，分析试件变形破坏特征。

例如，李文帅等（2019）所做试验的结果如图 4.9.5 所示，表明真三轴条件下中间主应力对变形特征有较大影响。随着中间主应力的增加，岩样中间主应力加载方向逐渐受到抑制，侧向膨胀主要沿最小主应力加载方向，并在中间主应力达到某一临界值时岩样最小主应力方向膨胀明显加快，中间主应力由对岩石的保护作用逐渐演变为损伤作用。

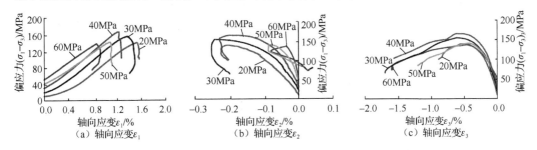

图 4.9.5　真三轴条件下砂岩偏应力与 3 个方向主应变之间的关系曲线（李文帅等，2019）

熊海彬（2019）所做试验的结果如图 4.9.6 和图 4.9.7 所示，表明随着 σ_2 由 13MPa 增大到 30MPa，石英闪长岩试件的峰值应力表现出递增的趋势，且均比常规单轴压缩试验高。在 σ_2=21MPa 条件下，试件随轴（Z）向应力不断增大，在正式加载后约 6min 时，从图 4.9.7（a）图像中可见临空面上的字母 B 区域出现较小粒径碎块弹射现象，且伴有连续脆响声，同时有少量小颗粒掉落；约 0.8s 后，在 4.9.7（b）图像中试件中部，即 BEHKN 区域有裂纹出现，小颗粒碎块剥落，同时伴有持续破裂声；约 0.3s 后，在图 4.9.7（c）图像中伴随脆响声，有较大粒径碎块弹射而出，小颗粒碎块弹射明显增多，BEHKN 区域裂纹发展逐渐清晰；而后破裂声持续，随着一声巨响，在图 4.9.7（d）图像中可见临空面裂纹贯穿，形成包含 ADGJMP 区域的大板块抛掷而出，BCEFI 区域板块下倾，同时不同粒径的碎块弹射而出，并伴有大量粉尘。整个过程试件弹射现象明显，动力破坏显著。

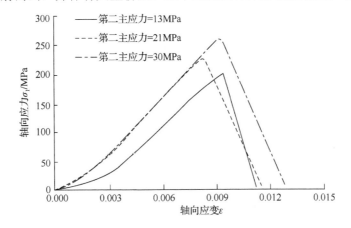

图 4.9.6　真三轴试验应力-应变关系曲线（熊海彬，2019）

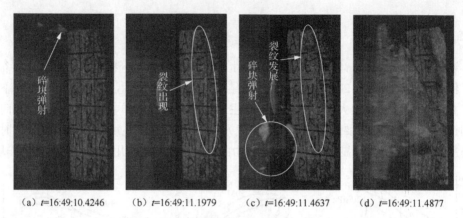

（a）t=16:49:10.4246　　（b）t=16:49:11.1979　　（c）t=16:49:11.4637　　（d）t=16:49:11.4877

图 4.9.7　σ₂=21MPa 的真三轴试验试件岩爆破坏过程（熊海彬，2019）

4.10　岩石声发射测试

4.10.1　目的与原理

声发射（acoustic emission，AE）是一种无损检测方法，可以检测材料在外力作用下，形成裂纹、断裂、分层等形式的损伤时所产生的人耳无法听见的声信号。

声发射现象是材料部分区域受力后快速释放弹性能的结果。当材料整体受力并产生一个整体性的变化时，其内部并不会产生波现象；而当材料局部受力时，其内部材料各部分之间的变形破坏有速度差异，因此会出现波现象，材料的声发射活动正是由于上述原因才得以形成。作为一种应用较广泛的无损检测方法，声发射技术基本原理如图 4.10.1 所示，从材料声发射源，即材料内部的破坏点发射出来的瞬时弹性波经材料内部传播后，最后会传播到材料的表面，这种波会使声发射传感器表面产生微小的位移波动，这种位移波动通过声发射传感器转换成电信号，再经过一系列的信号放大、处理及记录，最终可获得声发射数据，以分析材料内部的破坏情况。通常需要分析的信息包括：确定声发射源的部位、分析声发射源的性质、确定声发射发生的时间或载荷、评定声发射源的严重性。

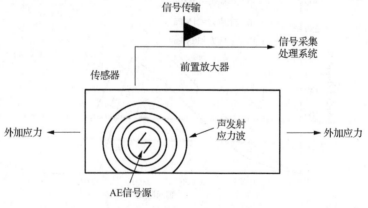

图 4.10.1　声发射技术基本原理

4.10.2　仪器设备

1）声发射设备（Micro-Ⅱ Digital AE System）和探头装置（图4.10.2）。

2）辅助材料，如耦合剂凡士林乳膏等。

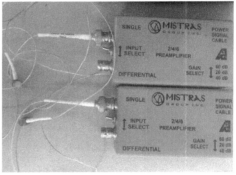

图4.10.2　声发射设备及探头装置

4.10.3　制样要求

按照试验具体要求制作试验样品。

4.10.4　操作步骤

1）设置声发射系统参数。单击打开声发射测试系统的"采集设置"，按照试验要求设置门槛值等（图4.10.3）。

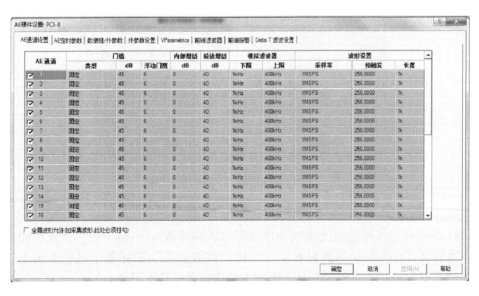

图4.10.3　设置系统参数

2）将声发射设备探头用凡士林紧贴在试件的一个侧面上，并用胶带固定，使声发射设备探头与试件侧面达到最佳耦合（图4.10.4），以保证声发射信号的测试精度。

图 4.10.4　声发射设备探头贴样

3）将贴有声发射设备探头的试件放在试验机上准备试验，选择"采集/重放"→"采集"命令（图4.10.5），在弹出的对话框中为试验命名，如 CS。

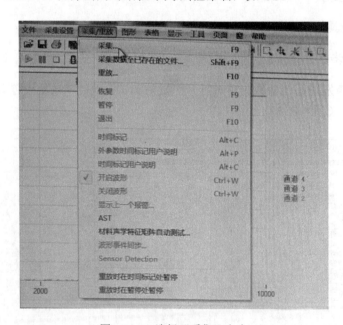

图 4.10.5　选择"采集"命令

4）进行试验（试验机上测试与声发射试验同步进行）。试验中，声发射测试系统的声发射设备探头将检测到岩石从产生微小破裂到完全破坏整个过程中出现的声发射信号（图4.10.6），并经前置放大器放大后由计算机自动记录。

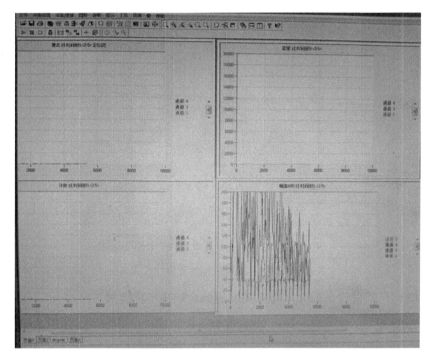

图 4.10.6　记录声发射信号

5）结束试验。试件破坏后，结束声发射信号采集（试验机上测试与声发射试验同时结束），操作方法为选择"采集/重放"→"退出"命令（图 4.10.7）。

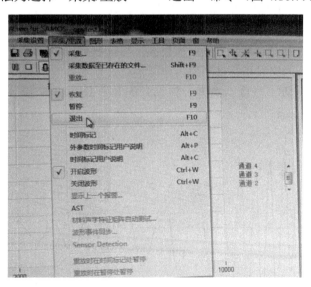

图 4.10.7　选择"退出"命令

6）输出试验数据。选择"工具"→"ASCII 输出"命令（图 4.10.8），输出试验数据。

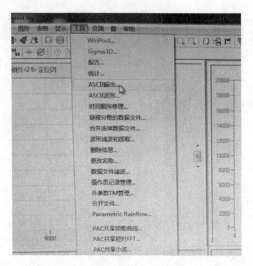

图 4.10.8　选择"ASCII 输出"命令

7）清理声发射设备探头，将探头上的耦合剂凡士林擦拭干净。

4.10.5　成果整理

1. 声发射信号整理方法（沈功田等，2004）

声发射信号整理方法可分为两种。一种以多个简化的波形特征参数来表示声发射信号的特征，然后对这些波形特征参数进行分析和处理；另一种为存储和记录声发射信号的波形，对波形进行频谱分析。简化波形特征参数分析方法是自 20 世纪 50 年代以来广泛使用的经典的声发射信号分析方法，在声发射检测中得到了广泛应用，且绝大多数声发射检测标准对声发射源的判据采用简化波形特征参数。

图 4.10.9 所示为突发型标准声发射信号简化波形参数的定义。由这一模型可以得到如下参数：振铃计数、能量、幅度、持续时间和上升时间等。

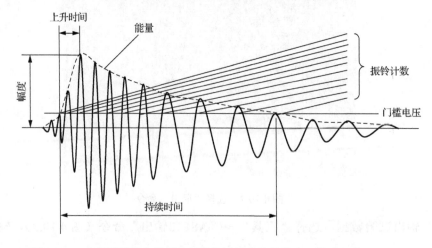

图 4.10.9　突发型标准声发射信号简化波形参数的定义（沈功田等，2004）

对于实际的声发射信号，由于试件或被检构件的几何效应，声发射信号波形为图 4.10.10 所示的一系列波形包络信号。因此，对每一个声发射通道，通过引入声发射信号撞击定义时间（hit definition time，HDT）来将一连串的波形包划分为不同的撞击信号。对于图 4.10.10 的波形，当仪器设定的 HDT 大于两个波形包过门槛的时间间隔 T 时，这两个波形包被划归为一个声发射撞击信号；但若仪器设定的 HDT 小于两个波形包过门槛的时间间隔 T 时，则这两个波形包被划归为两个声发射撞击信号。

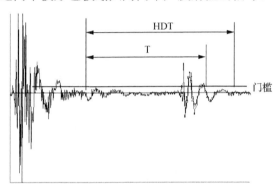

图 4.10.10　声发射撞击信号的定义（沈功田等，2004）

常用声发射信号特征参数的含义、特点与用途如表 4.10.1 所示。这些参数的累加可以被定义为时间或试验参数（如压力、温度等）的函数，如总事件计数、总振铃计数和总能量计数等；这些参数也可以被定义为随时间或试验参数变化的函数，如声发射事件计数率、声发射振铃计数率和声发射信号能量率等；这些参数之间也可以任意两个组合进行关联分析，如声发射事件-幅度分布、声发射事件能量-持续时间关联图等。

表 4.10.1　常用声发射信号特征参数的含义、特点与用途（沈功田等，2004）

参数	含义	特点与用途
撞击（Hit）和撞击计数	超过门槛并使某一通道获取数据的任何信号称为一个撞击。所测得的撞击个数可分为总计数、计数率	反映声发射活动的总量和频度，常用于声发射活动性评价
事件计数	产生声发射的一次材料局部变化称为一个声发射事件，可分为总计数、计数率。一个阵列中，一个或几个撞击对应一个事件	反映声发射事件的总量和频度，用于波源的活动性和定位集中度评价
计数	越过门槛信号的振荡次数，可分为总计数和计数率	信号处理简便，适用于两类信号，且能粗略反映信号的强度和频度，因而广泛用于声发射活动性评价，但受门槛的影响
幅度	信号波形的最大振幅值，通常用 dB 表示（传感器输出 $1\mu V$ 为 0dB）	与事件大小有直接的关系，不受门槛的影响，直接决定事件的可测性，常用于波源的类型鉴别、强度及衰减的测量
能量计数（MARSE）	信号检波包络线下的面积，可分为总计数和计数率	反映事件的相对能量和强度。对门槛、工作频率和传播特性不甚敏感，可取代振铃计数，也用于波源的类型鉴别

续表

参数	含义	特点与用途
持续时间	信号第一次越过门槛至最终降至门槛所经历的时间间隔，以μs表示	与振铃计数十分相似，但常用于特殊波源类型和噪声的鉴别
上升时间	信号第一次越过门槛至最大振幅所经历的时间间隔，以μs表示	因受传播的影响而其物理意义变得不明确，有时用于机电噪声鉴别
有效值电压（RMS）	采样时间内信号的均方根值，以V表示	与声发射的大小有关，测量简便，不受门槛的影响，适用于连续型信号，主要用于连续型声发射活动性评价
平均信号电平（ASL）	采样时间内信号电平的均值，以Db表示	提供的信息和用途与RMS相似，对幅度动态范围要求高而时间分辨率要求不高的连续型信号尤为有用，也用于背景噪声水平的测量
到达时间	一个声发射波到达传感器的时间，以μs表示	决定了波源的位置、传感器间距和传播速度，用于波源的位置计算
外变量	试验过程外加变量，包括时间、载荷、位移、温度及疲劳周次等	不属于信号参数，但属于波击信号参数的数据集，用于声发射活动性分析

由于早期的声发射仪器只能得到计数、能量或者幅度等很少的参数，因此早期对声发射信号的分析和评价通常采用单参数分析方法。最常用的单参数分析方法为计数分析法、能量分析法和幅度分析法。

（1）计数分析法

计数分析法是处理声发射脉冲信号的一种常用方法。目前应用的计数分析法有声发射事件计数率与振铃计数率及它们的总计数，另外还有一种对振幅加权的计数方法，称为加权振铃计数分析法。声发射事件是由材料内局域变化产生的单个突发型信号，声发射计数（振铃计数）是声发射信号超过某一设定门槛的次数，信号单位时间超过门槛的次数为计数率，声发射计数率依赖于传感器的响应频率、换能器的阻尼特性、结构的阻尼特性和门槛的水平。对于一个声发射事件，由换能器探测到的声发射计数为

$$N = \frac{f_0}{\beta} \ln \frac{V_\mathrm{p}}{V_\mathrm{t}} \tag{4.10.1}$$

式中，f_0——换能器的响应中心频率，Hz；

β——波的衰减系数；

V_p——峰值电压，V；

V_t——阈值电压，V。

计数分析法的缺点是易受样品几何形状、传感器的特性及连接方式、门槛电压、放大器和滤波器工作状况等因素的影响。

（2）能量分析法

由于计数分析法测量声发射信号存在上述缺点，尤其对连续型声发射信号缺点更明显，因此通常采用测量声发射信号的能量来对连续型声发射信号进行分析。声发射信号的能量测量是定量测量声发射信号的主要方法之一。声发射信号的能量正比于声发射波形的面积，通常用均方根电压（V_rms）或均方电压（V_ms）来进行声发射信号的能量测量。

但目前声发射设备多用数字化电路，因而也可直接测量声发射信号波形的面积。对于突发型声发射信号，可以测量每个事件的能量。

一个信号 $V(t)$ 的均方电压和均方根电压定义如下：

$$V_{ms} = \frac{1}{\Delta T}\int_0^{\Delta T} V^2(t)\mathrm{d}t \tag{4.10.2}$$

$$V_{rms} = \sqrt{V_{ms}} \tag{4.10.3}$$

式中，ΔT——平均时间；

$V(t)$——随时间变化的信号电压。

根据电子学中的理论，可以得到 V_{ms} 随时间的变化就是声发射信号的能量变化率，声发射信号从 t_1 到 t_2 时间内的总能量 E 可由下式表示：

$$E = \int_{t_1}^{t_2} V_{ms}\mathrm{d}t \tag{4.10.4}$$

声发射信号能量的测量可以直接与材料的重要物理参数（如发射事件的机械能、应变速率或形变机制等）联系起来，而不需要建立声发射信号的模型。能量测量同样解决了小幅度连续型声发射信号的测量问题。另外，测量信号的均方根电压或均方电压也有很多优点。首先，V_{rms} 和 V_{ms} 对电子系统增益和换能器耦合情况的微小变化不太敏感，且不依赖于任何阈值电压；其次，V_{rms} 和 V_{ms} 与连续型声发射信号的能量有直接关系，但对计数技术来说，根本不存在这样的简单关系；最后，V_{rms} 与 V_{ms} 很容易对不同应变速率或不同样品的体积进行修正。

（3）幅度分析法

幅度分析法是一种可以更多地反映声发射源信息的处理方法，信号幅度与材料中产生声发射源的强度有直接关系，幅度分布与材料的形变机制有关。声发射信号幅度的测量同样受传感器的响应频率、换能器的阻尼特性、结构的阻尼特性和门槛水平等因素的影响。通过应用对数放大器，可对声发射大信号和声发射小信号进行精确的峰值幅度测量。

声发射信号的幅度、事件和计数有如下经验公式：

$$N = \frac{Pft}{b} \tag{4.10.5}$$

式中，N——声发射信号累加振铃计数；

P——声发射信号事件总计数；

f——换能器的响应频率，Hz；

t——声发射事件的下降时间，s；

b——幅度分布的斜率参数。

在上述参数分析的基础上，后期提出了综合分析方法，如经历图分析方法、分布分析方法、关联分析方法等。

2. 声发射时差定位方法（沈功田等，2004）

当用两个或多个传感器进行声发射检测时，各传感器接收到来自声发射源的时间是不一样的，所以可以通过时差确定声发射源的位置。常用的声发射时差定位方法有线定位、平面定位和三维立体定位。

（1）线定位

当被检测物体的长度与半径之比非常大时，易采用线定位进行声发射检测，如管道、棒材、钢梁等。时差线定位至少需要两个声发射探头，其定位原理如图 4.10.11（a）所示。如在 1 号和 2 号探头之间有 1 个声发射源产生了 1 个声发射信号，到达 1 号探头的时间为 T_1，到达 2 号探头的时间为 T_2，则该信号到达两个探头之间的时差为 $\Delta t = T_2 - T_1$。如以 D 表示两个探头之间的距离，以 V 表示声波在试件中的传播速度，则声发射源距 1 号探头的距离 d 可由下式得出：

$$d = \frac{1}{2}(D - \Delta t V) \qquad (4.10.6)$$

由式（4.10.6）可以得出，当 $\Delta t = 0$ 时，声发射源位于两个探头的正中间；当 $\Delta t = D/V$ 时，声发射源被定位在 1 号探头处；当 $\Delta t = -D/V$ 时，声发射源被定位在 2 号探头处。

图 4.10.11（b）所示为声发射源在探头阵列外部的情况，此时，无论声发射源距 1 号探头有多远，时差均为 $\Delta t = T_2 - T_1 = D/V$，声发射源被定位在 1 号探头处。

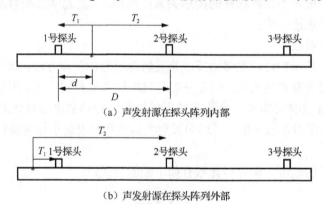

（a）声发射源在探头阵列内部

（b）声发射源在探头阵列外部

图 4.10.11　声发射时差线定位原理（沈功田等，2004）

（2）平面定位

二维定位至少需要 3 个传感器和 2 组时差，但为得到单一解一般需要 4 个传感器 3 组时差。传感器阵列可以任意选择，但为运算简便，常采用简单阵列形式，如方形、菱形等。

4 个探头阵列的平面定位计算方法：采用由图 4.10.12 所示的 4 个探头构成的菱形阵列进行平面定位，得到一个真实的声发射源。

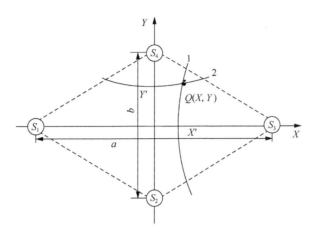

图 4.10.12 4 个探头阵列的声发射源平面定位（沈功田等，2004）

若由探头 S_1 和 S_3 间的时差Δt_X所得双曲线为 1，由探头 S_2 和 S_4 间的时差Δt_Y所得双曲线为 2，声发射源为 Q，探头 S_1 和 S_3 间距为 a，S_2 和 S_4 的间距为 b，波速为 V，那么声发射源就位于两条双曲线的交点 Q（X，Y）上，其坐标可表示为

$$X = \frac{L_X}{2a}\left[L_X + 2\sqrt{\left(X - \frac{a}{2} \right)^2 + Y^2} \right] \tag{4.10.7}$$

$$Y = \frac{L_Y}{2a}\left[L_Y + 2\sqrt{\left(Y - \frac{b}{2} \right)^2 + X^2} \right] \tag{4.10.8}$$

$$L_X = \Delta t_X V , \quad L_Y = \Delta t_Y V \tag{4.10.9}$$

（3）三维立体定位

三维立体定位至少需要 4 个传感器。建立一个三维坐标系，以 4 个传感器中的 T_2 为基准，测量其他 3 个传感器与基准信号的时间差（图 4.10.13）。假设声发射源在该三维空间的传播速度已知，为恒定值。根据空间的几何关系，列方程得出声发射源到各个传感器的距离差，进而计算出声发射源的相对空间坐标。

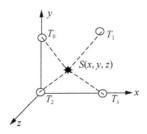

图 4.10.13 三维坐标系中传感器和声发射源的位置（沈功田等，2004）

图 4.10.13 中，$T_0 \sim T_3$ 为 4 个接收传感器，位于同一平面之内（z 轴坐标均为 0），S 为声源位置。设 T_2 位于坐标原点（0，0，0），T_0 为（X_0，Y_0，Z_0），T_1 为（X_1，Y_1，Z_1），

T_3 为 (X_3，Y_3，Z_3)，S 为 (X，Y，Z)。通过数学求解得到声源 S 的空间坐标，可得两个解，两个解在 z 方向坐标为相反数，可以根据实际情况取得其中一个正确解。由于会出现一个错误解，因此该方法一般要布置 7～8 个传感器。

图 4.10.14（a）所示的 4 传感器布置可以使得试验设备简化，同时可以更加容易获得定位信息，因此传感器数目少，定位解唯一；而图 4.10.14（b）所示的 8 传感器布置可以获得更多的实体内部信息，因此更精确。另外，还可以灵活地设置可以自由移动的探头，通过移动的探头来获得不同的初始值，最后逐步实现精确的定位。

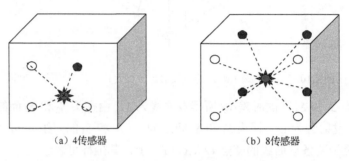

（a）4传感器　　　　　　　　　　（b）8传感器

图 4.10.14　传感器布置（沈功田等，2004）

4.10.6　规律总结

（1）振铃计数、能量和应力与时间的关系

振铃计数和能量能很好地反映岩石声发射的活动性（活跃程度）和活动总量，与岩石内部裂纹的发育、扩展、汇合和贯通具有很好的对应关系，可用来表征岩石内部损伤的发展程度和破裂特点。典型砂岩单轴压缩试验的声发射振铃计数、能量和应力与时间的关系如图 4.10.15 所示。

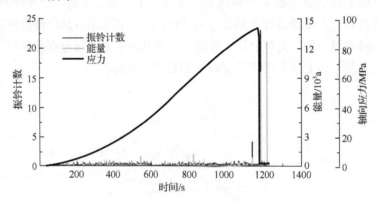

图 4.10.15　声发射振铃计数、能量和应力与时间的关系

声发射振铃计数和能量随时间的变化规律与砂岩的应力随时间的变化规律有很好的相关性，同时声发射振铃计数和能量的变化情况基本相同。振铃计数峰值和能量峰值随着轴向应力的增加而增加，岩样应力峰前段声发射的活跃程度减弱，峰后段声发射的

活跃程度增强。振铃计数峰值和能量峰值也出现在应力峰值点附近，但会有一些滞后现象，这主要是因为从微破裂发生到被声发射设备采集会有一定的过程和时差，从而使得声发射的参数峰值滞后于应力曲线的峰值。

声发射振铃计数和能量可以反映出岩石材料内部的裂纹演化过程，其反映的是某一时刻岩石内部的破坏情况；而累计振铃计数和累计能量反映的则是岩样整体损伤情况的累积变化过程，从声发射累计振铃计数和能量的变化中可以看出岩石整个破坏过程中的整体性规律，能更加明显地反映出材料阶段性损伤的变化特征。典型累计振铃计数、累积能量、轴向应力与时间的关系如图 4.10.16 所示。

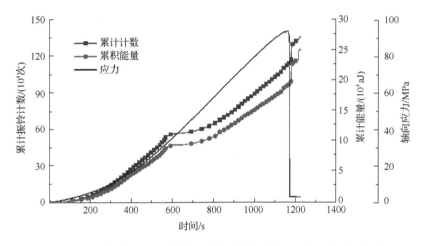

图 4.10.16　典型累计振铃计数、累积能量、轴向应力与时间的关系

（2）高温常规三轴压缩试验砂岩声发射特征

高温常规三轴压缩试验砂岩声发射振铃计数和应力与时间的关系如图 4.10.17 所示。声发射振铃计数随时间的变化过程经历了压密阶段、弹性阶段、微裂纹扩展及加速扩展阶段和破坏后阶段，整个破坏过程有以下特征：

1）压密阶段：在加载初期，岩样因受力后内部的初始微裂隙逐渐闭合，矿物颗粒之间相互咬合，产生了少量的声发射事件。

2）弹性阶段：岩石应力-时间曲线近似呈直线关系，岩石发生弹性变形。该阶段砂岩内部尚无微裂纹和裂隙产生，声发射活动相对平静，产生的声发射事件相对较少。该阶段温度对声发射活动的影响很小。

3）微裂纹扩展及加速扩展阶段：岩石应力-时间曲线偏离直线。该阶段声发射活动增强，表明砂岩内部有微裂纹产生。随着轴向力的增大，微裂纹逐渐扩展至裂纹聚合、贯通，从而导致岩石内部形成宏观破坏面，岩样发生破坏，声发射活动急剧增强。该阶段温度对声发射活动影响较大。

4）破坏后阶段：在砂岩宏观破坏后不久，振铃计数达到最大值，随着应力跌落，声发射活动减弱，振铃计数水平急剧降低，最终趋于平缓。

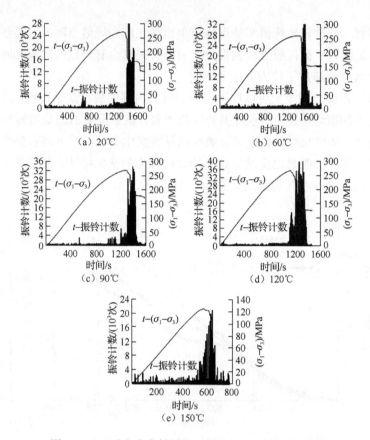

图 4.10.17　砂岩声发射振铃计数和应力与时间的关系

声发射活动较为活跃的阶段为微裂纹扩展及加速扩展阶段到岩石破坏后阶段，主要表现为声发射事件集中和振铃计数达到最大。

温度对砂岩声发射活动的影响较为明显，在 20～120℃ 范围内，随着温度的升高，声发射振铃计数水平整体呈现增大的趋势，且砂岩破坏后，应力跌落，声发射活动急剧减弱，振铃计数急剧减小，最终趋于平缓，岩石表现出明显的脆性破坏特征；150℃时，声发射活动相对活跃，但振铃计数水平整体较小，砂岩破坏后声发射活动随应力跌落而缓慢减弱，振铃计数逐渐减小，岩石表现出一定的塑性破坏特征。

参 考 文 献

黄润秋，黄达，2008. 卸荷条件下花岗岩力学特性试验研究[J]. 岩石力学与工程学报，27（11）：2205-2213.

黄润秋，徐德敏，付小敏，等，2008. 岩石高压渗透试验装置的研制与开发[J]. 岩石力学与工程学报，27（10）：1981-1992.

黄兴建，2017. 循环荷载作用下灰岩的力学特性及本构模型研究[D]. 成都：成都理工大学.

李文帅，王连国，陆银龙，等，2019. 真三轴条件下砂岩强度、变形及破坏特征试验研究[J]. 采矿与安全工程学报，36（1）：191-197.

任浩楠，徐进，聂明，等，2011. 三轴循环荷载下大理岩阻尼参数的试验研究[J]. 长江科学院院报，28（11）：72-76.

沈功田，刘时风，戴光，2004. 声发射检测（试行版）[EB/OL].（2017-04-17）[2020-04-12].http://www.soundwel.cn/news/304.html.

王延宁, 2014. 裂隙岩体变形局部化及能量演化规律模拟试验研究[D]. 成都: 成都理工大学.

吴明静, 2018. 高温状态下岩石的动态力学特性试验与研究[D]. 淮南: 安徽理工大学.

熊海彬, 2019. 岩爆动能特征研究[D]. 成都: 成都理工大学.

徐德敏, 2008. 高渗压下岩石（体）渗透及力学特性试验研究[D]. 成都: 成都理工大学.

张守良, 沈琛, 邓金根, 2000. 岩石变形及破坏过程中渗透率变化规律的实验研究[J]. 岩石力学与工程学报, 19（增刊）: 885-888.

赵国彦, 戴兵, 董陇军, 等, 2015. 不同应力路径下岩石三轴卸荷力学特性与强度准则研究[J]. 岩土力学, 36（11）: 3121-3127.

赵国彦, 杨晨, 郭阳, 等, 2015. 不同应力路径下花岗岩变形参数劣化试验研究[J]. 世界科技研究与发展, 37（4）: 355-358.

赵静, 2014. 高温及三维应力下油页岩细观特征及力学特性试验研究[D]. 太原: 太原理工大学.

MENG L B, LI T B, XU J, et al., 2012. Deformation and failure mechanism of phyllite under the effects of THM coupling and unloading [J]. Journal of Mountain Chemistry and Ecolo, 9: 788-797.

第 5 章　岩石力学试验新技术和新方法

岩石材料具有较为明显的非线性、非均一性、空间各向异性与不连续性等特点，是在十分复杂的物理化学作用下由多种矿物成分组合而成的，其中各种矿物成分颗粒的晶格排列、力学性质及其相互间的连接方式都存在着差异，这些都决定了岩石复杂的力学特性。随着科学技术的发展，许多新技术和新方法都被应用于岩石力学试验，不断推动岩石力学试验测试技术与仪器设备的更新换代。本章主要介绍 DIC 数字散斑应变测试技术、岩石细观力学 CT 扫描技术、岩石 SEM 电镜扫描测试技术、岩石力学 PFC 数值模拟仿真技术、岩石三轴虚拟仿真试验、岩石直剪虚拟仿真试验与其他新技术和新方法（红外热成像技术、刻划测试等）。

5.1　DIC 数字散斑应变测量技术

5.1.1　目的与原理

数字图像相关方法（digital image correlation，DIC）又称为数字散斑相关方法（digital speckle correlation method，DSCM）或数字散斑照相（digital speckle photography，DSP），它是在应用图像采集系统采集样本图像时，被测物体变形前后的散斑图由 CCD 摄像机拍摄得到，这些散斑图实际是以灰度值的矩阵形式存储在计算机中，且每个像素点都是一个具有灰度值的数据点（张睿诚，2017；苏勇等，2018）。通过比较被测物体表面在不同变形时刻的数字图像来计算图像上每个像素点的变形，可以获得全场或三维应变信息。

对被测物体表面上任意一像素点变形的测量可以通过研究以该点为中心的子区的移动和变形来完成（刘欢，2015；刘非男，2016）。为了方便描述，用 $f(x, y)$ 表示变形前的图像（参考图像），$g(x', y')$ 表示变形后的图像（目标图像）。其基本原理如图 5.1.1 所示。首先在参考图像中以待测点 (x_0, y_0) 为中心，将其作为参考图像某一子区，然后通过相关搜索算法在变形后的目标图像中搜索到与参考图像子区相关性最大的以 (x'_0, y'_0) 为中心的目标图像子区，则待测点 (x_0, y_0) 的位移值为 $u = x'_0 - x_0$，$v = y'_0 - y_0$。计算出的位移值是以图像的像素为单位的，经过标定换算便可得到待测点的实际位移。

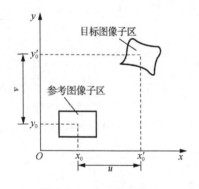

图 5.1.1　DIC 基本原理

5.1.2　仪器设备

数字图像采集系统（道姆光学科技，2012）如图 5.1.2 所示，试验所需要的主要仪器设备由硬件系统和软件系统组成。

图 5.1.2　数字图像采集系统

1.　硬件系统

1）三脚架。

2）摄像机。

3）白光灯（若形成激光散斑，则利用激光照明）。

4）计算机。

2.　软件系统

1）图像获取软件：用于采集图像，可以设置不同的采集频率，但不能超过采集系统的最大采集频率。

2）图像相关软件：用于计算全场位移和应变值。

5.1.3　制样要求

目前，随机散斑图的获取方法主要有 3 种：

1）利用激光照射试件表面，可以得到激光散斑。

2）人工在被测试件表面喷涂黑、白亚光漆（图 5.1.3），可以得到喷漆散斑。

3）部分被测试件表面自然形成的纹理也可作为随机散斑图。

　（a）原试件　　　　　　　　（b）喷涂白亚光漆　　　　　　（c）喷涂黑亚光漆

图 5.1.3　制作散斑试件

5.1.4　操作步骤

1. 岩样准备

清洁制好的岩样表面，然后进行散斑。将散斑后的岩样放在试验机上（图 5.1.4），使岩样与试验机进行接触。

图 5.1.4　安装试件

2. 设备调节

本步骤包括白光灯、采集系统、摄像机的安装（图 5.1.5），确定合理的试件与摄像机的工作距离，调整三脚架上的水平仪，保证摄像机平行于地面。

图 5.1.5　安装白光灯、采集系统、摄像机等

3. 调焦

打开白光灯，将白光灯调至最大的散光状态（可以根据图像的明暗进行调整），运行计算机上的软件，先将摄像机的光圈调至最大，根据计算机上图像的亮暗程度调节光圈至合适的位置，之后调整摄像机上的焦距，配合调整软件中的曝光时间，直至在软件界面上形成最清晰的且明暗程度适中的图像（图 5.1.6）。

图 5.1.6　调焦

4. 图像采集

在软件界面上设置采集频率，获取参考图像。

5. 开始试验

采集参考图像后，同时进行试验与摄像机的图像采集。采集的岩样图像会自动存储在之前建立的文件夹里。

6. 应变分析

参考存储的图像，分析岩样变形过程中的位移场与应变场。

5.1.5　成果整理

通过和力学试验机配合测试，除了可以计算得到岩石强度、弹性模量及泊松比等基本力学参数以外，还可以分析岩石应力-应变曲线及位移场和应变场的演化规律。

1. 岩石应力-应变曲线

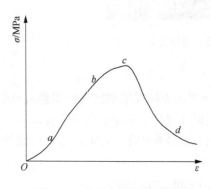

图 5.1.7　岩石应力-应变曲线

通过计算机记录的应力和应变值，绘制岩石应力-应变曲线，如图 5.1.7 所示。

图 5.1.7 中，Oa 段为压密阶段，曲线呈下凹型，岩石内微裂隙在外力作用下发生闭合；ab 段为弹性阶段，曲线呈近直线（近似弹性介质），b 点为屈服点；bc 段为塑性阶段，曲线呈上凸型，岩石产生不可逆的塑性变形，c 为岩石破坏点；cd 段为应变软化阶段，峰值应力后，岩石仍有一定的承载能力，并随着应变增大而减小；d 点以后为摩擦阶段，岩石产生宏观断裂面后，其摩擦具有抵抗外力的能力。

2. 位移场和应变场的演化规律

在研究岩石受力过程中位移场和应变场的演化规律时，应先选择研究的计算区域，如图 5.1.8 所示；然后选择具有代表性的点，将这些点的 DIC 云图用 MATLAB 软件进行绘制，并用 AI 软件细化处理，即可得到相应的位移场和应变场云图。此处选择图 5.1.7 中的 O、a、b 和 c 点，将这些点的 DIC 云图用 MATLAB 和 AI 软件进行相关处理后，得到岩石在受力过程中位移场和应变场演化云图，如图 5.1.9 和图 5.1.10 所示。

图 5.1.8　DIC 计算区域（王小川，2017）

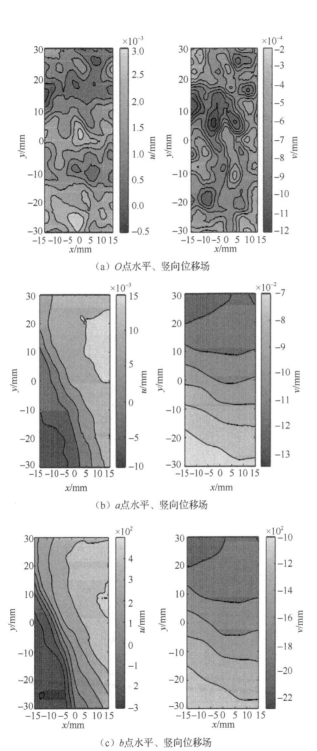

（a）O点水平、竖向位移场

（b）a点水平、竖向位移场

（c）b点水平、竖向位移场

图 5.1.9　岩石位移场云图（王小川，2017）

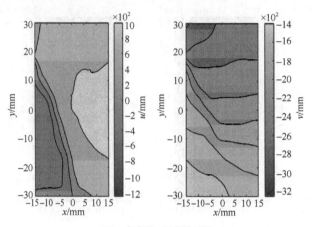

（d）c点水平、竖向位移场

图 5.1.9（续）

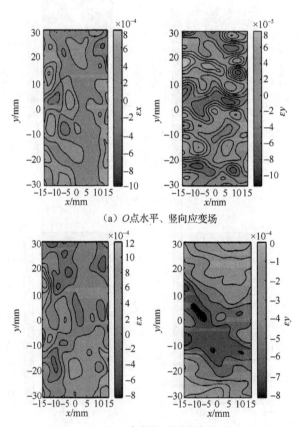

（a）O点水平、竖向应变场

（b）a点水平、竖向应变场

图 5.1.10　岩石应变场云图（王小川，2017）

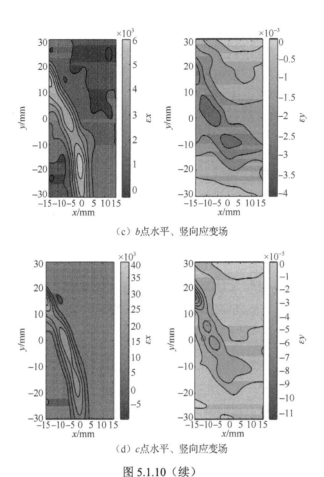

（c）b点水平、竖向应变场

（d）c点水平、竖向应变场

图 5.1.10（续）

5.1.6　注意问题

　　试验过程中对岩样进行散斑时，散斑质量对测试精度很重要。散斑尺寸的选取要合适，既不能太大，也不能太小。一般而言，散斑大小的范围很宽泛，为了在后续分析过程中具有较大的灵活性，一般选择最优的散斑尺寸。如果散斑太大，某一子区可能会完全落在一个全黑或是全白的区域，在分析追踪子区时很难找到较好的匹配。这可以通过增加子区大小来进行补偿，但会降低空间分辨率。相反，如果散斑太小，摄像机分辨率会不够，因此不能精确呈现试件形貌，造成"模糊"。一般来说，散斑应该至少是 2 个像素。

5.2　岩石细观力学 CT 扫描技术

5.2.1　目的与原理

　　计算机断层成像技术（computerized tomography，CT）是一门新兴的研究岩石力学的试验技术，其在岩石无损探测及实时探测岩石在不同受载条件下内部裂纹的变化状况方面有着不可比拟的优点（刘京红等，2008）。我国于 20 世纪 90 年代就有学者开始从事此方面的研究工作（杨更社等，1996），但由于试验设备价格昂贵，限制了该技术在岩石力学上的发展。针对不同材料对同一波长的 X 射线的吸收能力不同，射线穿透被检测物体时，它的光强符合赫尔曼方程：

$$I = I_0 \mathrm{e}^{-\mu_\mathrm{m} \rho x} \tag{5.2.1}$$

式中，I_0——X 射线的初始光强，cd；

I——X 射线穿透物体后的光强，cd；

μ_m——被检测物体单位质量的吸收系数，$\mathrm{cm^2/g}$；

ρ——物体密度，$\mathrm{g/cm^3}$；

x——入射 X 射线的波长，cm。

在一般情况下，μ_m 只与入射 X 射线的波长有关，如果射出的 X 射线是一定的，所具有的波长将是固定的，就能够把单位质量的吸收系数 μ_m 与所扫描的材料密度 ρ 进行合并，这就是材料单位体积吸收系数 μ，其公式如下：

$$\mu = \mu_\mathrm{m} \rho \tag{5.2.2}$$

由于水的密度 $\rho = 1.0 \mathrm{g/cm^3}$，因此其吸收系数 $\mu_\mathrm{w} = \mu_\mathrm{m}$。

在 CT 中，物体对 X 射线的吸收系数 μ 值常被称为 CT 数（H 值），只需对比图像重建后的 CT 数与物体断面各部位固有的 CT 数，即可判断出物体断面各部位的损伤情况。CT 的发明者 Housfield 教授建立了 CT 数与被检测物体对 X 射线的吸收系数 μ 值之间的关系，如下（还定义了空气、纯水和冰的 CT 数，分别为-1000、0 和-100）：

$$\mathrm{CT} = \frac{\mu - \mu_\mathrm{w}}{\mu_\mathrm{w}} \times 1000 \tag{5.2.3}$$

岩石细观力学 CT 扫描试验的目的是观测岩石受力过程中或受力后内部结构的变化，因此需要对岩样同一层位不同应力状态下的多幅图像进行比较，得出细观结构的演化结果。岩石内部一定区域内的微空洞、微裂纹的活动必然引起该区域的岩石密度变化，其客观表现为 CT 图像中灰度值，即 CT 数的变化，这就是利用 CT 技术进行岩石细观裂纹观测的基本原理。

5.2.2　仪器设备

试验使用的主要仪器如下：

1）CT 扫描仪，如图 5.2.1 所示。

2）计算机。

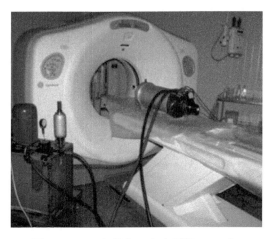

图 5.2.1 CT 扫描仪（方建银等，2015）

5.2.3 制样要求

根据 CT 扫描仪的型号及试验要求，将岩块制成标准试件。

5.2.4 操作步骤

1）将制好的岩样放在压力机上，使岩样与试验机进行接触，若为三轴试验，则继续施加目标围压。

2）设置 CT 扫描仪的扫描层数及层间间隔，进行初次扫描。

3）对岩样施加轴压，扫描时停止加载，并记录扫描时相应的压力值和位移值。扫描结束后继续加载，直至试验结束。

4）保存并分析扫描图像。

5.2.5 成果整理

CT 图像本质上是一幅密度图像，其中暗色区域是高密度区，亮色区域是低密度区。根据研究所知，CT 数同试验扫描材料内部的密度成正比关系，CT 数越大，表示该材料内部密度越高。利用 CT 试验可以分析岩石裂纹演化过程及整体密度的变化过程。

1. 裂纹演化过程

某岩石在抗拉强度试验中的 CT 图像如图 5.2.2 所示。

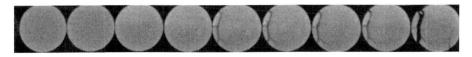

图 5.2.2 某岩石在抗拉强度试验中的 CT 图像（方建银等，2015）

2. 试件整体密度变化分析

在经过重建获得的 CT 扫描放大图像中，每一个位置物体的密度大小都会用一个 CT

数来表示，而岩石材料的密度与其所表现出的强度有一定的相关性，对相同材料的岩石来说，表观密度越大，所具有的强度就越高。因此，在试验中可用 CT 数的大小来代表岩石的强度。试验中将 CT 图像中岩石试件每个位置的 CT 数统计起来以获得该层的平均 CT 数，记作 CT_{avg}，用来表示该层岩石试件的强度。一般认为，CT_{avg} 数较小的扫描层，岩石试件中的孔隙较多。某岩石的 CT_{avg} 数与扫描层数关系如图 5.2.3 所示。

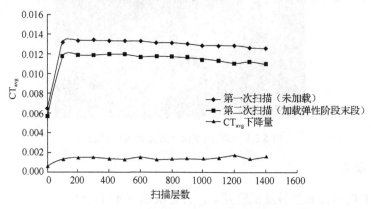

图 5.2.3　不同扫描层 CT_{avg} 变化（李腾宇，2015）

5.2.6　注意问题

1）岩石试件在初始受力阶段看不出 CT 图像有明显的变化，这是一种正常现象，是因为岩石试件在初始受力阶段所受到的力较小，变形较小。

2）CT 数的分布规律与 CT 扫描的图像所反映的现象是一致的，但是 CT 数反映出的信息更为详细，并且它更能揭示引起岩石损伤的本质特性。

5.3　岩石 SEM 电镜扫描测试技术

5.3.1　目的与原理

扫描电子显微镜（scanning electron microscope，SEM）是如今研究岩土细观结构重要的工具之一。SEM 的工作原理是利用二次电子成像，其图像按一定时间、一定空间顺序逐点形成并在镜体外显像管上显示。入射电子与试件相互作用，将激发出二次电子、背散射电子、吸收电子等各种信号。SEM 主要利用二次电子、背散射电子等信号对样品表面的特征进行分析。SEM 可对矿物的表面形貌、结构及成分进行分析，观察矿物的微区变化，可以为分析矿物的成岩环境和历史演化提供证据，可观察裂隙的形态、分布、性质及共生组合。

以离子溅射（溅射作用由辉光放电产生）喷镀为例，其原理是将镀膜材料置于阴极作为靶子，样品置于阳极。由于放电使两极间气体电离，产生阳离子。这些阳离子由正极向负极运动，并受两极间的电场加速，以极大的能量冲击阴极喷镀材料，将喷镀材料的表面原子溅射出来。溅射出来的原子将散落在样品表面。此方法的优点是喷镀均匀，对试验在各种力学条件下的岩石破坏断口，不管其表面多不平坦，都可以得到较为均匀的镀层。

5.3.2　仪器设备

SEM 主要由电子光学系统、信号收集及显示系统、真空系统、计算机控制系统等几部分组成（图 5.3.1）。

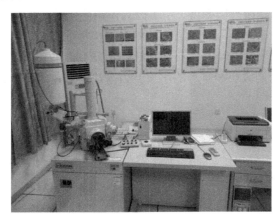

图 5.3.1　SEM

1. 电子光学系统

电子光学系统由电子枪、电磁透镜、扫描线圈及试件室等部件组成。由电子枪发射的高能电子束经两级电磁透镜聚焦后汇聚成一个几纳米大小的束斑，电子束在扫描线圈的作用下发生偏转并在试件表面和屏幕上做同步扫描，激发出试件表面的多种信号。

2. 信号收集及显示系统

电子束与样品室中的样品表面相互作用激发的二次电子、背散射电子首先打到二次电子探测器和背散射电子探测器中的闪烁体上产生光，再经光电倍增管将光信号转换为电信号，进一步经前置放大器成为有足够功率的输出信号，最终在阴极射线管（cathode ray tube，CRT）上放大成像。产生的 X 射线信号由斜插入样品室中的能谱仪（或波谱仪）收集，经锂漂移硅［Si（Li）］探测器、前置放大器和主放大器及脉冲处理器在显示器中展示 X 射线能谱图（或波谱图），用于元素定性和定量分析。

3. 真空系统

SEM 需要高真空度。高真空度能减少电子的能量损失，减少电子光路的污染并提高灯丝的寿命。SEM 的类型（钨灯丝、六硼化镧、场发射 SEM）不同，其所需的真空度不同。

4. 计算机控制系统

SEM 有一套完整的计算机控制系统，方便测试人员对 SEM 进行控制和操作。

5.3.3　制样要求

岩样断块加工成长、宽都约为 10mm，厚度为 3～5mm 的样品，然后把样品下表面磨平整，最后放入离子溅射仪进行真空镀金膜。样品切片的尺寸实际是由岩石细观结构的表征单元体积（representative elementary volume，REV）决定的。当岩石尺寸小于某一值 V^* 时，岩石细观结构参数随岩石体积变化而变化；当岩石尺寸大于某一值 V^* 时，岩石细观结构参数（如微裂隙密度）不再因为体积变化而产生变化，此时 V^* 即为 REV。由于岩石细观结构参数主要取决于岩石的细观结构特征和切片的尺寸，因此切片尺寸要尽量大，使其体积大于 REV，则岩石细观结构参数不再具有尺寸效应。试件的体积和质量应根据样品仓内空间大小和平台的承重能力来决定（付志亮，2011）。

5.3.4　操作步骤

1）把试件用双面黏合导电胶带粘贴在试件座上，试件要粘贴牢固。

2）由于岩石为不导电的物质，因此需要在其表面镀一薄层导电物质金，以便获得良好的测试效果。把试件放到离子溅射仪（图 5.3.2）上，首先进行抽真空，待抽真空完成后进行镀金，此过程大约需要 20min，镀金后的试件如图 5.3.3 所示（蔡国军，2008）。

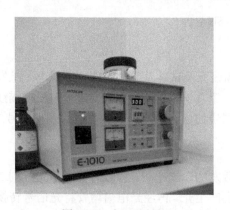

图 5.3.2　离子溅射仪　　　　　　　　　图 5.3.3　镀金后的试件

3）把完成镀金的试件座拧进推杆，并推到样品仓内的样品台上。

4）关紧样品仓门，启动 SEM 的抽真空系统进行抽真空。抽真空的时间与样品仓的体积大小及试件大小有关。

5）当到达规定的真空度时，相应的指示灯会亮，当指示灯亮后，方可加高压。

6）在计算机上进行操作，通过移动探测器找到试件，然后在计算机上选择需要的放大倍数。

7）若 SEM 配有 CCD 相机，可先在 CCD 的画面下移动，寻找要分析的试件及其大致部位；若没有配备 CCD 相机，可在电子束斑的照射下用低倍率镜头来寻找试件，再进行放大、调焦，寻找需要拍摄的部位，再调焦、消像散，最后采集图像。

5.3.5　成果整理

测试成果整理主要是分析微观照片。例如，20～150℃条件下，典型砂岩三轴压缩试验试件破坏后断口显微照片如图 5.3.4 所示。

如图 5.3.4（a）所示，温度为 20℃，岩样断口的微观破坏形貌为沿晶断裂，呈现沿晶断裂花样，岩石内部存在空隙和裂隙，断口表面比较光滑，有少量岩粉或矿物碎片堆积，整体性较好。

如图 5.3.4（b）和（c）所示，温度分别为 60℃、90℃，岩样断口的微观破坏形貌为切晶断裂，呈现菜花状花样。断口表面分布着大量岩粉和矿物碎片。断口边缘比较粗糙。与常温条件相比，裂隙数量相对减少，这是由于受温度影响，砂岩矿物表面及内部空隙结构中的水分和气体挥发出来，为砂岩的受载压密提供了空间，在轴向压力的作用下，砂岩内部微裂纹逐渐闭合，密实程度提高。

如图 5.3.4（d）所示，温度为 120℃，岩样断口的微观破坏形貌为撕裂断口，呈现片状花样。断口表面粗糙不平整，有裂缝出现，矿物晶体的碎片剥落现象较多。

如图 5.3.4（e）所示，温度为 150℃，岩样断口的微观破坏形貌为解理断裂和穿晶断裂，为张剪性复合型断口。断面裂隙较多，断口中上部位为解理断裂，呈现台阶状花样，有少量岩粉或矿物碎片堆积在台阶下；下部为穿晶断裂，呈现菜花状花样，晶体颗粒在拉应力的作用下被拉断，断面不规整。

（a）沿晶断裂，沿晶断裂花样（20℃）

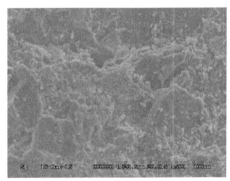

（b）切晶断裂，菜花状花样（60℃）

（c）切晶断裂，菜花状花样（90℃）

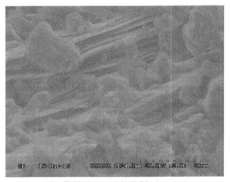

（d）撕裂断口，片状花样（120℃）

图 5.3.4　20～150℃条件下，典型砂岩三轴压缩试验试件破坏后断口显微照片

（e）解理断裂（台阶状花样）、穿晶断裂（菜花状花样）（150℃，×350）

图 5.3.4（续）

　　可见，在温度 20～90℃条件下，岩样断口的微观形式主要为沿晶断裂和切晶断裂，呈现的花样主要有沿晶断裂花样、菜花状花样等，其岩样断口微观破裂形式为剪切破坏；在温度 120～150℃条件下，岩样断口的微观形式主要为撕裂断口、穿晶断裂和解理断裂，呈现的花样主要有台阶状花样、菜花状花样、片状花样等，其岩样断口微观破裂形式为张拉破坏或张剪复合型破坏。以上说明，随着温度的升高，岩石微观破裂形式由剪切破坏向张性破坏过渡。

5.3.6　注意问题

　　制样过程中注意镀金质量，镀金的目的是增加导电性和增强所需信号的发射率。岩石为非导电物质，当电子束轰击样品时，会迅速地产生电荷积累，导致样品放电或引起入射电子束的偏转和二次电子发射的周期性变化等，其结果是在荧光屏上出现不规则亮点、图像歪斜漂移、异常的反差、明暗相间横线等，这些都将大大降低图像的质量，甚至无法进行图像观测。为了增强样品的导电性，必须在样品表面喷镀一层导电物质，注意其均匀程度等。

5.4　岩石力学 PFC 数值模拟仿真技术

　　目前，数值模拟方法在众多领域中应用非常广泛，许多学者也将数值模拟应用在岩石力学中，从而揭示岩石在外力作用下内部裂纹萌生、扩展及贯通过程。岩石由微小颗粒组成，颗粒与颗粒之间存在黏聚力，因此可运用数值模拟仿真软件模拟分析岩石不同力学条件下的变形破坏过程。贾善坡等（2015）、张义平等（2007）提出将数值模拟应用于岩石力学教学中，康石磊等（2015）、陶建明等（2016）运用数值模拟对岩石的抗拉强度或抗压强度进行了模拟测试教学。本节介绍颗粒流（partical flow code，PFC）数值模拟仿真技术，用于岩石力学试验研究和教学。

5.4.1　目的与原理

目前传统的试验教学方法难以让学生对岩石变形破坏过程有全面的认识,如在常规三轴压缩试验教学中,整个试验过程是在封闭且不透明的三轴室中进行的,岩石破坏过程的现象难以观察,学生只能得到岩石试件最终的破坏结果。图 5.4.1 所示为一个典型岩石试件的常规三轴压缩应力-应变全过程曲线,图 5.4.2 所示为该试件破坏后素描图。这种教学方式往往使得学生缺乏对岩石力学试验过程中应力场和位移场变化规律的理解,以及岩石内部裂纹的萌生、扩展、贯通过程的认识,不能让学生体会到岩石破坏过程的复杂性,学生难以深入认识岩石试件破坏机理。

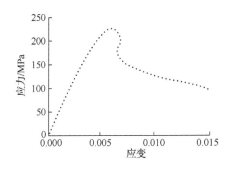
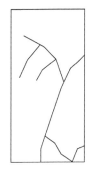

图 5.4.1　典型岩石试件的常规三轴压缩应力-应变全过程曲线　　　图 5.4.2　岩石破坏后素描图

PFC 试图从细观结构角度研究介质的力学特性和行为。PFC 中的介质基本构成为刚性颗粒,颗粒之间可以选择性增加黏结属性。在力学关系上颗粒允许重叠,以模拟颗粒之间的接触力,力学关系遵循牛顿第二定律。颗粒间的接触破坏分为剪切和张开两种形式,通过颗粒间的接触破坏并相互分离,可以实现对介质内部裂纹的产生及扩展过程的模拟,深入揭示介质的破裂机制,适合描述固体材料中细观和宏观裂纹扩展、破坏累计并断裂和微震响应等。岩石由微小颗粒组成,颗粒与颗粒之间存在黏聚力,而 PFC 在模拟颗粒运动方面有其独特的优势,因此 PFC 数值模拟技术可用于岩石力学试验研究和教学。

5.4.2　仪器设备

本试验需要用到 PFC 软件,该软件是利用显式差分算法和离散元理论开发的微/细观力学程序,它从介质的基本颗粒结构角度考虑介质的基本力学特性,认为给定介质在不同应力条件下的基本特性主要取决于颗粒之间接触状态的变化。在运算过程中采用时步运算法,在每个颗粒上重复使用运动方程,并且在每一个接触上不断运用力-位移的方程,且持续刷新墙体的所在位置。运动方程用来计算单个颗粒的运动,而力-位移方程则用来运算颗粒间接触处的接触应力。在每个时间步的开始刷新颗粒之间与颗粒和墙体间的接触,依据颗粒之间的相对过程,利用力-位移方程来刷新颗粒间的接触力;接着，依据施加在颗粒上的力和弯矩，通过运动方程来更新颗粒的速度与位置，同时依照指定的墙体速度刷新墙体的所在位置。计算循环如图 5.4.3 所示。

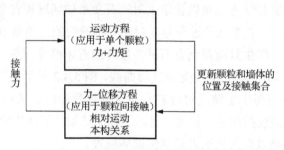

图 5.4.3　计算循环示意图（刘肖阳，2018）

　　PFC 数值模拟所需的硬件设备为一台安装有 PFC 数值模拟软件的计算机，计算机性能越好，则数值模拟计算过程越快。PFC 数值模拟一般对计算机的 CPU 和内存有一定的要求，CPU 可选择 Intel Core i3-4160，内存可选择 8GB，显卡只需要一般的集成显卡。

5.4.3　操作步骤

　　PFC 数值模拟操作步骤如下：
　　1）研究分析对象，明确计算目的和拟解决的关键问题，确定建模方案。
　　2）定义墙体。PFC^{2D} 模型是根据给定的最小粒径大小、粒径比及孔隙率，按照随机分布规律排列的一些颗粒，颗粒通过由 4 片墙体构成的集装箱来约束。模拟共定义 4 道墙体，4 道墙体围成一个长 100mm、宽 50mm 的矩形，在模拟三轴试验的过程中，可以在墙的底部及顶部设加载板实现对岩石的轴向加荷，而左右两侧的墙体则在整个模拟环节为颗粒提供持续恒定的围压。墙体加载如图 5.4.4 所示。
　　3）生成颗粒。在 PFC^{2D} 可以利用 ball create 和 ball generate 命令生成颗粒，生成指定半径颗粒的参数命令是 radius。ball create 命令产生的颗粒会存在重叠现象，且仅可以逐个生成粒子；而 ball generate 命令能够在一定的范围内随机产生很多无重叠的颗粒。因此，岩石试验的建模一般采用 ball generate 命令生成颗粒，其生成的数值模型如图 5.4.5 所示。

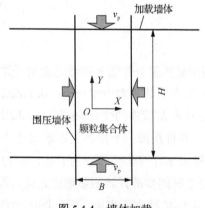

图 5.4.4　墙体加载

图 5.4.5　数值模型

4）循环至初始平衡状态。数值模型在加荷之前，模型内部颗粒与颗粒间的相互作用力应处于平衡状态。因为颗粒是利用半径复原的手段获得的，所以在整个过程中颗粒间挤压、叠加时便出现了不平衡的力，而且整个加载环节都存在不平衡力。

可分两个过程使构建的模型逐渐到达平衡状态：

① 设定较小的摩擦系数，运用 PFC^{2D} 程序内置 cycle n（n 指循环数）命令，使构建的模型逐渐处于一个均衡应力的状态。在这种情况下，模型达到平衡状态时的阻力将会大大减少，而影响计算循环次数也会减少，这就节约了模型达到初步平衡状态的时间。

② 增加摩擦系数到正常状态，同样用 cycle n 命令使模型逐渐达到二次平衡状态。

5）消除悬浮颗粒。在颗粒达到平衡状态过程中，颗粒间会产生很少的类似粉末物质，它们在模型颗粒间悬浮，称为悬浮颗粒。悬浮颗粒的存在可能会导致求解结果失真，悬浮颗粒的消除如图 5.4.6 所示，消除悬浮颗粒得到的最终需要进行计算的模型如图 5.4.7 所示。

6）加载模型。由于在 PFC^{2D} 程序内无法施加力于墙体上，因此模型的加载速度是利用墙体上顶面、底面墙体的加速度或者位移速度结合程序内置的应力控制语句实现的。在模拟三轴压缩试验过程中，必须对模型施加恒定不变的围压，这可以通过在各时步改变墙体速率进而改变墙体上的承受压力的途径来实现。在 PFC^{2D} 程序内有相应的伺服机制，其加载如图 5.4.8 所示。

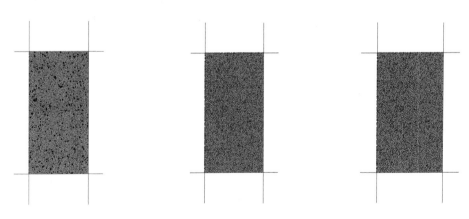

图 5.4.6　悬浮颗粒的消除　　　　图 5.4.7　最终模型　　　　图 5.4.8　数值计算三轴加载

7）记录数据。进行加载数值试验时，当数值模拟试验的应力-应变曲线的应力值达到预设值时终止计算，利用 PFC^{2D} 中的内置 history 等命令结合相应函数编写程序，记录加载全过程中模型应力、应变和能量等相关数据，以备后期分析。

5.4.4　成果整理

通过数值模拟试验记录的岩石加载过程的试验数据，可对比分析模拟试验与室内试验的应力-应变曲线差异，以及岩石加载过程中裂纹的演化过程。

1. 应力-应变曲线

模拟试验与室内试验所得到的应力-应变全过程曲线对比如图 5.4.9 所示，可知模拟试验结果与室内试验结果基本一致。

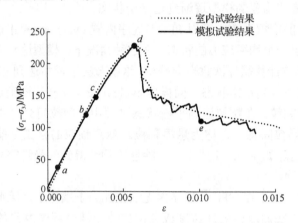

图 5.4.9　模拟试验与室内试验所得到的应力-应变全过程曲线对比

2. 裂纹演化过程

选取图 5.4.9 中点 b、c、d、e 共 4 处岩石试件裂纹发育特征，如图 5.4.10 所示。可见，在压密阶段和弹性变形阶段，岩石在应力作用下不产生新裂纹。随着应力的增加，岩石进入起裂阶段，岩石内部开始产生新裂纹，既有拉裂纹，也有剪切裂纹，如图 5.4.10（a）所示。当达到屈服应力后，岩石进入裂纹扩展阶段，岩石内部裂纹会不断扩展，并以剪切裂纹为主，如图 5.4.10（b）所示。当应力达到峰值应力后，岩石进入应变软化阶段，岩石内部裂纹贯通，拉裂纹和剪切裂纹数量以指数级速率增长（从 c 点到 e 点），并迅速扩展连通，形成贯通性裂纹，峰后仍然扩展，如图 5.4.10（c）和（d）所示。

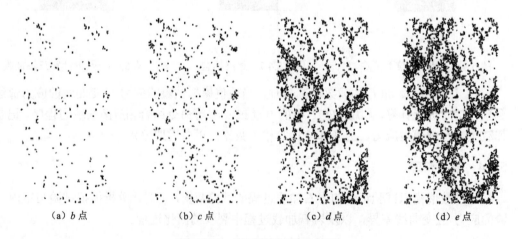

　　（a）b 点　　　　　　（b）c 点　　　　　　（c）d 点　　　　　　（d）e 点

图 5.4.10　岩石微裂纹演化特征

可见，通过 PFC 数值模拟演示岩石破坏过程中任意一点裂纹发展变化情况，可以形象地展示岩石破坏的动态过程。在传统岩石力学试验教学中，学生们看到的岩石最终破坏面，如常规三轴压缩试验中岩石最终破坏面一般是剪切破坏面，从而得出岩石破坏机理是剪切破坏。而实际上，从微观角度上看，岩石在破坏过程中不仅发生剪切破坏，也发生张拉破坏。PFC 数值模拟很好地展现了岩石的这些破裂机理。所以，通过 PFC 数值模拟可使学生对岩石力学破坏机理的认识更全面，而且还可以根据学生自己的创意来设计试验方案，激发学生对岩石力学的兴趣。

5.4.5　注意问题

1）在进行数值模拟试验时应注意模型的构建和加载条件，这一点非常重要。例如，对于岩石的拉伸试验模拟，颗粒间的黏结强度对宏观试件的拉伸强度有控制作用，随着黏结强度的增加，试件的拉伸强度也增加。

2）在颗粒生成过程中，颗粒的数量生成以填满整个墙体单元为宜，且不超出设定的边界。

3）在进行数值试验时，整个系统中存在的不平衡力不可能都为零。若无特殊情况，模型是否处于平衡状态可由两种途径判别。

① 设定的某一组颗粒中最大不平衡力相较于其最大接触应力非常小时，可将该模型看作已满足平衡状态。

② 当颗粒组中的平均不平衡力相较于系统平均接触应力很小时，也可以将该模型看作已满足平衡状态。

5.5　岩石三轴虚拟仿真试验

虚拟仿真技术借助于计算机、通信、多媒体、虚拟现实等现代技术手段，创建、重塑或还原试验实践教学场景，实现对传统试验资源的再现、远程访问和高效共享，可丰富和完善现有教学手段，消除试验实践教学盲点，增强学习体验，提高学习兴趣，提升教学质量。

本节介绍岩石三轴虚拟仿真试验。

5.5.1　目的与原理

采用最新计算机多媒体等技术，将文字、图像、动画等相结合，使岩石在三轴压缩条件下的变形与破坏规律、试验过程等课堂上不易讲授的内容在计算机上显示出来，使之成为岩石力学与工程课程教学的重要辅助手段，以缩短教学时间，提高教学质量。

5.5.2　仪器设备

软件平台为成都理工大学地质与岩土工程国家级虚拟仿真实验教学中心，图 5.5.1 为岩石三轴虚拟仿真试验主界面。

图 5.5.1　岩石三轴虚拟仿真试验主界面

5.5.3　操作步骤

岩石三轴虚拟仿真试验操作步骤如下。

1）取芯后，进入岩石三轴虚拟仿真试验场景，移动鼠标指针到"岩石试件"所在的位置（图 5.5.2）。

2）单击岩石试件，把岩石试件放在刚性圆柱体垫块 1 上（图 5.5.3），单击其他部件，提示先执行岩石试件。再单击刚性圆柱体垫块 1，放在岩石试件上面（图 5.5.3）。单击热缩管，将它套在刚性圆柱体垫块 1、岩石试件、刚性圆柱体垫块 2 外面，防止试件进油。

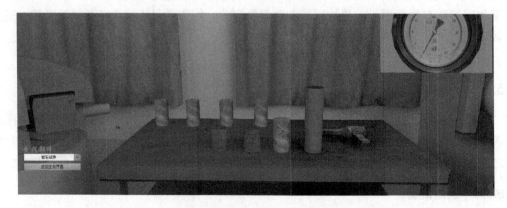

图 5.5.2　三轴虚拟仿真试验 1

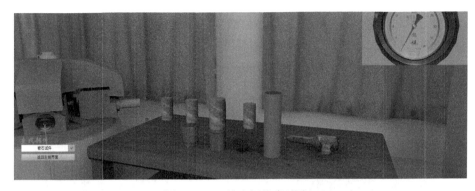

图 5.5.3　三轴虚拟仿真试验 2

3）单击带风焊塑枪，分别加热热缩管的上下两个部位，使热缩管与刚性圆柱体垫块 1、岩石试件及刚性圆柱体垫块 2 紧密接触，使试件在整个试验过程中与围压介质（液压油）完全隔离（图 5.5.4）。单击热缩管，将试件放在压力机底座上。

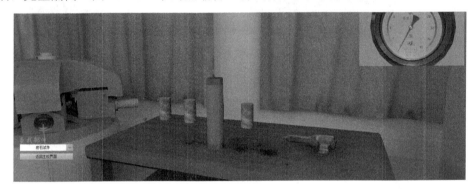

图 5.5.4　三轴虚拟仿真试验 3

4）在"查找部件"下拉列表中选择"计算机控制界面"，选中"Exclusive Control"复选框，进入计算机控制模式（图 5.5.5）。

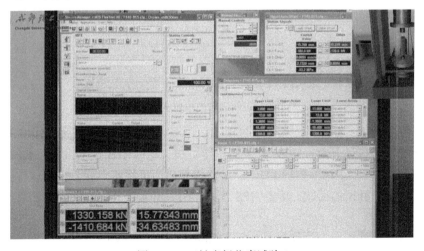

图 5.5.5　三轴虚拟仿真试验 4

5）在计算机控制界面分别单击"HPU-J25"和"HSM-J28A"按钮，分别选择 HPU-J25
和 HSM-J28A 的第三项（图 5.5.6）。

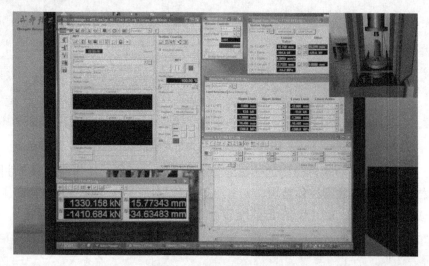

图 5.5.6　三轴虚拟仿真试验 5

6）取消选中"Exclusive Control"复选框，进入手动控制模式（图 5.5.7）。

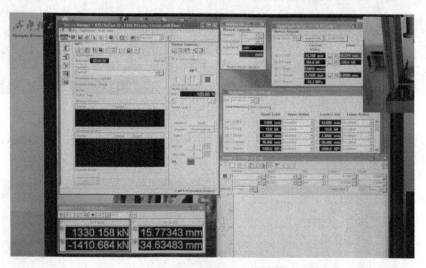

图 5.5.7　三轴虚拟仿真试验 6

7）切换视角，将镜头转移到手控板 LUC 位置，单击 HPS 开关，HPS 开关的指示
灯亮；再单击 HSM 开关，HSM 开关的指示灯亮，这时手控板 LUC 开启。单击手控板
LUC 的滚轮，向上滚动手控板 LUC 的滚轮，使压力机底座上移，直到试件与上压头接
触，并预加 2~4kN 的荷载。单击 HPS 开关，HPS 开关的指示灯灭，关闭手动控制模式
（图 5.5.8）。

8）单击 1 通道压力解除开关，向左扭动 1 通道压力解除开关，下降三轴压力室至
底盘（图 5.5.9）。

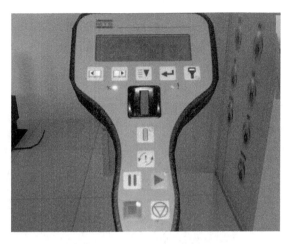

图 5.5.8　三轴虚拟仿真试验 7

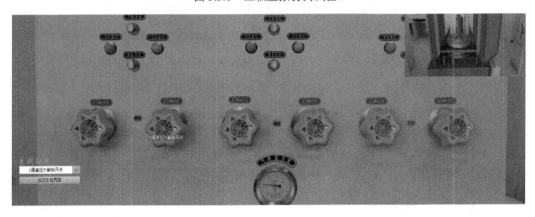

图 5.5.9　三轴虚拟仿真试验 8

9）单击螺钉，拧紧 4 个螺钉，使三轴压力室与底座连接（图 5.5.10）。

图 5.5.10　三轴虚拟仿真试验 9

10）单击围压降，向右扭转关闭围压降；单击增加缸低压进油开关，向左扭转打开增加缸低压进油开关；单击围压输出，向左扭转打开围压输出；单击排油阀门开关，拧紧排油阀门开关（图 5.5.11）。

图 5.5.11　三轴虚拟仿真试验 10

11）向三轴室充油加围压。单击螺丝刀，用螺丝刀在压力表上设定压力表的上、下限，并启动液压泵，给三轴室注入液压油。直到三轴室上部排气孔出油，关闭气孔阀门（图 5.5.12）。

图 5.5.12　三轴虚拟仿真试验 11

12）单击 2 通道压力输出开关，向左扭转打开 2 通道压力输出开关（图 5.5.13）。

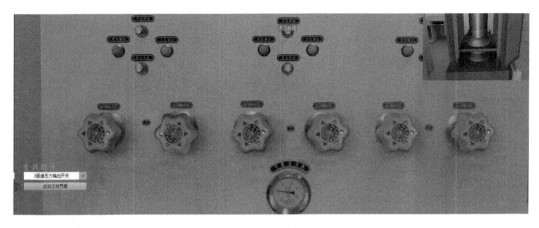

图 5.5.13　三轴虚拟仿真试验 12

13）单击快升压速度微调开关和升压按钮，按下升压按钮，使 2 通道压力表读数升至预定侧向压力 2MPa 后，放开升压按钮，停止加压。在整个试验过程中保持侧向压力稳定，直至试件破坏（图 5.5.14）。

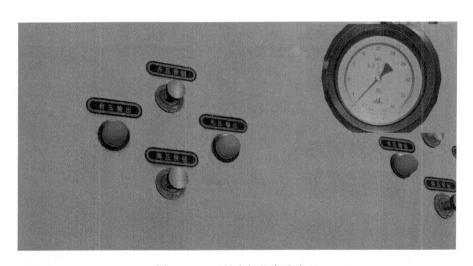

图 5.5.14　三轴虚拟仿真试验 13

14）在计算机控制界面，选中"Exclusive Control"复选框，单击"RUN"按钮，启动试验程序，设备按照设定的加载程序给试件施加轴向荷载（图 5.5.15）。

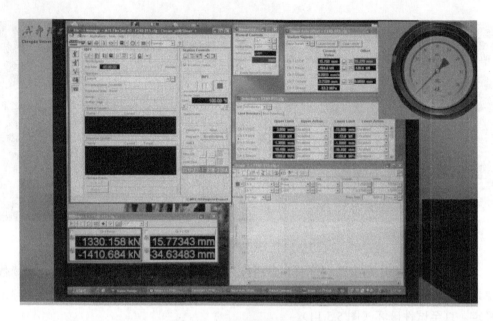

图 5.5.15　三轴虚拟仿真试验 14

15）单击"STOP"按钮，结束整个试验过程（图 5.5.16）。

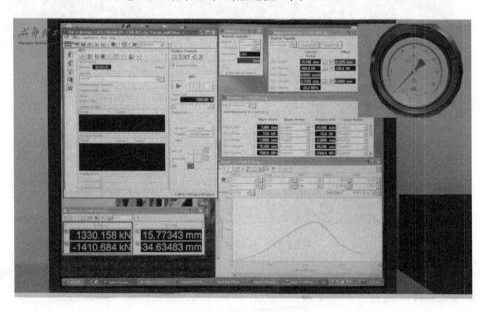

图 5.5.16　三轴虚拟仿真试验 15

16）停止试验后，开始进入卸载阶段（图 5.5.17）。单击围压输出，向右扭转关闭围压输出；单击围压降，向左扭转打开围压降；单击 2 通道压力输出开关，向右扭转关闭 2 通道压力输出开关。

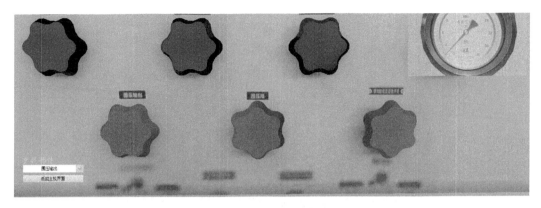

图 5.5.17 三轴虚拟仿真试验 16

17）单击排油阀门开关，拧松排油阀门开关（图 5.5.18）。

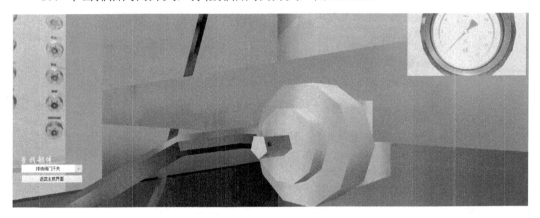

图 5.5.18 三轴虚拟仿真试验 17

18）单击螺钉，分别拧松 4 个螺钉并取下来（图 5.5.19）。

图 5.5.19 三轴虚拟仿真试验 18

19）单击 1 通道压力输出开关，向右扭转关闭 1 通道压力输出开关；单击 1 通道压力输出开关，向左扭转打开 1 通道压力输出开关，这时三轴压力室上移（图 5.5.20）。

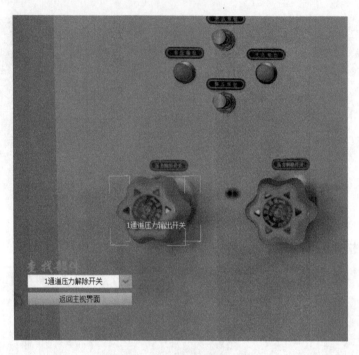

图 5.5.20　三轴虚拟仿真试验 19

20）在手控板 LUC 上依次单击 HPS 开关和 HSM 开关，并且向下滚动手控板 LUC 的滚轮，使压力机底座下移。关闭手控板 LUC（图 5.5.21）。

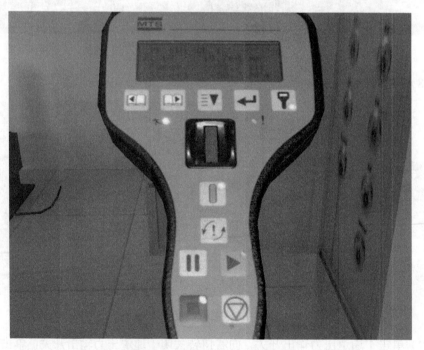

图 5.5.21　三轴虚拟仿真试验 20

21）单击热缩管，从压力机底座上取下试件。按顺序分别单击热缩管、刚性圆柱体垫块 2、岩石试件，将它们拆开，观测试件破坏特征，测量破坏面与最大主应力夹角（图 5.5.22）。

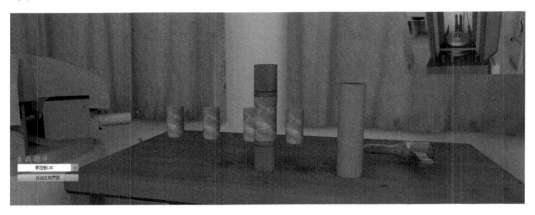

图 5.5.22　三轴虚拟仿真试验 21

22）单击"数据处理"按钮，处理试验数据。计算应力、应变，绘制应力-应变曲线，分析峰值应力与围压的关系，根据围压与极限应力求解岩土抗剪强度参数（内摩擦角和内聚力）。

23）依次单击试件 2、3、4、5，重复前面步骤，得到试件 2～5 的试验数据，绘制最佳关系曲线和莫尔包络线（图 5.5.23）。

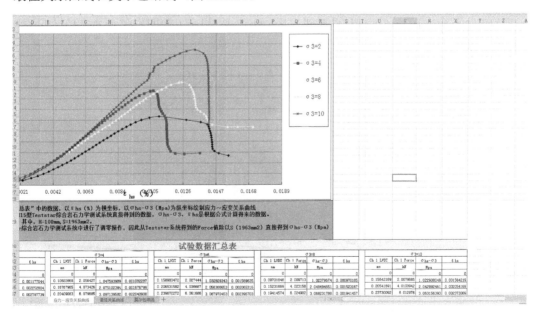

图 5.5.23　三轴虚拟仿真试验 22

24）试验结束，整理破坏的试件，将压力表的读数卸至零，关闭设备电源。

5.5.4 成果整理

通过岩石三轴虚拟仿真实验，可以了解岩石三轴试验原理，掌握岩石三轴试验仪操作方法，并掌握岩石三轴试验结果数据处理方法，如计算应力、应变、弹性模量、泊松比、内聚力和内摩擦角。

5.5.5 注意问题

进行虚拟仿真试验时，应先安装虚拟仿真试验插件。

5.6 岩石直剪虚拟仿真试验

5.6.1 目的与原理

岩石直剪试验是测定岩石抗剪强度的一种常用方法，通常采用 5 个以上的试件，分别在不同的法向荷载作用下施加剪切荷载进行剪切，求得破坏时的最大剪应力，根据剪应力与法向应力关系曲线确定岩石的抗剪强度参数 [内摩擦角（φ）]。

本节通过岩石直剪虚拟仿真试验，让学生了解岩石直剪试验的原理、设备、操作步骤和成果整理方法。

5.6.2 仪器设备

软件平台（图 5.6.1）为成都理工大学地质与岩土工程国家级虚拟仿真实验教学中心。

图 5.6.1　岩石直剪虚拟仿真试验主界面

5.6.3　操作步骤

1）单击放置剪切环、钢垫、试件，再放置上剪切盒、传力铁柱、接触滚珠轴承（图 5.6.2）。

图 5.6.2　岩石直剪虚拟仿真试验 1

2）推进设备装置，单击法向油泵开关，再单击法向油泵手柄，使千斤顶活塞下降，接触滚珠轴承，读取水平千斤顶压力表初值并填入 Excel 表中（图 5.6.3）。

图 5.6.3　岩石直剪虚拟仿真试验 2

3）单击法向油泵开关，再单击法向油泵手柄，使水平千斤顶活塞缓缓伸出，接触剪切盒推板（注意：法向和水平向的液压泵手柄不能同时动），读取水平千斤顶压力表初值并填入 Excel 表中（图 5.6.4）。

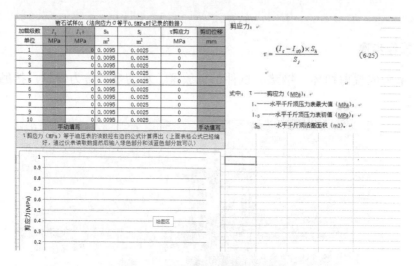

岩石试样01（法向应力σ等于0.5MPa时记录的数据）					
加载级数	I_{τ}	$I_{\tau 0}$	S_h	S_j	τ剪应力	剪切位移
单位	MPa	MPa	m²	m²	MPa	mm
1		0	0.0095	0.0025	0	
2		0	0.0095	0.0025	0	
3		0	0.0095	0.0025	0	
4		0	0.0095	0.0025	0	
5		0	0.0095	0.0025	0	
6		0	0.0095	0.0025	0	
7		0	0.0095	0.0025	0	
8		0	0.0095	0.0025	0	
9		0	0.0095	0.0025	0	
10		0	0.0095	0.0025	0	
手动填写						手动填写

剪应力：

$$\tau = \frac{(I_{\tau} - I_{\tau 0}) \times S_h}{S_j} \qquad (6\text{-}25)$$

式中：τ——剪应力（MPa）；
I_{τ}——水平千斤顶压力表最大值（MPa）；
$I_{\tau 0}$——水平千斤顶压力表初值（MPa）；
S_h——水平千斤顶活塞面积（m2）；

1.剪应力（MPa）等于油压表的读数经右边的公式计算得出（上面表格公式已经编好，通过仪表读取数据然后输入绿色部分和浅蓝色部分就可以）

图 5.6.4　岩石直剪虚拟仿真试验 3

4）单击磁性表座，安装剪切位移百分表单击磁性表座的磁性开关，使磁性表座吸附在合适位置（图 5.6.5）。

图 5.6.5　岩石直剪虚拟仿真试验 4

5）单击法向油泵手柄，使法向千斤顶压力表读数增加 0.5MPa，读记法向应力并填入 Excel 表中（图 5.6.6）。

图 5.6.6　岩石直剪虚拟仿真试验 5

6）单击水平向油泵手柄，逐级施加剪应力，每级施加 0.1MPa。记录每一级剪应力和对应的剪切位移百分数的读数，直至试件破坏（图 5.6.7 和图 5.6.8）。

图 5.6.7　岩石直剪虚拟仿真试验 6

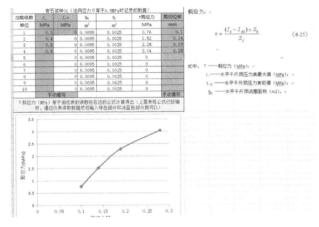

图 5.6.8　岩石直剪虚拟仿真试验 7

7）单击"查看破坏面"按钮，查看剪切破坏后的岩石试件（图 5.6.9）。

图 5.6.9　岩石直剪虚拟仿真试验 8

8）逐次单击第 2～第 5 个岩石试件，重复上述试验步骤，第 2～第 5 个试件施加的法向荷载分别是 1MPa、1.5MPa、2MPa、2.5MPa（操作过程与第 1 个试件基本一致，重复试验）。

5.6.4　成果整理

通过岩石直剪虚拟仿真试验，了解岩石直剪试验原理，掌握岩石直剪试验仪操作方法及岩石直剪试验结果数据处理方法。

岩石直剪试验通常采用 5 个以上的试件，分别在不同的法向荷载作用下施加剪切荷载进行剪切，求得破坏时的最大剪应力，根据剪应力与法向应力关系曲线确定岩石的抗剪强度参数 ［内摩擦角（φ）和内聚力（C）］。

5.6.5　注意问题

进行虚拟仿真试验时，应先安装虚拟仿真试验插件。

5.7　其他新技术和新方法

5.7.1　红外热成像技术

红外热成像技术是指利用红外探测器和光学成像物镜接收被测目标的红外辐射能量分布场，并反映到红外探测器的光敏元件上，从而获得红外热像图。这种热像图与物体表面的热分布场相对应。红外热像仪就是将物体发出的不可见红外能量转变为可见的热图像的仪器。热图像上的不同颜色代表被测物体的不同温度，如图 5.7.1 所示。当材料出现缺陷时，缺陷处的热性能与周围不同，导致温度场不一致，通过红外热像仪就可将这种不一致检测出来。目前，这一技术在金属材料、混凝土、结构、工程建筑缺陷检测中有了广泛的应用。

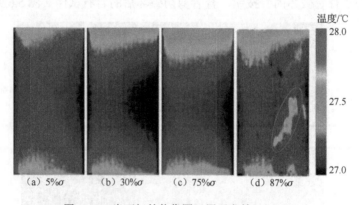

图 5.7.1　岩石红外热像图（周子龙等，2018）

岩石的变形破坏过程是一个能量释放的过程，伴随着自身温度的变化而变化。当岩石所处的应力状态发生变化时，岩石的辐射温度也随之发生变化（邓明德等，1994）。Kelvin 定律认为，当物体发生压缩变形时，温度会升高；受拉伸时，温度会降低。该定律也适用于岩石材料，即岩石在弹性变形阶段会发生热弹效应；当岩石在应力作用下发生破裂时，破裂面之间会产生错动摩擦，因此会产生摩擦热效应。可以看出，岩石在整个加载过程中主要存在两种热效应，即热弹效应和摩擦热效应。红外热成像技术作为一种无损监测手段，可以无接触地对岩石在受力过程中表面的辐射温度变化进行实时监测，如图 5.7.2 所示，因此是一种理想的研究岩石力学行为的途径。

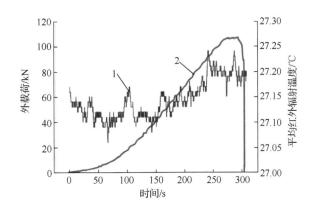

图 5.7.2　岩石平均红外辐射温度及外荷载随时间变化曲线（周子龙等，2018）

岩石的红外热成像试验操作方法：岩样加工好后，将其与其他试验设备放置在相同环境中，保持 24h，以保证岩样与试验设备处于相同的温度场。试验前，先用红外热像仪测量岩样未加载时的辐射值，然后测量岩样在加载过程中的辐射值，根据红外辐射值测量的结果，分析岩样在加载过程中裂纹变化情况及岩样破坏的前兆信息。

5.7.2　刻划测试

刻划测试（scratch testing）是利用金刚石刀片沿岩石表面以一定的横切面积和速率切削（刻划）出一条沟槽，并获得岩石抗压强度等岩石力学特性参数的过程（韩艳浓等，2015）。国外通过大量的试验研究发现：岩石破坏存在塑性破坏和脆性破坏两种形式，且岩石破坏形式主要与刻划深度有关；岩石存在门限刻划深度，当刻划深度小于门限刻划深度时，岩石破坏形式表现为塑性破坏，反之则为脆性破坏。破碎比功指破碎单位体积岩石所消耗的能量，在塑性破坏模式下，刻划消耗的能量与切割岩屑体积成正比，岩石固有破碎比功与其单轴抗压强度数值具有很好的关联性。因此，利用刻划测试确定岩石抗压强度时必须要采用塑性破坏模式进行刻划，典型试验结果如图 5.7.3 所示。

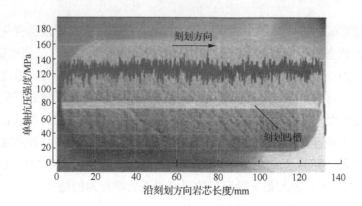

图 5.7.3　典型试验结果（韩艳浓等，2015）

在刻划过程中，刀片受到力 F 的作用，水平方向（切向力方向）定义为 s，垂直方向（正应力方向）定义为 n，则 F 可分解表述为

$$F_s = \varepsilon A \tag{5.7.1}$$

$$F_n = \xi \varepsilon A \tag{5.7.2}$$

$$A = \omega d \tag{5.7.3}$$

$$\xi = \tan(\theta + \varphi) \tag{5.7.4}$$

式中，　F_s——切应力，N；

　　　　F_n——正应力，N；

　　　　ε——岩石固有破碎比功，MPa；

　　　　ω——刀片的宽度，mm；

　　　　d——刻划深度，mm；

　　　　A——刻划面横切面积，mm^2；

　　　　θ——刀片后倾角，（°）；

　　　　φ——界面摩擦角，（°）；

　　　　ξ——正应力 F_n 与切应力 F_s 的比值。

利用式（5.7.1）可以得到岩石的破碎比功 ε，即切应力 F_s 与刻划面横切面积 A 的比值。研究表明，其数值与岩石抗压强度变化规律基本一致，因此利用刻划测试结果可得到岩石的抗压强度。

刻划测试能够提供连续、高分辨率的岩石抗压强度剖面，具有选样灵活、岩样利用率高（无损伤刻划）、准确便捷等优点，可以弥补常规试验方法无法获取岩石强度剖面及难以普遍测试复杂地层岩石强度的不足。刻划测试可以评价岩石结构、矿物成分等非均质性对岩石强度的影响，也可用来评估矿物组分、岩石结构、裂缝密度、沉积层序（层理）厚度和沉积岩其他重要结构特点的细微变化情况。

5.7.3　细观岩石力学 SEM 技术

在岩石力学试验中，把数字化定量观测和在位观测两者有机结合起来，能更全面地研究岩石的力学性质（倪骁慧等，2009）。在力学试验过程中，借助扫描电镜（scanning electron microscope，SEM）设备分析岩石受力过程中的破裂全过程的细观力学特征，能为细观损伤岩石力学的理论分析与数值计算奠定试验基础。

基于 SEM 图像的数字化细观力学试验，通过对荷载、变形的伺服控制，有效地实现试样加载与数据采集同步化。在给岩石加载过程中，可以对试件表面的微裂纹萌生、破裂全过程进行实时观测、记录，并对某个微裂纹进行局部显微放大观测记录，通过数据处理得到裂纹的长度、宽度、周长、方位角、面积等基本几何参数。

按照试验要求将岩块制成标准岩样后，选定岩样上的研究区进行微观观测。在加载过程中，实时观测研究区内微裂纹的萌生、扩展和贯通过程，典型变化过程测试照片如图 5.7.4 所示。

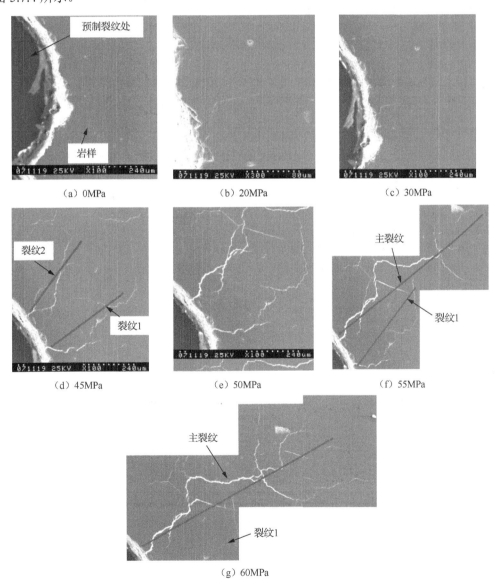

图 5.7.4 岩石加载典型变化过程测试照片

参 考 文 献

蔡国军, 2008. 澜沧江小湾水电站坝基岩体结构面发育机理及其工程地质特征研究[D]. 成都: 成都理工大学.

邓明德, 崔承禹, 1994. 岩石的红外波段辐射特性研究[J]. 红外与毫米波学报, 13 (6): 425-430.

方建银, 党发宁, 肖耀庭, 等, 2015. 粉砂岩三轴压缩 CT 试验过程的分区定量研究[J]. 岩石力学与工程学报, 34 (10): 1976-1984.

付志亮, 2011. 岩石力学试验教程[M]. 北京: 化学工业出版社.

韩艳浓, 陈军海, 孙连环, 等, 2015. 一种确定岩石抗压强度的新技术: 刻划测试[J]. 科学技术与工程, 15 (9): 151-155.

贾善坡, 高敏, 龚俊. 2015, 数值模拟在常规三轴实验教学中的应用: 以岩石应力-应变全过程实验为例[J]. 长江大学学报 (自科版), 12 (7): 78-81.

康石磊, 阳军生, 2015. 基于 PFC^{3D} 的裂隙岩石间接拉伸强度研究[J]. 世界科技研究与发展, 37 (5): 529-534.

李腾宇, 2015. 基于 CT 扫描的岩石细观损伤规律研究[D]. 太原: 太原理工大学.

刘非男, 2016. 基于数字图像技术对软、硬岩石中多裂纹起裂、扩展和连接机理的研究[D]. 重庆: 重庆大学.

刘欢, 2015. 基于高速 DIC 的疲劳裂纹尖端位移、应变场测量与研究[D]. 杭州: 浙江工业大学.

刘京红, 姜耀东, 赵毅鑫, 等, 2008. 单轴压缩条件下岩石破损过程的 CT 试验分析[J]. 河北农业大学学报, 31 (4): 112-115.

刘肖阳, 2018. 石灰岩三轴压缩声发射试验及数值模拟研究[D]. 西安: 长安大学.

倪骁慧, 朱珍德, 赵杰, 等, 2009. 岩石破裂全程数字化细观损伤力学试验研究[J]. 岩土力学, 30 (11): 3283-3290.

苏勇, 张青川, 伍小平, 2018. 数字图像相关技术的一些进展[J]. 中国科学: G 辑进物理学 力学 天文学, 48 (9): 1-23.

陶建明, 熊承仁, 温韬, 等, 2016. 基于 PFC^{3D} 的岩石单轴压缩变形破坏特征分析[J]. 人民长江, 47 (13): 60-65.

王小川, 2017. 基于 DIC 冻融循环作用下泥质白云岩损伤破坏机制分析[D]. 贵州: 贵州大学.

杨更社, 张长庆, 1996. 岩石损伤特性的 CT 识别[J]. 岩石力学与工程学报, 15 (1): 48-54.

张睿诚, 2017. 数字图像相关方法在应变测量中的应用研究[D]. 重庆: 重庆大学.

张义平, 刘勇, 曹云钦, 2007. 应用数值试验促进岩体力学教学[J]. 贵州大学学报 (自然科学版), 24 (4): 436-440.

周子龙, 熊成, 蔡鑫, 等, 2018. 单轴载荷下不同含水率砂岩力学和红外辐射特征[J]. 中南大学学报 (自然科学版), 49 (5): 1189-1196.

第6章　岩体强度变形试验

岩体是由包含软弱结构面的各类岩石所组成的具有不连续性、非均质性和各向异性的地质体。可见，岩体是由岩石块体和宏观结构面组成的非连续体。现场岩体试验和室内岩石试验是有差异的，在经费允许、有条件开展现场岩体试验的情况下，优先考虑现场岩体试验与测试。

本章主要介绍岩体载荷试验（plate lood test，LPT）、混凝土与岩体接触面直剪试验、岩体结构面直剪试验、岩体直剪试验、岩体变形承压板法试验和岩体变形钻孔径向加压法试验。

6.1　岩体载荷试验

6.1.1　目的与原理

载荷试验是在现场用一个刚性承压板逐级加荷，测定天然地基、单桩或复合地基的沉降随荷载的变化，借以确定它们承载力的现场试验。载荷试验的优点是对地基土不产生扰动，确定地基承载力最可靠、最具代表性，可直接用于工程设计，还可用于预估建筑物的沉降量。在大型工程、重要建筑物中，载荷试验一般必不可少，是世界各国用来确定地基承载力的最主要方法，也是比较其他原位测试成果的基础。

根据《工程岩体试验方法标准》（GB/T 50266—2013），岩体载荷试验应采用刚性承压板法进行浅层静力载荷试验。刚性承压板法是通过刚性承压板（其弹性模量大于岩体一个数量级以上）对半无限空间岩体表面施加压力并量测各级压力下岩体的变形，按弹性理论公式计算岩体变形参数的方法。该方法视岩体为均质、连续、各向同性的半无限弹性体。刚性承压板法的优点是简便、直观，能较好地模拟建筑物基础的受力状态和变形特征。

6.1.2　仪器设备

本试验所需仪器设备及规格要求如下。

1. 加压系统

1）液压千斤顶：1～2 台，其出力应根据岩体的坚硬程度、最大试验压力及承压板面积等选定，并按规范要求进行率定。

2）环形液压枕：1～2 个，单个枕出力一般应为 10～20MPa。

3）液压泵：1～2 台，手摇式或电动式均可，压力为 40～60MPa。

4）高压油管（铜管或软管）及高压快速接头。

5）压力表：1～2个，精度为一级，量程为10～60MPa。

6）稳压装置。

2. 传力系统

1）承压板：应具有足够的刚度，厚度为3cm，面积为2000～2500cm^2。

2）钢垫板若干块：面积等于或略小于承压板，厚度为2～3cm。

3）传力柱：应有足够的刚度和强度，其长度视试验洞尺寸而定。

4）环形传力箱。

5）反力装置。

3. 量测系统

1）测表支架两根，应有足够的刚度和长度。

2）钻孔轴向位移计。

3）磁性表架或万能表架4～8个。

6.1.3　制样要求

应根据工程需要和工程地质条件选择代表性试验段和试点位置，在预定的试点部位制备试件，具体要求如下：

1）试体受力方向宜与工程岩体实际受力方向一致。

2）加工的试点面积应大于承压板，承压板的直径或边长不宜小于30cm。

3）试件范围内受扰动的岩体应清除干净并凿平整，岩面起伏差不宜大于承压板直径或边长的1%。

4）承压板以外1.5倍承压板直径范围内的岩体表面也应大致平整，无松动岩块和碎石。

6.1.4　操作步骤

1. 试件地质描述

1）试验段开挖和试体制备的方法及出现的情况。

2）岩石名称、结构构造及主要矿物成分。

3）岩体结构面的类型、产状、宽度、延伸性、密度、充填物性质及与受力方向的关系等。

4）试验段岩体风化程度及地下水情况。

5）试验段地质展示图、试验段地质纵横剖面图、试点地质素描图和试点中心钻孔柱状图。

2. 试件的边界条件

1）试点中心至试验洞侧壁或顶底板的距离应大于承压板直径或边长的2倍，试点中心至洞口或掌子面的距离应大于承压板直径或边长的 2.5 倍，试点中心至临空面的距离应大于承压板直径或边长的 6 倍。

2）两试点中心之间的距离应大于承压板直径或边长的 4 倍。

3）试点表面以下 3 倍承压板直径或边长深度范围内的岩体性质相同。

3. 加载系统安装（图 6.1.1）

（1）刚性承压板法加压系统安装

1）清洗试点岩体表面，铺垫一层水泥砂浆，放上刚性承压板，轻击承压板，并挤出多余水泥砂浆，使承压板平行于试点表面。水泥砂浆的厚度不宜大于承压板直径或边长的 1%，并应防止水泥砂浆内有气泡产生。

2）在承压板上放置千斤顶，千斤顶的加压中心应与承压板中心重合。

3）在千斤顶上依次安装垫板、传力柱、垫板，在垫板和反力后座岩体之间填筑砂浆或安装反力装置。

4）在露天场地或无法利用洞室顶板作为反力部位时，可采用堆载法或地锚作为反力装置。

5）安装完毕后，可启动千斤顶稍加压力，使整个系统结合紧密。

6）加压系统应具有足够的强度和刚度，所有部件的中心应保持在同一轴线上并与加压方向一致。

（2）变形测量系统安装

1）在承压板或液压枕两侧应各安放 1 根测表支架，测表支架应满足刚度要求，支承形式宜为简支。支架的支点应设在距承压板或液压枕中心 2 倍直径或边长以外，可采用浇筑在岩面上的混凝土墩作为支点。应防止支架在试验过程中产生沉陷。

2）在测表支架上应通过磁性表座安装变形测表。本试验应在承压板上对称布置 4 个测表。

3）根据需要可在承压板外试点的影响范围内，通过承压板中心且相互垂直的两条轴线上对称布置若干测表。

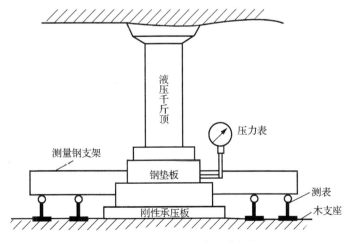

图 6.1.1　刚性承压板法试验安装

4．加载方式及稳定标准

（1）加载方式

1）应采用一次逐级连续加载的方式施加载荷，直至试点岩体破坏。破坏前不应卸载。

2）在试验初期阶段，每级载荷可按预估极限载荷的 10%施加。

3）当载荷与变形关系曲线不再呈直线，或承压板周围岩面开始出现隆起或裂缝时，应及时调整载荷等级，每级载荷可按预估极限载荷的 5%施加。

4）当承压板上测表变形速度明显增大，或承压板周围岩面隆起或裂缝开展速度加剧时，应加密载荷等级，每级载荷可按顶估极限载荷的 2%～3%施加。

（2）试验及稳定标准

1）加压前应对测表进行初始稳定读数观测，应每隔 10min 同时测读各测表一次，连续 3 次读数不变，可开始加载。

2）每级载荷加载后应立即读数，以后每隔 10min 读数一次，当所有测表相邻两次读数之差与同级载荷下第一次变形读数和前一级载荷下最后一次变形读数差之比小于5%时认为变形稳定，可施加下一级载荷。

3）每级读数累计时间不应小于 1h。

4）承压板外岩面上的测表，可在板上测表读数稳定后测读一次。

（3）终止加载条件

1）在本级载荷下，连续测读 2h 变形无法稳定。

2）在本级载荷下，变形急剧增加，承压板周围岩面发生明显隆起或裂缝持续发展。

3）总变形量超过承压板直径或边长的 1/12。

4）已经达到加载设备的最大出力，且已经超过比例极限的 15%或超过预定工程压力的 2 倍。

6.1.5 成果整理

1）刚性承压板法岩体弹性（变形）模量应按下式计算：

$$E = I_0 \frac{(1-\mu^2)PD}{W} \tag{6.1.1}$$

式中，E——岩体弹性（变形）模量，MPa。当以总变形 W_0 代入式中计算时，为变形模量 E_0；当以弹性变形 W_e 代入式中计算时，为弹性模量 E。

W——岩体变形，cm。

P——按承压板面积计算的压力，MPa。

I_0——刚性承压板的形状系数，圆形承压板取 0.785，方形承压板取 0.886。

D——承压板直径或边长，cm。

μ——岩体泊松比。

当采用刚性承压板法量测岩体表面变形时，按下式计算变形参数：

$$E = \frac{\pi}{4} \frac{(1-\mu^2)PD}{W} \qquad (6.1.2)$$

2）在试验过程中，应认真填写试验记录表格并观察试件变形破坏情况，最好是边读数、边记录、边点绘承压板上代表性测表的压力——变形关系曲线，发现问题及时纠正处理。试验成果整理应符合下列要求：

① 应计算各级载荷下的岩体表面压力。

② 应绘制压力与板内和板外变形关系曲线。

③ 应根据关系曲线确定各载荷阶段特征点。关系曲线中，直线段的终点对应的压力为比例界限压力。

④ 根据关系曲线直线段的斜率，应按式（6.1.2）计算岩体变形参数。

⑤ 岩体载荷试验记录应包括工程名称、试点编号、试点位置、试验方法、试点描述、承压板尺寸、压力表和千斤顶编号、测表及编号、各级载荷下各测表的变形。

6.1.6　典型应用

四川省大桥水库位于凉山彝族自治州冕宁县境内，是一座大型水利工程。该水库除钢筋混凝土面板堆石坝主坝外，推荐上副坝线，上副坝线的坝址地基即为昔格达地层。

由于没有在昔格达地层上修建水工建筑物的实例报道和系统研究资料，为研究昔格达岩体的工程特性并完善补充设计参数，进一步评价以该地层为地基修建水工建筑物的合理性，在室内岩块试验的基础上，在大桥水库工程副坝区昔格达地层现场进行了岩体载荷试验。

试验发现，在承压板周围出现首条径向裂隙后，从未出现诸如荷载加不上或即使荷载加上又很快退下、承压板周围径向裂隙不断增多加宽或伸长、压力不变而变形依然增加等岩体破坏后的一般特征，也从未得到荷载的峰值。

试验表明，副坝地基中昔格达岩体的变形形式主要为近似直线形式，其变形和强度指标受到岩体含水量、干容重和胶结程度的影响明显。大桥水库副坝址地基的昔格达岩体具有与弱～中等胶结软岩性质相当的变形模量和承载能力（邓力争，2012）。

6.1.7　注意问题

终止加载后需注意的问题如下。

1）终止加载后，载荷可分为 3～5 级进行卸载，每级载荷应测读测表一次。载荷完全卸除后，每隔 10min 应测读一次，应连续测读 1h。

2）试验结束应及时拆卸设备。清理试验场地后，应对试点及周围岩面进行描述。描述应包括下列内容：

① 裂缝的产状及性质。

② 岩面隆起的位置及范围。

③ 必要时进行切槽检查，再进行描述。

6.2　混凝土与岩体接触面直剪试验

6.2.1　目的与原理

在外力作用下混凝土与岩体接触面之间所具有的抵抗剪切的能力即混凝土与岩体接触面的抗剪强度，一般用混凝土与岩体接触面的直剪试验结果即抗剪强度参数来表征，通常由内聚力 C 和内摩擦角 φ 组成。

6.2.2　仪器设备

混凝土与岩体接触面直剪试验需要以下仪器设备。

1）斜垫板、反力装置、传力柱、传力块、位移测表。

2）液压千斤顶：1～2 台，应根据岩体坚硬程度、最大压力和承压板面积等因素加力。

3）液压泵：1～2 台。

4）压力表：量程为 20MPa、30MPa、40MPa、50MPa 和 60MPa 的压力表各一个，根据试验时液压千斤顶或液压枕出力的需要选用。

5）垫板：2～3cm 厚，直径或长度不等的圆形或方形钢板若干。

6）滚轴排：一套，面积根据试体尺寸而定。

7）测表支架：两根具有足够刚度和长度以满足边界条件的钢质支架，以固定磁性表座。

8）磁性表座：8～12 套。

6.2.3　制样要求

1. 剪切面制备

试验段开挖时，应减少对岩体的扰动和破坏。试验段的岩性应均一，同一组试验剪切面的岩体性质应相同，剪切面下不应有贯穿性的近于平行剪切面的裂隙通过。在岩体预定部位加工剪切面应符合下列要求。

1）加工的剪切面尺寸宜大于混凝土试体尺寸 10cm，实际剪切面面积不应小于 2500cm²，最小边长不应小于 50cm。

2）剪切面表面起伏差宜为试体推力方向边长的 1%～2%。

3）各试体间距不宜小于试体推力方向的边长。

4）剪切面应垂直预定的法向应力方向，试体的推力方向宜与预定的剪切方向一致。

5）在试体的推力部位应留有安装千斤顶的足够空间。平推法直剪试验应开挖千斤顶槽。

6）剪切面周围的岩体应凿平，浮渣应清除干净。

2. 混凝土试体制备

1）浇筑混凝土前，应将剪切面岩体表面清洗干净。混凝土试体高度不应小于推力方向边长的 1/2。

2）根据预定的混凝土配合比浇筑试体，骨料的最大粒径不应大于试体最小边长的 1/6。混凝土可直接浇筑在剪切面上，也可预先在剪切面上浇筑一层厚度为 5cm 的砂浆垫层。

3）在制备混凝土试体的同时，可在试体预定部位埋设量测位移标点。在浇筑混凝土和砂浆垫层的同时，应制备一定数量的混凝土和砂浆试件。

4）混凝土试体的顶面应平行剪切面，试体各侧面应垂直剪切面。当采用斜推法时，试体推力面也可按预定的推力夹角浇筑成斜面，推力夹角宜采用 12°～20°。

5）应对混凝土试体和试件进行养护。试验前应测定混凝土强度，在确认混凝土达到预定强度后，应及时进行试验。

6）试体的反力部位应能承受足够的反力。反力部位岩体表面应凿平。每组试验试体的数量不宜少于 5 个。试验可在天然状态下进行，也可在人工泡水条件下进行。

6.2.4　操作步骤

1. 试验地质描述

1）试验段开挖、试体制备的方法及出现的情况。

2）岩石名称、结构构造及主要矿物成分。

3）岩体结构面的类型、产状、宽度、延伸性、密度、充填物性质及与受力方向的关系等。

4）试验段岩体完整程度、风化程度及地下水情况。

5）试验段工程地质图、平面布置图及剪切面素描图。

6）剪切面表面起伏差。

2. 加载系统安装

应标出法向载荷和剪切载荷的安装位置，按照先安装法向载荷系统，后安装剪切载荷系统及量测系统的顺序进行。

（1）法向载荷系统安装

1）在试件顶部应铺设一层水泥砂浆，并放上垫板，轻击垫板，使垫板平行预定剪切面。试件顶部也可铺设橡皮板或细砂，再放置垫板。

2）在垫板上应依次安放滚轴排、垫板、千斤顶、垫板、传力柱及顶部垫板。

3）顶部垫板和反力座之间应填筑混凝土（或砂浆）或安装反力装置。

4）在露天场地或无法利用洞室顶板作为反力部位时，可采用堆载法或地锚作为反力装置。当法向载荷较小时，也可采用压重法。

5）安装完毕后，可启动千斤顶稍加压力，使整个系统结合紧密。

（2）剪切载荷系统安装

1）采用平推法［图 6.2.1（a）］进行直剪试验时，在试体受力面应用水泥砂浆粘贴一块垫板，垫板应垂直预定剪切面。在垫板后应依次安放传力块、液压千斤顶和垫板。在垫板和反力座之间应填筑混凝土（或砂浆）。

2）采用斜推法［图 6.2.1（b）］进行直剪试验时，当试体受力面垂直预定剪切面时，在试体受力面应用水泥砂浆粘贴一块垫板，垫板应垂直预定剪切面，在垫板后应依次安放斜垫板、液压千斤顶、垫板、滚轴排和垫板；当试体受力面为斜面时，在试体受力面应用水泥砂浆粘贴一块垫板，垫板与预定剪切面的夹角应等于预定推力夹角，在垫板后应依次安放传力块、液压千斤顶、垫板、滚轴排和垫板。在垫板和反力座之间填筑混凝土（或砂浆）。

3）在试体受力面粘贴垫板时，垫板底部与剪切面之间应预留约 1cm 间隙。

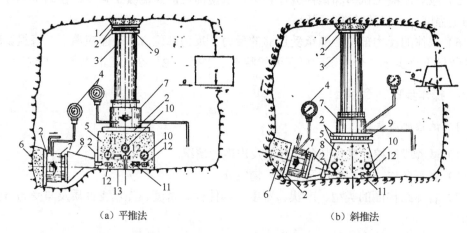

（a）平推法　　　　　　　　　　　（b）斜推法

平推法：1—砂浆；2—钢板；3—传立柱；4—压力表；5—试体；6—混凝土后座；7—液压千斤顶；8—传力块；9—滚轴排；10—垂直位移测表；11—水平位移测表；12—测量标点；13—岩体。

斜推法：1—砂浆；2—钢板；3—传立柱；4—压力表；5—液压千斤顶；6—试体；7—传力块；8—滚轴排；9—垂直位移测表；10—测量标点；11—水平位移测表；12—混凝土后座。

图 6.2.1　结构面直剪试验安装

（3）量测系统安装

1）在支架上应通过磁性表座安装测表。在试体的对称部位应分别安装剪切和法向位移测表，每种测表的数量不宜少于 2 只。

2）根据需要，在试体与基岩表面之间可布置量测试体相对位移的测表。

3）将水平液压泵换向把手推向加载端，若试件强度较大，应关闭小量程压力表。摇动液压泵手柄，使水平千斤顶活塞徐徐下降至接触试件，测定水平千斤顶压力表初值。

3. 加载方式

（1）法向载荷的施加方式

1）应在每个试体上施加不同的法向载荷，可分别为最大法向载荷的等分值。剪切面上的最大法向应力不宜小于预定的法向应力。

2）对于每个试体，法向载荷宜分 1～3 级施加，分级可视法向应力的大小和岩性而定。

3）加载采用时间控制，应每 5min 施加一级载荷，加载后应立即测读每级载荷下的法向位移，5min 后再测读一次，即可施加下一级载荷。施加至预定载荷后，应每 5min 测读一次，当连续两次测读的法向位移之差不大于 0.01mm 时，可开始施加剪切载荷。

4）在剪切过程中，应使法向应力始终保持为常数。

（2）剪切载荷的施加方式

1）剪切载荷施加前，应对剪切载荷系统和测表进行检查，必要时进行调整。

2）应按预估的最大剪切载荷分 8～12 级施加。当施加剪切载荷引起的剪切位移明显增大时，可适当增加剪切载荷分级。

3）剪切载荷的施加方法应采用时间控制，每 5min 施加一级，应在每级载荷施加前后对各位移测表测读一次。接近剪断时，应密切注视和测读载荷变化情况及相应的位移，载荷及位移应同步观测。

4）采用斜推法分级施加载荷时，为保持法向应力始终为一常数，应同步降低因施加斜向剪切载荷而产生的法向分量的增量。

5）试体剪断后，应继续施加剪切载荷，直至测出趋于稳定的剪切载荷值为止。

6.2.5　成果整理

1. 计算法向应力和剪应力

1）平推法：各法向载荷下的法向应力和剪应力应分别按下列公式计算。

$$\sigma = \frac{P}{A} \tag{6.2.1}$$

$$\tau = \frac{Q}{A} \tag{6.2.2}$$

式中，σ ——作用于剪切面上的法向应力，MPa；

τ ——作用于剪切面上的剪应力，MPa；

P ——作用于剪切面上的总法向载荷，N；

Q ——作用于剪切面上的总剪切载荷，N；

A ——剪切面面积，mm^2。

2）斜推法：为保持法向应力始终为一常数，应同步降低因施加斜向剪切载荷而产生的法向分量的增量。

各法向载荷下的法向应力和剪应力应分别按下列公式计算：

$$\sigma = \frac{P}{A} + \frac{Q}{A}\sin\alpha \qquad\qquad (6.2.3)$$

$$\tau = \frac{Q}{A}\cos\alpha \qquad\qquad (6.2.4)$$

式中，α——斜向剪切载荷施力方向与剪切面的夹角（°）。

2. 绘制剪应力与剪切位移关系曲线

以剪应力为纵坐标，剪切位移为横坐标，绘制各法向应力 σ 下的剪应力 τ 与剪切位移及法向位移关系曲线，确定各法向应力下的抗剪断峰值。

3. 计算抗剪强度参数

应根据需要，在剪应力与剪切位移关系曲线上确定其他剪切阶段特征点，并应根据各特征点确定相应的抗剪强度参数（内聚力 C 和内摩擦角 φ）。

6.2.6 典型应用

三河口水利枢纽工程是引汉济渭工程两大水源工程之一（郭喜峰等，2014），岩体抗剪强度特征是边坡岩体的主要岩体力学问题之一。为研究边坡岩体抗剪强度特征，在坝肩边坡针对不同岩性不同风化程度的岩体开展了多组原位直剪试验，试验应力与拱坝实际受力状态相同。通过 7 组混凝土与岩体接触面直剪试验成果，获得了不同岩体抗剪强度参数变化范围。边坡岩体抗剪强度受岩性、岩体完整程度、风化程度、地下水等多种因素的综合影响。因硬岩强度远高于混凝土强度，混凝土与岩体接触面抗剪强度主要受混凝土强度和接触面胶结程度影响，试验破坏时也呈脆性破坏特征。对于弱风化岩体，混凝土与岩体接触面抗剪强度相当于岩体抗剪强度；对于微风化岩体，混凝土与岩体接触面摩擦系数约为岩体摩擦系数的 70%，黏聚力约为岩体的 40%。混凝土与岩体接触面直剪试验脆性破坏特征比岩体直剪试验脆性破坏特征更明显。

龙门峡水电站现已蓄水发电，坝基及坝肩主要岩体为白云质灰岩。在预可研阶段和可研阶段对其进行了一系列原位岩体力学试验，包括岩体变形试验、岩体直剪试验、混凝土与岩体接触面直剪试验，试验应力与工程实际受力状态相同。人们全面系统地对 3 组岩体变形试验、1 组岩体直剪试验和 1 组混凝土与岩体接触面直剪试验成果进行分析研究，充分揭示了坝基工程岩体变形、抗剪等力学特性，从试点的地质代表性、岩石的破坏形态等方面分析了岩体的变形特性、抗剪特性，提出了可供设计采用的工程岩石力学参数建议值（郭喜峰等，2018）。

6.2.7 注意问题

1. 正确判定剪切力的施加方向

试件受剪切力的方向应与工程岩体受力方向一致。在现场取样时，一定要标注每个取样点的工程位置，并根据岩体的受力方向确定每组试件的剪切方向。

2. 剪切破坏标准

1）剪切荷载加不上或无法稳定。

2）剪切位移明显增大，在剪应力与剪切位移关系曲线上出现明显突变段。

3）剪切位移增大，在剪应力与剪切位移曲线上未出现明显突变段，但总剪切位移已达到试件边长的 10%。

3. 破坏后的试件描述

1）量测剪切面面积。

2）剪切面的破坏情况，包括擦痕的分布、方向及长度。

3）岩体或混凝土试体内局部剪断的部位和面积。

4）剪切面上碎屑物质的性质和分布。

6.3　岩体结构面直剪试验

6.3.1　目的与原理

岩体的稳定性往往取决于其中的结构面的性质、分布及组合规律。在某些情况下，研究结构面的抗剪强度比研究混凝土与岩体之间的抗剪强度更为重要。国际岩石力学学会把岩体沿结构面的抗剪试验定为重力坝、拱坝、其他大型建筑物、天然和人工边坡、大型地下结构详勘阶段必须进行的项目。

岩体结构面的抗剪强度是指在外力作用下，结构面具有抵抗剪力的能力，即剪切破坏时的最大剪应力值。试验的目的是测定岩体结构面的抗剪强度和变形，为评价坝基、坝肩、地下结构围岩、岩质边坡等沿结构面的抗滑稳定提供抗剪强度计算参数和应力-应变关系曲线，并研究岩体沿结构面的变形和破坏规律。

6.3.2　仪器设备

仪器设备同 6.2.2 节。

6.3.3　制样要求

1）探明岩体中结构面部位和产状，此项工作可在开洞时结合开挖，用风钻探明。探明之后在预定的试验部位加工试体。

2）在探明的结构面部位切割出一个突出的方形岩柱作为试体，试体中结构面面积不宜小于 2500cm^2，试体最小边长不宜小于 50cm，结构面以上的试体高度不应小于试体推力方向长度的 1/2。试体可用切石机或风钻切割。制备试体时以不扰动结构面的天然结构为原则。

3）各试体间距不宜小于试体推力方向的边长。

4）作用于试体的法向荷载方向应垂直剪切面，试体的推力方向宜与预定的剪切方向一致。

5）在试体的推力部位应留有安装千斤顶的足够空间。平推法直剪试验应开挖千斤顶槽。

6）试体周围的结构面充填物及浮碴应清除干净。

7）对结构面上部不需浇筑保护套的试体，试体的各个面应大致修凿平整，顶面宜平行预定剪切面。在加压过程中，对可能出现破裂或松动的试体，应浇筑钢筋混凝土保护套（或采取其他措施）。保护套应具有足够的强度和刚度，保护套顶面应平行预定剪切面，底部应在预定剪切面上缘。当采用斜推法时，试体推力面也可按预定推力夹角加工或浇筑成斜面，推力夹角宜为 12°～20°。

8）对于剪切面倾斜的试体，在加工试体前应采取保护措施。

6.3.4　操作步骤

1．试验地质描述

1）试验段开挖、试体制备的方法及出现的情况。

2）结构面的产状、成因、类型、连续性及起伏差情况。

3）充填物的厚度、矿物成分、颗粒组成、泥化软化程度、风化程度、含水状态等。

4）结构面两侧岩体的名称、结构构造及主要矿物成分。

5）试验段的地下水情况。

6）试验段工程地质图、试验段平面布置图、试体地质素描图和结构面剖面示意图。

2．加载系统安装

（1）法向载荷系统安装

同 6.2.4 节相关内容。

（2）剪切载荷系统安装

同 6.2.4 节相关内容。

另外，安装剪切载荷千斤顶时，应使剪切方向与预定的推力方向一致，其轴线在剪切面上的投影应通过预定剪切面的中心。平推法剪切载荷作用轴线应平行预定剪切面，轴线与剪切面的距离不宜大于剪切方向试体边长的 5%；斜推法剪切载荷方向应平行预定的安装角度，剪切载荷合力的作用点应通过预定剪切面的中心。

（3）量测系统安装

1）安装两侧试体绝对位移的测表支架，应牢固地安放在支点上，支架的支点应在变形影响范围以外。

2）在支架上应通过磁性表座安装测表。在试体的对称部位应分别安装剪切和法向位移测表，每种测表的数量不宜少于 2 只。

3）根据需要，在试体与基岩表面之间可布置量测试体相对位移的测表。

4）所有测表及标点应予以定向，应分别垂直或平行预定剪切面。

3．加载方式

基本加载方式同 6.2.4 节。

对于充填物含泥的结构面，试验加载方式应符合下列规定：

1）剪切面上的最大法向应力不宜小于预定的法向应力，但不应使结构面中的夹泥挤出。

2）法向载荷可视法向应力的大小分 3～5 级施加。加载采用时间控制，应每 5min 施加一级载荷，加载后应立即测读每级载荷下的法向位移，5min 后再测读一次。在最后一级载荷作用下，要求法向位移值相对稳定。法向位移稳定标准可视充填物的厚度和性质而定，按每 10min 或 15min 测读一次，连续两次每一测表读数之差不超过 0.05mm 可视为稳定，施加剪切载荷。

3）剪切载荷的施加方法采用时间控制，可视充填物的厚度和性质而定，按每 10min 或 15min 施加一级。加载前后均应测读各测表读数。

6.3.5　成果整理

试验成果整理同 6.2.5 节。岩体结构面直剪试验记录表如表 6.3.1 所示。

表 6.3.1　岩体结构面直剪试验记录表

工程名称	试验段位置和编号	试件编号	试验方法	压力表编号	测表布置和编号	剪切面面积/m²	千斤顶/MPa	各法向荷载下各级剪切载荷的法向位移/mm	各法向荷载下各级剪切载荷的剪切位移/mm
试件描述									
试验前					试验后				

班级：　　　　　　　　　　组别：　　　　　　　　　　日期：

试验者：　　　　　　　　　计算者：

6.3.6　典型应用

1）西南某水电站的双曲拱坝，坝区出露的岩石主要为中深成侵入的花岗岩和浅成侵入的辉绿岩脉，以及少量由这些岩石经热液和构造作用改造而形成的热液蚀变岩和动力变质岩。为了验算坝基的抗滑稳定性，为工程设计提供参数，对其做了大量室内外岩体结构面直剪强度试验（张晓超，2012）。

2）广东清远抽水蓄能电站地下厂房规模大，进行围岩稳定性分析需要获得岩体结构面的抗剪强度参数（潘亨永，2012）。采用对同一试件施加不同法向应力的单点直剪试验方法对各组结构面进行了直剪试验，试验表明，该工程地下厂房岩体结构面具有较高的抗剪强度，对围岩稳定有利。

6.3.7　注意问题

1）试验前应对水泥砂浆和混凝土进行养护。

2）对于无充填物的结构面或充填岩块、岩屑的结构面，试验应符合下列标准。

① 应根据液压千斤顶率定曲线和试体剪切面积计算施加的各级载荷与压力表读数。

② 应检查各测表的工作状态和测表初始读数值。

3）试验结束应及时拆卸设备。在清理试验场地后，翻转试体，并对剪切面进行描述。破坏后的试件描述包括：

① 剪切面面积。

② 剪切面的破坏情况，包括擦痕的分布、方向及长度。

③ 岩体或混凝土试体内局部剪断的部位和面积。

④ 剪切面上碎屑物质的性质和分布。

6.4　岩体直剪试验

6.4.1　目的与原理

裂隙岩体的抗拉强度很小，工程设计上一般不允许岩体中有拉应力的出现。所以，通常所讲的岩体强度是指岩体的抗剪强度，即岩体抵抗剪切破坏的能力。目前，岩体的强度试验通常是在岩体本身剪切试验的基础上进行研究的。其中影响试验成果的因素主要包括试体（剪切面）尺寸的选定、剪切面的起伏差、试体（剪切面）被扰动的程度、剪切面上垂直压应力分布、剪切施加速率等。

由于岩体直剪试验的受剪面积比室内试验大得多，且又是在现场直接进行试验的，因此较室内试验更能符合天然状态，得出的结果更加符合实际工程的技术要求。因此，岩体直剪试验在工程中的应用越来越广泛。

岩体直剪试验可采用平推法和斜推法。平推法为剪切荷载平行于剪切面，常用于土体、软弱面（水平或近似水平）的抗剪试验；斜推法是剪切荷载与剪切面呈一定角度，常用于混凝土与岩体的抗剪试验。

6.4.2　仪器设备

仪器设备（图6.4.1）主要由以下几个部分组成。

1）手风钻（或切石机）、模具、人工开挖工具各1套。

2）液压千斤顶：2台，根据岩土体强度、最大荷载及剪切面积选用不同规格。

3）油压泵（附压力表、高压油管、测力计等）：2台，手摇式或电动式，给千斤顶供油用。

图 6.4.1　现场仪器设备

4）传力系统：
① 高压胶管若干（配有快速接头），输送油压用。
② 传力柱：无缝钢管一套，要求钢管必须有足够的刚度和强度。
③ 钢垫板：用 45 号钢制成，一套，其面积可根据试体尺寸而定。
④ 滚轴排：一套，面积根据试体尺寸而定。

5）测量系统：
① 压力表：精度为一级的标准压力表一套，测油压用。
② 千分表：8～12 只。
③ 磁性表架：8～12 只。
④ 测量表架：工字钢 2 根。
⑤ 测量标点：有机玻璃或不锈钢。

6）反力系统。若试验在平洞中进行，则不需要另外的反力装置，直接利用岩体承担反力即可；若在井巷、露天场地的试坑或平的岩体表面进行，则需要安装加荷系统的反力装置，一般通过打地锚实现。

7）辅助系统：
① 安装工具一套。
② 浇捣混凝土工具一套。
③ 照相设备一套。

6.4.3　制样要求

1. 试点准备

1）碎石、块石最大尺寸要求不能超过试体边长的 2/5。
2）试体尽可能不受施工或其他工程扰动。
3）试体应具有工程代表性。

4）开挖、施工、仪器设备安装和试验方便可行。

5）试坑开挖和试体切割均采用人工方式，尽可能减少试体或土层的扰动。

6）同一地质单元，试验组数不得少于 3 组，每一组试验不应少于 5 个试验点。

7）同一组各试验点应在同一地质单元。

2. 试件制备

1）试体底部剪切面面积不应小于 2500cm²，试件最小边长不应小于 50cm，试件高度应大于推力方向试体边长的 1/2。

2）各试体间距应大于试体推力方向的边长。

3）施加于试体的法向荷载方向应垂直剪切面，试体的推力方向宜与预定的剪切方向一致。

4）在试体的推力部位应留有安装千斤顶的足够空间。平推法直剪试验应开挖千斤顶槽。

5）试体周围岩面宜修凿平整，宜与预定剪切面在同一平面上。

6）对不需要浇筑保护套的完整岩石试体，试体的各个面应大致修凿平整，顶面宜平行预定剪切面。在加压或剪切过程中，对可能出现破裂或松动的试体，应浇筑钢筋混凝土保护套（或采取其他措施）。保护套应具有足够的强度和刚度，保护套顶面应平行预定剪切面，底部应预留剪切缝，剪切缝宽度宜为试体推力方向边长的 5%。试体推力面也可以按预定的推力夹角加工成斜面（斜推法），推力夹角宜为 12°～20°。

6.4.4　操作步骤

1. 试验地质描述

试验地质描述的具体内容包括：

1）试体素描图。

2）试验段开挖、试样制备方法及出现的问题。

3）岩体名称、结构构造及主要矿物成分。

4）岩体结构面的类型、产状、宽度、延伸性、密度、充填物性质及与受力方向的关系等。

5）试验段岩体完整程度、风化程度及地下水情况。

6）试验段工程地质图、平面布置图及剪切面素描图。

2. 加载系统安装

（1）施加垂直荷载装置安装

1）在试件表面铺砂、击实并抹平整至剪切盒表面。

2）安装下钢板、滚轴排、上钢板。

3）安装油压千斤顶，将施力中心对准试件中心。

4）安装滑块、传力柱，并对准"工"字形钢梁中心。

（2）施加横向荷载装置安装

1）安装顶压钢板，并在底部垫约 1cm 厚的木板 2 块，两端紧贴剪切盒，在顶压钢板与剪切盒之间垫放橡皮垫。

2）安装油压千斤顶，使其施力中心对准剪切面，且位于试件中线。

3）安放滑块，位于油压千斤顶后座中心。

4）安放后座钢板，并将该钢板与试件槽壁之间填实。

（3）量测系统安装

1）安装两侧试体绝对位移的测表支架，应牢固地安放在支点上，支架的支点应在变形影响范围以外。

2）在支架上应通过磁性表座安装测表。在试体的对称部位应分别安装剪切和法向位移测表，每种测表的数量不宜少于 2 只。

3）根据需要，在试体与基岩表面之间可布置量测试体相对位移的测表。

4）所有测表及标点应予以定向，应分别垂直或平行预定剪切面。

3. 加载方式

加载方式同 6.2.4 节。

6.4.5　成果整理

成果整理同 6.2.5 节。

6.4.6　典型应用

以某边坡治理工程为例（马杰荣等，2011），介绍岩体直剪试验方法。

1. 概况

试验组的岩体主要岩性为黄褐色强全风化闪长粉岩，部分岩质软弱，用手可轻易剥落，遇水易崩解。

岩体直剪试验区位于边坡中部，按要求每组试验共布置 5 个试点，Ⅰ号试体长约 55cm，宽约 45cm，高约 25cm；Ⅱ号试体长约 70.5cm，宽约 70.5cm，高约 35cm。实际剪切面积稍大于预定面积，试验结果按实际测量面积计算。试体在制备过程中以不扰动原有结构为原则，采用人工开凿方法制备试体。

2. 试验结果

记录各试体的法向应力、剪切力峰值、剪切位移等试验成果，绘制相应的法向应力与剪应力峰值、剪应力峰值与剪切位移关系曲线。以Ⅰ号岩体为例，结果如图 6.4.2 所示。

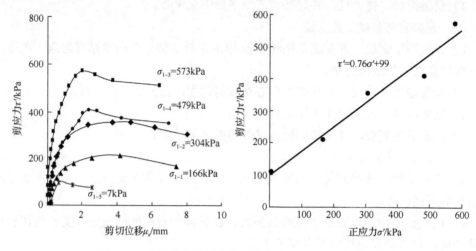

图 6.4.2　Ⅰ号岩体岩石直剪试验 τ' - μ_s、τ' - σ' 关系曲线

抗剪断强度值较低，在 τ' - μ_s 关系曲线上表现为曲线平缓，峰值不明显，这符合软弱岩石的抗剪断特征。试验结果比较真实地反映了软弱岩石的特征，其法向应力与剪应力临界状态符合库仑定律。由 τ' - σ' 关系曲线得：Ⅰ号岩体的黏聚力为 99kPa，内摩擦角的正切值为 0.76。

6.4.7　注意问题

1）试验前记录好以下内容：工程名称、岩石名称、试体编号、试体位置、试验方法、混凝土的强度、剪切面面积、测表布置、法向荷载、剪切荷载、法向位移、试验人员、试验日期。

2）试验过程中详细记录碰表、调表、换表、千斤顶漏油补压，混凝土或岩体松动、掉块、出现裂缝等异常情况。

3）试验结束后，翻转试体，测量实际剪切面面积。详细记录剪切面的破坏情况，破坏方式，擦痕的分布、方向及长度，绘出素描图及剖面图，拍照，并计算试验后试件面积。当完成各级垂直荷载下的抗剪试验后，在现场根据试验结果初步绘制 σ-τ 曲线，当发现某组数据偏离回归直线较大时，立即补做该组试验。

4）开挖试坑时应避免对试体的扰动和避免试体含水量的显著变化；在地下水位以下试验时，应避免水压力和渗流对试验的影响。

5）施加的法向荷载、剪切荷载应位于剪切面、剪切缝的中心；或使法向荷载和剪切荷载的合力通过剪切面的中心，并保持法向荷载不变。

6）根据剪切位移大于 10mm 时的试验成果确定残余抗剪强度，需要时可沿剪切面继续进行直剪试验。

6.5　岩体变形承压板法试验

6.5.1　目的与原理

承压板法是一种适用于各类岩体变形试验的方法，既可以在试验平洞中进行，也可以在井巷或露天场地进行。根据工程需要，选择有代表性的试验地点并确定试验的位置。承压板法根据承压板的刚度分为刚性承压板法和柔性承压板法。刚性承压板采用钢板或钢筋混凝土制成，通常为圆形；柔性承压板多采用液压枕下垫以硬木或砂浆，多为环形。

承压板法通过刚性或柔性承压板施力于半无限空间岩体表面，量测岩体变形，按弹性理论公式计算岩体变形参数。一般来说，坚硬完整岩体宜采用柔性承压板，半坚硬或软弱岩体宜采用刚性承压板。

6.5.2　仪器设备

1）液压千斤顶：1～2 台，应根据岩体坚硬程度、最大压力和承压板面积等因素加力。

2）环形液压枕（柔性承压板）。

3）液压泵：1～2 台。

4）压力表：量程为 20MPa、30MPa、40MPa、50MPa 和 60MPa 的压力表各一个，根据试验时液压千斤顶或液压枕出力的需要选用。

5）圆形或方形刚性压板（刚性承压板）：用于传递压力。因计算方便，一般采用圆形承压板，特殊情况下可采用方形承压板。刚性承压板须有足够的刚度，一般采用直径为 50.5cm、面积约为 2000cm^2 的圆形钢板，厚度不宜小于 6mm。

6）垫板：2～3cm 厚，直径或长度不等的圆形或方形钢板若干。

7）环形钢板和环形传力箱（柔性承压板）。

8）传力柱：传递压力用，须有足够的刚度和强度。

9）反力装置。

10）测表支架：2 根具有足够刚度和长度以满足边界条件的钢质支架，以固定磁性表座。

11）变形测表：百分表、千分表或电感千分表 8～12 只，测量岩体变形。

12）磁性表座：8～12 套。

13）钻孔轴向位移计：用于柔性承压板中心孔法试验。

6.5.3　制样要求

1. 试点准备

试点表面应垂直预定的受力方向，清除试点表面受扰动的岩体并修凿平整。岩面起伏差不大于承压板直径的 1%，试点面积应大于承压板，其加压面积不小于 2000cm^2。

对于柔性承压板中心孔法，钻孔要与试点岩面垂直，其直径与钻孔轴向位移计直径一致，孔深不小于承压板直径的 6 倍。

2. 试点边界条件要求

1）承压板边缘距洞壁或板底的距离应大于承压板直径的 1.5 倍，距洞口或掌子面的距离应大于承压板直径的 2 倍，距临空面的距离应大于承压板直径的 6 倍。

2）两试点承压板之间的距离应大于承压板直径的 3 倍。

3）试点表面以下 3 倍承压板直径深度范围内岩体的岩性应相同。

6.5.4　操作步骤

1. 加载系统安装

（1）刚性承压板法加压系统安装（图 6.5.1）

1）应清洗试点岩体表面，在岩体一侧铺垫一层水泥砂浆，放上刚性承压板，轻击承压板，挤出多余水泥砂浆，使承压板平行试点表面。水泥砂浆的厚度不宜大于承压板直径或边长的 1%，并应防止水泥砂浆内有气泡产生。在反力部位（对侧），岩体应能承受足够的反力，可铺筑高标号水泥砂浆或安装反力装置。

2）在承压板上依次安装千斤顶、钢垫板、传力柱和钢垫板，传力柱必须位于承压板的中心处，且与承压板垂直，整个装置系统各部件中心应保持在同一轴线上，利用千斤顶加压或在传力柱与垫块之间嵌入楔形垫块，使整个系统紧密结合。

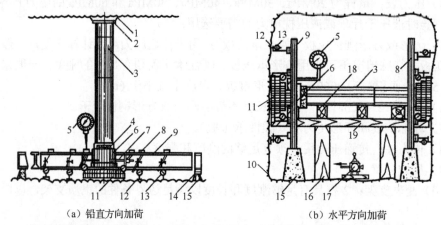

（a）铅直方向加荷　　　　　　　　　（b）水平方向加荷

1—砂浆顶板；2—钢垫板；3—传力柱；4—圆垫板；5—标准压力表；6—液压千斤顶；
7—高压管（接油泵）；8—磁性表架；9—工字钢梁；10—岩体；11—刚性承压板；12—标点；
13—千分表；14—滚轴；15—混凝土支墩；16—木柱；17—油泵（接千斤顶）；18—木垫；19—木梁。

图 6.5.1　刚性承压板法试验安装

（2）柔性承压板法加压系统安装（图 6.5.2）

采用柔性承压板测量岩体变形有两种方法：一是直接用柔性承压板测量；二是采用柔性承压板中心孔法测量，这里主要介绍第二种方法。

1）进行中心孔法试验的试点，应在放置液压枕之前先在孔内安装钻孔轴向位移计。

钻孔轴向位移计的测点布置可按液压枕直径的 0.25、0.50、0.75 或 1.00、1.50、2.00、3.00 倍的钻孔不同深度进行，但孔口及孔底应设测点或固定点。

2）应清洗试点岩体表面，铺垫一层水泥砂浆，放置两面凹槽已用水泥砂浆填平并经养护的环形液压枕，挤出多余的水泥砂浆，使液压枕平行于试点表面，水泥砂浆厚度不宜大于 1cm，应防止水泥砂浆内有气泡产生。

3）在环形液压枕上放置环形钢板和环形传力箱，并依次安装垫板、液压枕或千斤顶、测力枕、传力柱、垫板，在垫板和反力部位之间填筑砂浆或安装反力装置。要求整个系统应具有足够的刚度和强度，所有部件中心应保持在同一轴线上，轴线应与加压方向一致，施加接触压力，使整个系统接触紧密。

（3）变形测量系统安装

1）在承压板或液压枕两侧应各安放 1 根测表支架，测表支架应满足刚度要求，支承形式宜为简支。支架的支点应设在距承压板或液压枕中心 2 倍直径或边长以外，可采用浇筑在岩面上的混凝土墩作为支点。应防止支架在试验过程中产生沉陷。

2）在测表支架上应通过磁性表座安装变形测表。刚性承压板法试验应在承压板上对称布置 4 个测表，柔性承压板法（包括中心孔法）试验应在环形液压枕中心表面上布置 1 个测表。

3）根据需要，可在承压板或液压枕外试点的影响范围内，通过承压板中心且相互垂直的两条轴线上对称布置若干测表。

4）根据液压千斤顶率定曲线、标准压力表刻度、活塞及承压板面积计算施加压力与压力表读数的关系。

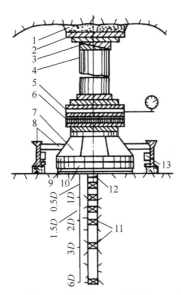

1—混凝土顶板；2—钢板；3—垫板；4—传力柱；5—测力枕；6—液压枕；7—环形传力箱；8—测架；9—环形传力枕；10—环形钢板；11—多点位移计；12—锚头；13—小螺旋顶。

图 6.5.2　柔性承压板中心孔法试验安装

2. 加载方式

1）试验最大压力不小于预定压力的 1.2 倍，压力分 5 级，按最大压力等分施加。

2）加载前，每隔 10min 测读各测表一次，连续 3 次读数不变方可开始加载，此读数即为各测表的初始读数。对于钻孔轴向位移计各测点，在表面测表读数稳定后进行初始读数。

3）加载方式采用逐级一次循环法或逐级多次循环法（图 6.5.3），每次加载后立即读数，以后每隔 10min 读数一次。当刚性承压板上所有测表（或柔性承压板中心岩面上的测表）相邻两次读数差，与同级压力下第一次变形读数和前一级压力下最后一次变形读数差之比小于 5%时，认为变形稳定，并退压，退压后的稳定标准与加压时的稳定标准相同（当采用逐级一次循环法加压时，每一循环压力应退至零，使岩体充分回弹）。

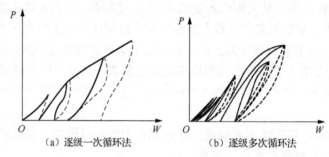

（a）逐级一次循环法　　　　（b）逐级多次循环法

图 6.5.3　加载方式

4）在加压、退压过程中，均应进行一次相应过程压力下的测表读数。

6.5.5　成果整理

1）岩体弹性（变形）模量计算。

① 当采用刚性承压板法量测岩体表面变形时，按下式计算变形参数：

$$E = \frac{\pi}{4} \frac{\left(1-\mu^2\right)pD}{W} \tag{6.5.1}$$

式中，E——岩体弹性（变形）模量，MPa。当以总变形 W_0 代入式中计算时，为变形模量 E_0；当以弹性变形 W 代入式中计算时，为弹性模量 E。

W——岩体变形，cm。

p——按承压板面积计算的压力，MPa。

D——承压板直径。

μ——泊松比。

② 当采用柔性承压板法量测岩体表面变形时，按下式计算变形参数：

$$E = \frac{\left(1-\mu^2\right)p}{W} \cdot 2\left(r_1 - r_2\right) \tag{6.5.2}$$

式中，r_1、r_2——环形柔性承压板的外半径和内半径，cm；

W——板中心岩体表面的变形，cm。

③ 当采用柔性承压板法测量中心孔深部变形时，按下式计算变形参数：

$$E = \frac{p}{W_Z} K_Z \qquad (6.5.3)$$

$$K_Z = 2(1-\mu^2)\left(\sqrt{r_1^2 + Z^2} - \sqrt{r_2^2 + Z^2}\right) - (1+\mu^2)\left(\frac{Z^2}{\sqrt{r_2^2 + Z^2}} - \frac{Z^2}{\sqrt{r_1^2 + Z^2}}\right) \qquad (6.5.4)$$

式中，W_Z——深度为 Z 的岩体变形，cm；

Z——测点深度，cm；

K_Z——与承压板尺寸、测点深度和泊松比有关的系数，cm。

2）绘制压力与变形关系曲线、压力与变形模量关系曲线、压力与弹性模量关系曲线，以及沿中心孔不同深度的压力与变形关系曲线。

3）承压板法岩体变形试验记录应包括工程名称、试点编号、试点位置、试验方法、试点描述、压力表和千斤顶（液压枕）编号、承压板尺寸、测表布置及编号、各级压力下的测表读数。

6.5.6 典型应用

以锦屏二级引水隧洞现场承压板变形试验为例（凡远行等，2015），介绍岩体变形承压板法试验。

1. 概况

锦屏二级水电站位于四川省凉山彝族自治州雅砻江干流锦屏大河湾上，是雅砻江干流上一座以发电为开发目的的超大型引水式地下电站，是西电东送的骨干电站之一。引水隧洞沿线地层岩性主要为三叠系中、上统的大理岩、灰岩及砂岩、板岩。

2. 岩体变形承压板法试验

为探明隧址区围岩的变形参数，可研阶段在 A 线辅助洞南侧开挖 4 条试验洞用以进行岩体变形承压板法试验，1#试验洞桩号里程为 AK12+567m，进行 3 点中心孔刚性承压板法试验及 3 点刚性承压板试验；2#试验洞桩号里程为 AK08+850m，进行 3 点中心孔柔性承压板法试验；3#试验洞桩号里程为 AK08+950m，进行 3 点中心孔刚性承压板法试验；4#试验洞桩号里程为 AK04+850m，进行 3 点中心孔刚性承压板法试验。其中，1#、3#、4#试验洞的承压板均为圆形，半径均为 60cm；2#试验洞的承压板为方形，边长为 60cm。中心孔刚性承压板法中，中心孔深度为 75cm，用于布置多点位移计。刚性承压板法及刚性中心孔承压板法试验中，在承压板边缘对称布置位移测表；方形承压板法试验中，承压板由 4 块大小相等的方形共同组成，在 4 个中心孔布置多点位移计，同时在承压板边角点处对称布置位移测表。

3. 试验结果

承压板试验方案及试验结果如表 6.5.1 所示。

表 6.5.1　承压板试验方案及试验结果

试验洞	编号	试验方法	最大压力/MPa	边界点变形/mm	变形模量/GPa	弹性模量/GPa
1#	E1-1	刚性中心孔法	61.03	3.3476	7.63	13.46
	E1-2		60.30	1.0050	24.98	30.96
	E1-3	承压板法	60.30	0.9015	28.37	232.56
2#	E2-1	柔性中心孔法	25.40	0.2372	57.16	78.96
	E2-2	承压板法	24.40	0.2262	60.21	75.04
	E2-3		24.40	0.4249	32.28	41.59
3#	E3-1	刚性中心孔法	60.08	0.6263	38.22	51.08
	E3-2	承压板法	59.93	0.4063	59.66	62.92
	E3-3		60.08	0.7131	33.58	45.72
4#	E4-1	刚性中心孔法	60.30	1.7710	13.28	15.87
	E4-2	承压板法	60.30	1.5087	17.55	30.75
	E4-3		60.30	1.0699	24.19	38.29

6.5.7　注意问题

1）试验开挖前对周边地质情况进行描述，为后面数据的分析和计算制表的选择提供可靠依据。地质描述一般包括地段的开挖、试点编号、岩石名称、产状描述、岩体风化程度、水文地质条件、试验地段地质展示图等。

2）试验地段开挖时，应减少对岩体的扰动和破坏。

3）试点受力方向宜与工程岩体实际受力方向一致。各向异性的岩体也可按要求方向制备试点。

4）承压板外 1.5 倍承压板直径范围内的岩体表面应平整，应无松动岩块和石渣。

5）柔性承压板中心孔法应采用钻孔轴向位移计进行深部岩体变形测量的试点，应在试点中心垂直试点表面钻孔取芯，钻孔应符合钻孔轴向位移计对钻孔的要求，孔深不应小于承压板直径的 6 倍。孔内残留岩芯与石碴应清除干净，孔壁应清洗，孔口应保护。

6）试验时应对加压设备和测表运行情况、试点周围岩体隆起和裂缝开展、反力部位掉块和变形等进行记录和描述。试验期间应控制试验温度的变换，露天场地进行试验时宜搭建专门的试验棚。

6.6　岩体变形钻孔径向加压法试验

6.6.1　目的与原理

岩体变形钻孔径向加压法试验通过放入岩体
钻孔中的压力计、千斤顶或膨胀计，施加径向力
于钻孔孔壁，量测钻孔径向岩体变形，按弹性力
学平面应变问题的厚壁圆筒公式计算岩体变形参
数。完整和较完整的中硬岩和软质岩可采用钻孔
膨胀计，各类岩石均可采用钻孔弹模计。径向荷
载试验的力学模型如图 6.6.1 所示。

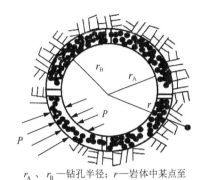

r_A、r_B—钻孔半径；r—岩体中某点至
钻孔中心的距离；P—径向压力。

图 6.6.1　径向载荷试验的力学模型

6.6.2　仪器设备

1）钻孔膨胀剂或钻孔压力计。
2）液压泵及高压软管。
3）压力表、扫孔器、模拟管、校正仪、定向杆。
4）起吊设备。

6.6.3　制样要求

应采用金刚石钻头钻取试验孔，孔壁应平直光滑，孔内残留岩芯与石碴应清除干净，
孔壁应清洗，孔口应保护；孔径应根据仪器要求确定；试验段岩性应与孔径 4 倍范围内
的岩性相同；如有相邻两试点，两试点加压段边缘之间距离不应小于 1 倍加压段长，加
压段边缘距孔口的距离不应小于 1 倍加压段长，加压段边缘距孔底的距离不应小于 0.5
倍的加压段长。

6.6.4　操作步骤

1. 试验地质描述

1）钻孔钻进过程的情况。
2）岩石名称、结构及主要矿物成分。
3）岩体结构面的类型、产状、宽度、充填物性质。
4）地下水水位、含水层与隔水层分布。
5）钻孔平面布置图和钻孔柱状图。

2. 试验准备

（1）采用钻孔膨胀计试验准备工作

应向钻孔内注水至孔口，并将扫孔器放入孔内进行扫孔，直至连续 3 次收集不到岩
块为止。将模拟管放入孔内直至孔底，如畅通无阻即可进行试验。

按仪器使用要求，将组装后的探头放入孔内预定深度，施加 0.5MPa 的初始压力，探头即自行固定，读取初始读数。

（2）采用钻孔压力计试验准备工作

应将扫孔器放入孔内进行扫孔，直至连续 3 次收集不到岩块为止。将模拟管放入孔内直至孔底，如畅通无阻即可进行试验。

按仪器使用要求，将组装后的探头用定向杆放入孔内预定深度。在定向后立即施加 0.5～2.0MPa 的初始压力，探头即自行固定，读取初始读数（任意方向钻孔均可采用钻孔压力计，可在水下试验，也可在干孔中试验）。

3. 加载方式

1）将组装后的探头放入孔内预定深度，并经定向后立即施加 0.5MPa 的初始压力。

2）试验最大压力为预定压力的 1.2～1.5 倍，分为 7～10 级，按最大压力等分施加。加载方式采用逐级一次循环法或大循环法，加压后立即读数，以后每隔 3～5min 读数一次。变形稳定标准如下：

① 当采用逐级一次循环法时，相邻两次读数差与同级压力下第一次变形读数和前一级压力下最后一次变形读数差之比小于 5%时，认为变形稳定，即可进行退压。

② 当采用大循环法时，相邻两循环读数差与第一次循环的变形稳定读数之比小于 5%时，认为变形稳定，即可进行退压。大循环次数不少于 3 次。

③ 退压后的稳定标准与加压时的稳定标准相同。

3）在每一次循环过程中退压时，压力应退至初始压力。最后一次循环在退至初始压力后进行稳定值读数，然后将全部压力退至零，保持一段时间后再移动探头。

6.6.5　成果整理

1）采用钻孔膨胀计或压力计进行试验时，岩体弹性（变形）模量为

$$E = P_y \left(1 + \mu\right) \frac{d}{\Delta d} \qquad (6.6.1)$$

式中，E——岩体弹性（变形）模量，MPa。当以总变形 Δd_t 代入式中计算时，为变形模量 E_0；当以弹性变形 Δd_e 代入式中计算时，为弹性模量 E。

P_y——试验压力与初始压力之差，MPa。

d——实测钻孔直径，cm。

Δd——岩体径向变形，cm。

2）采用钻孔千斤顶进行试验时，岩体弹性（变形）模量为

$$E = K_0 P_y \left(1 + \mu\right) \frac{d}{\Delta d} \qquad (6.6.2)$$

式中，K_0——与三维效应、传感器灵敏度、加压角及弯曲效应等有关的系数，根据率定确定。

3）变形钻孔径向加压法试验记录应包括工程名称、试验孔编号、试验孔位置、钻

孔岩芯柱状图、测点编号、测点深度、试验方法、测点方向、测点处钻孔直径、初始压力、钻孔弹模计率定系数、各级压力下的读数。

4）除了测量岩体变形参数外，岩体变形钻孔径向加压法试验还可用于岩体灌浆加固效果的检测等方面。

6.6.6　规律总结

1）相对于承压板法，钻孔径向加压法数据多而且可靠，建立在大量数据基础上的综合评估结果，必然更接近岩体模量的真实值。

2）完整和较完整的中硬岩和软质岩可采用钻孔膨胀计，各类岩体均可采用钻孔弹模计。

3）如果将工程区按岩石分级划分不同区域，在每个区域多个测段进行试验，则可用数理统计或简单的加权平均法评估工程区岩体整体变形模量和弹性模量。

参 考 文 献

邓力争，2012. 大桥水库昔格达地层岩体现场载荷试验研究[J]. 四川水力发电，31（2）：186-187.

凡远行，谢红强，卓莉，等，2015. 基于现场承压板试验的岩体变形参数及修正方法[J]. 四川大学学报（工程科学版），47（增刊2）：61-66.

郭喜峰，谭新，彭潜，2018. 龙门峡水电站岩体力学试验及参数取值[J]. 地下空间与工程学报，14（增刊1）：68-72.

郭喜峰，晏鄂川，吴相超，等，2014. 引汉济渭工程边坡岩体抗剪强度特性研究[J]. 岩石力学与工程学报，33（增刊2）：3589-3594.

马杰荣，江徐仙，2011. 边坡治理工程中岩体直剪试验成果分析[J]. 人民珠江，32（增刊1）：59-61.

潘亨永，王殿春，贺猛，2012. 广东清远抽水蓄能电站地下厂房岩体结构面直剪试验[J]. 人民珠江，33（2）：28-31.

张晓超，2012. 某水电站坝基岩体结构面直剪试验研究[J]. 人民长江，43（2）：66-69.

第7章　岩体应力测试

在漫长的地质年代里，由于地质构造运动等原因，地壳物质产生了内应力效应，这种应力称为地应力。地应力通常包括两部分：由覆盖岩石重力引起的自重应力和由邻近地块或底部传递过来的构造应力。岩体地应力是重大工程论证、设计和施工必须进行的研究工作，工程岩体稳定性，如深埋隧道与地下工程中的岩爆和大变形，就与高地应力密切相关。为准确评价岩体地应力状态，除了采用地质力学和岩体力学原理进行理论分析外，还需要开展地应力定量测试（林宗元，2005）。

本章主要介绍水压致裂法、空心包体孔壁应变法、岩石声发射 Kaiser 效应测试法和门塞式洞壁二次应力测试。

7.1　水压致裂法

7.1.1　目的与原理

水压致裂法是指在钻孔内用两个可膨胀的橡胶封隔器将钻孔的试验段隔离开来，施加水压，通过测量（在试验水平面）岩石的裂隙产生、传播、保持和重新开裂所需水压力来确定垂直于钻孔面的最大、最小主应力的方法。它们的方向一般通过观测和测量由水压力导致钻孔壁破裂（水压致裂）面的方位获得（林宗元，2005）。水压致裂法简图如图 7.1.1 所示。

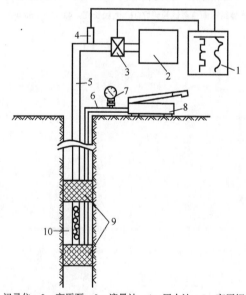

1—记录仪；2—高压泵；3—流量计；4—压力计；5—高压钢管；
6—高压胶管；7—压力表；8—泵；9—封隔器；10—压裂段。

图 7.1.1　水压致裂法简图

水压致裂法的特点如下：

1）这种方法是在超深孔内唯一能确定岩体应力的一种技术。它的测试深度在我国已经达到 1000m。

2）此方法的优点是不需要预先知道岩石的弹性模量，而且在水下测试也无困难。

3）此法假设钻孔方向是其中一个主应力方向，垂直应力一般是根据上覆岩层重力来计算的。如果钻孔方向偏离主应力方向很大（大于 ±15°），则误差也会很大。

4）这种方法只能确定钻孔横截面上的二维应力状态，地应力场的一个主应力方向与井孔轴向平行的情况很少。

5）在利用水压致裂法进行三维地应力测量时，需要在 3 个不同方向的井孔中分别进行测量。在测量过程中，井壁围岩是在张-张-压或张-压-压的三维应力状态下破裂的，并不符合最大单轴张应力破裂准则的应力条件。

6）在复杂地质构造或在山区峡谷等复杂地貌条件下，钻孔方向一般并非主应力方向，如果不假定主应力方向，那么测试结果对实际生产用处不大。

7）在传统水压致裂法确定的钻孔横截面上最大和最小的应力值中，最大应力精度低，最小应力精度高，因此测试结果的整体精度达不到要求的精度。

7.1.2　仪器设备

水压致裂法用到的设备主要如下。

1）钻机设备，主要用于竖直打孔，找到规范深度处的完整岩石段。钻机的功率应保证能够钻到规范深度，钻孔的孔径应与测试仪器尺寸相匹配。HZ-130Y 钻机如图 7.1.2 所示。

图 7.1.2　HZ-130Y 钻机

2）水压致裂的加压设备，高压水泵系统应具有在加压范围内恒定液流的能力。

3）压力测试仪器（图 7.1.3）、数据采集仪、封隔器、印模器（图 7.1.4）等。

图 7.1.3　压力测试仪器

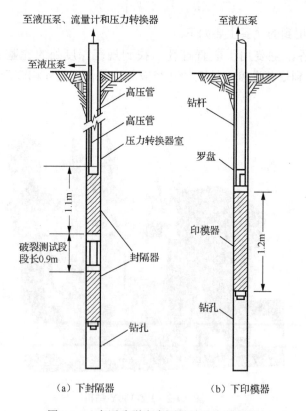

（a）下封隔器　　　　（b）下印模器

图 7.1.4　水压致裂应力测量钻孔内的设备

7.1.3　操作步骤

1）在选定测试部位打一钻孔，根据工程要求测定试验段大概的深度，再根据取出的岩芯、钻孔电视或声波探测检查孔壁情况，选定测试段的长度与深度。

2）将橡胶封隔器组装好并下入孔内至预定深度，随后向封隔器施加压力使其膨胀，形成一个封孔隔段，记录测试段的长度和深度。

3）由地表管路泵注入高压水，对试验段施压，同时记录流量、压力随时间的变化。当压力持续增加到钻孔围岩破裂时，压力突然下降，这时的压力称为破裂压力（P_t），记录 P_t 值，继续加大泵量，使破裂拓展，然后停止泵压，此时形成瞬时关闭压力（P_s），记录 P_s 值。

4）再次加压，使裂缝重新张开，此时的压力称为裂缝重张压力（P_r），然后停止泵压，并记录它的关闭压力（P_s）值。可以根据试验情况确定循环次数。

5）取出封隔器，下入橡胶印模器，确定破裂方向。

7.1.4　成果整理

1）根据实测压力过程（图 7.1.5）曲线确定压裂过程中各个特征点参数。

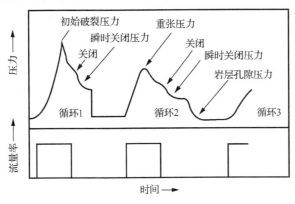

图 7.1.5　压力-时间曲线

2）根据印模或钻孔录像资料绘制压裂缝形状，确定压裂缝方位。

3）测试成果应包括各段的破裂压力 P_b、瞬时关闭压力 P_s、重张压力 P_r、孔隙压力 P_0、静水压力 P_h、岩石抗拉强度 σ_t、钻孔横截面上大平面主应力 S_H 和小平面主应力 S_h。

4）按下列公式计算岩体应力。

根据初始裂隙在切向应力最小的部位发何时能以及关闭压力必须和自小主应力相平衡的关系，在有孔隙压力 P_0 的情况下，可以得到垂直于钻孔平面的两个主应力的公式。

$$S_h = P_s \tag{7.1.1}$$

$$S_H = 3S_h - P_b - P_0 + \sigma_t \tag{7.1.2}$$

$$S_\text{h} = 3S_\text{h} - P_\text{r} - P_0 \tag{7.1.3}$$

式中，S_H、S_h——分别为钻孔横截面上的大、小平面主应力；

　　　　P_b——岩体破裂单位压力，MPa；

　　　　P_0——岩体孔隙单位压力，MPa；

　　　　σ_t——岩石抗拉强度，MPa；

　　　　P_s——瞬时关闭单位压力，MPa；

　　　　P_r——岩体裂缝重张单位压力，MPa。

当压力传感器安置在地面时，实测的应力还需要叠加静水压力 P_h。

5）当钻孔为铅直方向时，钻孔横截面上大、小主应力为最大和最小水平主应力，最大水平主应力方向为水平面内破裂缝的方向。

7.1.5　典型应用

晋城矿区某矿 9 号煤层发育基本稳定，巷道揭露的煤层平均厚度为 1.55m，煤层层位稳定，结构简单，局部地段在煤层中含夹矸 1~2 层，煤层倾角 3°~4°。直接顶主要以泥质砂岩和砂质泥岩为主，老顶主要以中砂岩和细砂岩为主。在 3 条巷道内各选择 1 个位置布置测站，编号为 1~3 号，采用 SYY-56 型水压致裂地应力测试装置进行地应力测试。1 号测站位于 93222 巷距巷口 85m 处，该测站埋深约为 300m；2 号测站位于 93101 巷距巷口 1140m 处，该测站埋深约为 325m；3 号测站位于 92102 巷距巷口 2220m 处联络巷内，该测站埋深约为 210m。

1~3 号测站测量得到水压致裂曲线和方位角，3 个测站的测量结果如表 7.1.1 所示。

表 7.1.1　3 个测站的测量结果

测站	埋深/m	最大水平主应力 1/MPa	最大水平主应力 2/MPa	最大水平主应力 3/MPa	最大主应力方位角
1 号	300	11.11	7.45	7.95	N46.2°W
2 号	325	12.52	6.70	8.61	N42.3°W
3 号	210	7.63	3.78	5.57	N37.1°W

测量结果显示，最大水平主应力数值不大，为 7.63~12.52MPa。最大主应力方位角为 N37.1°W~N46.2°W，且最大水平主应力随埋深增大而增大。

7.1.6　优化改进

1. 水压致裂设备溢流阀优化改造

（1）原理方法

在水压致裂仪双回路装置端口加上溢流阀，即将溢流阀接在封隔器与钻杆之间，如图 7.1.6 所示。溢流阀的内部设计简单，其整个设备全部由钢铁制成，所以密封性较好（梁超等，2016）。

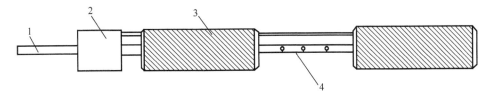

1—钻杆；2—溢流阀；3—封隔器；4—致裂室。

图 7.1.6　优化水压致裂仪回路装置

（2）优化结果

1）现场测试表明，优化方案可行，改造合理，止水效果好，试验数据准确可靠。

2）该设备避免了测量时与造孔的相互影响，明显提高了工作效率，减轻了劳动强度，并且质量小、体积小，操作便捷，适用于煤矿井下深部作业。

3）该设备单回路和双回路设备相结合，可更好地应用于各种环境下的地应力测量，并且增强了测量精度。

2. 超高压水压致裂法地应力测试系统（100MPa）

（1）原理方法

马鹏等（2012）选择超高压液压泵作为加压设备研制了一套测试系统，包括以下仪器设备。

1）超高压液压泵 4 台。最高压力为 125MPa，流量为 1L/min，配备容量大于 10L 的节油器。

2）试验钢管。设计压力，选择高强度的无缝钢管，外径为 38mm，长为 250mm，采用外接头连接及先进的高压密封技术。

3）封隔器（及印模器）。设计外径为 90mm，长度约为 150mm，承受压力为 100MPa 以上，内部采用了先进的高压密封技术，外部采用了双道加强钢环。

4）油管及接头。采用进口的高压油管和快速接头，承受压力为 125MPa 以上，具有耐高压、高密封性能。

5）测量系统。120MPa 压力传感器，配备 x-y 函数记录仪和数字自动采集仪。

6）承受 100MPa 压力的多通、截止阀和逆止阀。

（2）优化结果

逐步完善对超高压水压致裂法地应力测试系统的研制、改进和应用，取得了较多、较好的现场宝贵测试经验和测试成果，有效地解决了锦屏超深埋洞室围岩超高原始地应力的测试难题。

3. 水压致裂地应力测量中可视化定向装置

（1）原理方法

可视化定向装置主要有电子罗盘、激光发生器、微型摄像机、中心定位装置、接杆、传输线、罗盘显示屏、影像显示屏等（图 7.1.7）。接杆推动微型摄像机、电子罗盘、激光发生器、中心定位装置沿着已有的岩体钻孔移动，微型摄像机实时扫描岩体钻孔的影像，影像显示屏实时显示微型摄像机扫描岩体钻孔的影像并确定裂隙的存在。打开激光发生器，激光发生器发射一条激光线，调整接杆使激光线指向岩体裂隙。罗盘显示屏实时显示电子罗盘的方向，即岩体裂隙的方向和倾角（吴志刚等，2010）。

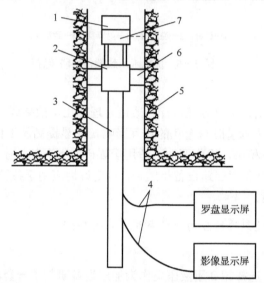

1—电子罗盘；2—微型摄像机；3—接杆；4—传输线；5—钻孔壁；6—中心定位装置；7—激光发生器。

图 7.1.7　可视化定向装置构成

（2）优化结果

1）采用可视化定向装置，可以大幅度提高测量精度。电子罗盘分辨率为±0.1°，测量准确度为±0.5°，重复性为±0.2°。提高水压致裂法地应力测量中水平主应力方向的精度，可推动水压致裂地应力测量技术的发展。

2）简化地应力测量中裂隙的测量方式，提高系统的可靠性。

3）可视化定向装置也可作为裂隙场分布场特征研究的仪器。

7.2　空心包体孔壁应变法

7.2.1　目的与原理

孔壁应变法是借助粘贴在钻孔孔壁上的电阻应变片测量套孔应力解除前后孔壁表面的应变变化，根据弹性理论计算岩体中一点的三向应力的方法。

空心包体应变计由嵌入环氧树脂筒中的 3 组应变丛组成,每组应变丛有 4 个应变片,其结构如图 7.2.1 所示。应变计有一个环氧树脂浇筑的外层，它使电阻应变片嵌在筒壁内，其外层厚度约 0.5mm。环氧树脂筒内有一个足够大的内腔，用来装胶黏剂。另有一个环氧树脂塞，使用时将筒内腔装满胶黏剂，然后将栓塞插入内腔约 15mm 深处，用铅丝将其固定。栓塞另一端有一个木质导向定位棒，以使应变计顺利安装在所需的位置上。将应变计送入钻孔预定位置后，用力推动安装杆，可将铅丝切断，继续推进可使胶黏剂经栓塞小孔流出，进入应变计和钻孔之间的间隙，经过一定时间，胶黏剂完全固化后，即可进行套钻解除。

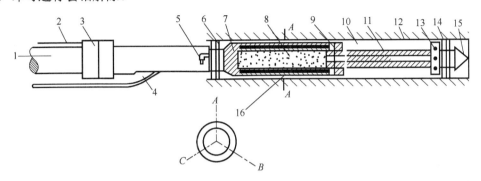

1—安装杆；2—定向器导线；3—定向器；4—读数电缆；5—定向鞘；6—密封圈；
7—环氧树脂筒；8—空腔（内装胶黏剂）；9—固定鞘；10—应力计与孔壁之间的空隙；
11—栓塞；12—岩石钻孔；13—出胶小孔；14—接头；15—导向头；16—应变丛。

图 7.2.1　空心包体应变计的结构

孔壁应变法的适用范围如下：

1）适用于在完整或较完整致密和细粒结构的岩体中测试，在破碎岩体、薄层或出现饼状岩芯处不宜使用。在粗粒结晶或砾岩中，最好改用其他方法。

2）空心包体应变计的测试深度一般不大，在地下水位以下的岩体一般不宜使用。

3）此法只需通过一个钻孔测量，就能得到三向应力。

缺点如下：

1）推导反演计算方程式时都假设岩体具有弹性、均值和各向同性的性质，而这与实际情况并不总是相符的。

2）材料本构方程中弹性模量和泊松比的取值一般依室内试验来确定，而现场实际条件与室内试验条件往往不同，因此会影响反演结果的准确性。

3）因需要预先设置安装测试仪器的钻孔，致使在测量时已造成部分初始地应力释放。

7.2.2　仪器设备

本测试所需仪器设备主要由钻孔部分和测试部分组成。钻孔部分包括钻机等取芯配套设施，是为了在围岩适当深度处寻找完整的小孔段，包括大孔、喇叭口、小孔。测试部分主要包括空心包体应变计处及相应的推送装置，推送装置可将测试仪器推送至小孔深度处，进行空心包体应力解除法测试。主要设备如下：

1）量测仪表及安装设备，空心包体应变计（图 7.2.2），静态电阻应变仪，推送杆及安装器，孔壁、孔端擦洗器及烘干器，水平及垂直定向装置，围压率定器，稳压电源设备。

2）钻机（图 7.2.3）、钻孔及配套的岩芯管等器材，以及 ϕ36mm 钻头、ϕ130mm 钻头、孔底磨平钻头、锥形钻头等工具。

图 7.2.2　空心包体应变计

图 7.2.3　XY-2 重型钻机

7.2.3　操作步骤

1）在选定试验部位用 ϕ130mm 钻头钻至预定深度，并取出岩芯。当钻水平孔时，钻孔一般要求上倾 3°～5°，以便排水排碴，如图 7.2.4 所示。

图 7.2.4　钻水平孔操作

2）用磨平钻头磨平孔底。

3）用锥形钻头在孔底钻一个喇叭口。

4）用 ϕ36mm 钻头钻一个孔深 300～400mm 的同心孔，如果取出的岩芯无裂隙，即可作为测试区段，如图 7.2.5 所示。

图 7.2.5　完整小岩芯

5）先用清水将测试段冲洗干净。如果是空心包体应变计，还需用高压空气吹干或用电热烘烤器烘干（注意温度不要太高），最后用丙酮擦洗干净。

6）用安装杆将空心包体应变计送入测试孔。如果是空心包体应变计，则推动安装杆，使空腔内胶黏剂从栓塞小孔流出，进入空心包体应变计和孔壁之间的间隙，从而使空心包体应变计固结在测试孔里。

7）套钻解除，用 ϕ130mm 钻头下入孔内，并向孔内充水，同时测读空心包体应变计的初始应变值。当数值稳定后，即可开机进行套钻解除，一般要求解除 3～5cm 深度测读一次，直到空心包体应变计读数稳定为止，解除结束。

8）取出带有空心包体应变计的岩芯，如图 7.2.6 所示，将它放入围压率定器内进行率定，确定岩石的弹性模量。

图 7.2.6　带空心包体应变计的岩芯

9）对取出的岩芯及附近地层情况进行描述。

7.2.4 数据整理

1）每级各电阻片解除应变测定值按下列公式计算：

$$\varepsilon_k = \varepsilon_{nk} - \varepsilon_{0k} \tag{7.2.1}$$

式中，ε_k——第 k 电阻片解除应变测定值，$\mu\varepsilon$；

ε_{nk}——解除后第 k 电阻片应变仪读数，$\mu\varepsilon$；

ε_{0k}——解除前第 k 电阻片应变仪读数，$\mu\varepsilon$。

2）绘制解除过程曲线（应变与解除深度关系曲线）。

3）根据解除过程曲线，结合地质条件试验情况，选取各测量片的解除应变测定值。

4）根据围压试验，绘制压力-应变关系曲线，计算岩石弹性模量和泊松比。

5）应力计算。

① 钻孔围岩应力分布形式。针对在无限体围岩中设立的一个钻孔，岩体中任意一点的应力状态都是三维的，它由 6 个独立的应力分量，即 σ_x、σ_y、σ_z、τ_{xy}、τ_{yz}、τ_{zx} 所决定，如图 7.2.7 所示。

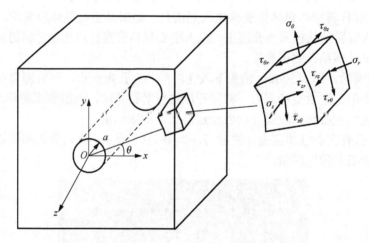

图 7.2.7   三维钻孔围岩应力分布状态图

钻孔边围岩应力分布公式如下：

$$\sigma_r = \frac{\sigma_x + \sigma_y}{2}\left(1 - \frac{a^2}{r^2}\right) + \frac{\sigma_x - \sigma_y}{2}\left(1 - 4\frac{a^2}{r^2} + 3\frac{a^4}{r^4}\right)\cos 2\theta + \tau_{xy}\left(1 - 4\frac{a^2}{r^2} + 3\frac{a^4}{r^4}\right)\sin 2\theta \tag{7.2.2}$$

$$\sigma_\theta = \frac{\sigma_x + \sigma_y}{2}\left(1 + \frac{a^2}{r^2}\right) - \frac{\sigma_x - \sigma_y}{2}\left(1 + 3\frac{a^4}{r^4}\right)\cos 2\theta - \tau_{xy}\left(1 + 3\frac{a^4}{r^4}\right)\sin 2\theta \tag{7.2.3}$$

$$\sigma_z' = -\upsilon\left[2\left(\sigma_x - \sigma_y\right)\frac{r^2}{a^2}\cos 2\theta + 4\tau_{xy}\frac{a^2}{r^2}\sin 2\theta\right] + \sigma_z \tag{7.2.4}$$

$$\tau_{r\theta} = \frac{\sigma_x - \sigma_y}{2}\left(1 + 2\frac{a^2}{r^2} - 3\frac{a^4}{r^4}\right)\sin 2\theta + \tau_{xy}\left(1 + 2\frac{a^2}{r^2} - 3\frac{a^4}{r^4}\right)\cos 2\theta \quad (7.2.5)$$

$$\tau_{\theta z} = \left(-\tau_{zx}\sin\theta + \tau_{yz}\cos\theta\right)\left(1 + \frac{a^2}{r^2}\right) \quad (7.2.6)$$

$$\tau_{rz} = \left(\tau_{zx}\cos\theta + \tau_{yz}\sin\theta\right)\left(1 - \frac{a^2}{r^2}\right) \quad (7.2.7)$$

式中，σ_x，σ_y，σ_z——原岩应力分量；

　　　σ_r——孔心径向应力；

　　　σ_θ——孔心切向应力；

　　　$\tau_{r\theta}$、$\tau_{\theta z}$、τ_{rz}——孔壁剪应力；

　　　θ——孔心极角，自水平轴（x）起始，逆时针为正，顺时针为负；

　　　r——极矩；

　　　a——钻孔半径。

在上述公式中，原岩应力采用的是直角坐标系，孔边的围岩应力状态采用的是柱坐标系，柱坐标系的 z 轴和直角坐标系的 z 轴一致，柱坐标系中的 θ 角从 x 轴逆时针旋转计数为正。

② 孔壁应变和三维应力分量之间的关系。孔壁为平面应力状态，只有 σ_θ、τ_z、$\tau_{\theta z}$ 3 个应力分量，每个应变花的 4 个应变电阻片所测应变值 ξ_θ、ξ_z、ξ_{45}、ξ_{-45}（ξ_{135}）和它们的关系如下：

$$\xi_\theta = \frac{1}{E}\left(\sigma_\theta - \upsilon\sigma_z'\right) \quad (7.2.8)$$

$$\xi_z = \frac{1}{E}\left(\sigma_z' - \upsilon\sigma_\theta\right) \quad (7.2.9)$$

$$\gamma_{\theta z} = 2\xi_{45} - \left(\xi_\theta + \xi_z\right) = \left(\xi_\theta + \xi_z\right) - 2\xi_{-45} = \frac{\tau_{\theta z}}{G} \quad (7.2.10)$$

式中，ξ_θ、ξ_z、ξ_{45}、ξ_{-45}——孔壁周向、轴向，以及与钻孔轴线呈 45° 和 -45° 的应变值；

　　　$\gamma_{\theta z}$——剪切应变值；

　　　G——剪切模量；

　　　υ——泊松比；

　　　σ_θ、σ_z'——应力分量。

将 σ_θ、σ_x'、$\tau_{x\theta}$ 转变成原岩应力分量 σ_x、σ_y、σ_z、τ_{xy}、τ_{yz}、τ_{zx} 的表达式，可得下列方程：

$$\xi_\theta = \frac{1}{E}\left\{\left(\sigma_x + \sigma_y\right) + 2\left(1 - \upsilon^2\right)\left[\left(\sigma_y - \sigma_x\right)\cos'2\theta - 2\tau_{xy}\sin 2\theta\right] - \upsilon\sigma_x\right\} \quad (7.2.11)$$

$$\xi_z = \frac{1}{E}\left[\sigma_z - \upsilon\left(\sigma_x + \sigma_y\right)\right] \quad (7.2.12)$$

$$\gamma_{\theta z} = \frac{4}{E}\left(1+\upsilon\right)\left(\tau_{yz}\cos\theta - \tau_{zx}\sin\theta\right) \tag{7.2.13}$$

$$\xi_{\pm45} = \frac{1}{2}\left(\xi_{\theta} + \xi_z \pm \gamma_{\theta z}\right) \tag{7.2.14}$$

③ K 系数计算。应变电阻片是附着在传感器上的，而不是直接粘贴在孔壁上的。应变电阻片与孔壁之间有大约 2mm 的间隙（小孔孔径与传感器直径之差），因而其测出的应变值和孔壁应变直接测试出来的值是有所差别的。为了修正这一差别，在公式中引入 4 个修正系数 K_1、K_2、K_3、K_4（统称为 K 系数），科学家彭德（Pender）和邓肯·法马（Duncan Fama）给出了 K 系数的计算公式，其表示如下：

$$K_1 = d_1\left(1-\upsilon_1\upsilon_2\right)\left(1-2\upsilon_1+\frac{R_1^2}{\rho^2}\right)+\upsilon_1\upsilon_2 \tag{7.2.15}$$

$$K_2 = \left(1-\upsilon_1\right)d_2\rho^2 + d_3 + \upsilon_1\frac{d_4}{\rho^2} + \frac{d_5}{\rho^4} \tag{7.2.16}$$

$$K_3 = d_6\left(1+\frac{R_1^2}{\rho^2}\right) \tag{7.2.17}$$

$$K_4 = \left(\upsilon_2-\upsilon_1\right)d_1\left(1-2\upsilon_1+\frac{R_1^2}{\rho^2}\right)\upsilon_2 + \frac{\upsilon_1}{\upsilon_2} \tag{7.2.18}$$

其中

$$d_1 = \frac{1}{1-2\upsilon_1+m^2+n(1-m^2)}$$

$$d_2 = \frac{12(1-n)m^2(1-m^2)}{R_2^2 D}$$

$$d_3 = \frac{1}{D}\left[m^4\left(4m^2-3\right)(1-n)+x_1+n\right]$$

$$d_4 = \frac{-4R_1^2}{D}\left[m^6\left(1-n\right)+x_1+n\right]$$

$$d_5 = \frac{3R_1^4}{D}\left[m^4\left(1-n\right)+x_1+n\right]$$

$$d_6 = \frac{1}{1+m^2+n(1-m^2)}$$

$$n = \frac{G_1}{G_2}$$

$$m = \frac{R_1}{R_2}$$

$$D = (1 + x_2 n)\left[x_1 + n + (1-n)(3m^2 - 6m^4 + 4m^6) \right] + (x_1 - x_2 n)m^2 \left[(1-n)m^6 + (x_1 + n) \right]$$

$$x_1 = 3 - 4\upsilon_1$$

$$x_2 = 3 - 4\upsilon_2$$

式中，R_1——空心包体内半径；

$\quad\quad R_2$——安装传感器的小孔半径；

$\quad\quad G_1$、G_2——分别为空心包体材料环氧树脂和岩石的剪切模量；

$\quad\quad \upsilon_1$、υ_2——分别为空心包体材料和岩石的泊松比；

$\quad\quad \rho$——应变片在空心包体中的径向距离；

$\quad\quad m$——空心包体内半径与传感器半径之比；

$\quad\quad n$——空心包体材料环氧树脂与岩石剪切模量之比。

④ 三维应力分量的确定。采用前面计算得到的 4 个修正系数 K_1、K_2、K_3、K_4，其表达形式如下：

$$\xi_\theta = \frac{1}{E}\left\{ (\sigma_x + \sigma_y)K_1 + 2(1-\upsilon^2)\left[(\sigma_y - \sigma_x)\cos 2\theta - 2\tau_{xy}\sin 2\theta \right]K_2 - \upsilon\sigma_x K_4 \right\} \quad (7.2.19)$$

$$\xi_z = \frac{1}{E}\left[\sigma_z - \upsilon(\sigma_x + \sigma_y) \right] \quad (7.2.20)$$

$$\gamma_{\theta z} = \frac{4}{E}(1+\upsilon)(\tau_{yz}\cos\theta - \tau'_{zx}\sin\theta)K_3 \quad (7.2.21)$$

式中，ξ_θ、ξ_z——分别为孔壁切向、轴向应变值；

$\quad\quad \gamma_{\theta z}$——剪切应变值；

$\quad\quad E$——弹性模量；

$\quad\quad \upsilon$——泊松比。

每组应变花的测量结果可得到 4 个方程，3 组应变花一共可得到 12 个方程，其中至少有 6 个独立方程，因此可求解出原岩应力的 6 个分量。

⑤ 主应力大小确定。由弹性理论可知，在求得了一点的 6 个应力分量后，该点的 3 个主应力是下述一元三次方程的 3 个根：

$$\sigma^3 + 3q_1\sigma^2 + 3q_2\sigma + q_3 = 0 \quad (7.2.22)$$

其中

$$q_1 = -\frac{\sigma_x + \sigma_y + \sigma_z}{3} \quad (7.2.23)$$

$$q_2 = \frac{\sigma_x\sigma_y + \sigma_y\sigma_z + \sigma_z\sigma_x - \tau_{xy}^2 - \tau_{yz}^2 - \tau_{zx}^2}{3} \quad (7.2.24)$$

$$q_3 = -\sigma_x\sigma_y\sigma_z - 2\tau_{xy}\tau_{zx} + \sigma_x\tau_{yz}^2 + \sigma_y\tau_{zx}^2 + \sigma_z\tau_{xy}^2 \quad (7.2.25)$$

再设：

$$q_4 = (q_1^2 - q_2)^{1/2} \quad (7.2.26)$$

$$q_5 = -q_1^3 + \frac{(3q_1q_2 - q_3)}{2} \tag{7.2.27}$$

$$\cos 3W = \pm \frac{q_5}{q_4^3} \tag{7.2.28}$$

式中，q_5 为正则取正号，q_5 为负则取负号。

由上述公式可求得最大主应力 σ_1、中间主应力 σ_2 和最小主应力 σ_3，如下：

$$\sigma_1 = -q_1 \pm 2q_4 \cos W \tag{7.2.29}$$

$$\sigma_2 = -q_1 \pm 2q_4 \cos\left(W + \frac{2}{3}\pi\right) \tag{7.2.30}$$

$$\sigma_3 = -q_1 \pm 2q_4 \cos\left(W + \frac{4}{3}\pi\right) \tag{7.2.31}$$

7.2.5　典型应用

四川某隧道内，地质钻探和地球物理勘探揭示，该地区的地层由下而上分别为侏罗纪火山岩、火山碎屑沉积岩系、第三纪陆相火山岩系及第四纪的黏土、砂砾等松散堆积，第四系覆盖颇厚。地应力测量段位置及地层岩性为：中风化粉砂岩，呈粉红色，岩质较硬，岩芯完整，多呈长柱状；粉砂泥岩，深红色，岩质较软，岩芯多呈短柱状和长柱状。

钻孔开孔直径为 130mm，沿隧道边墙水平钻至 15.5m 深度，磨平大孔孔底，钻喇叭孔；钻直径为 40mm 的小孔，钻进 40～60cm，用清孔器清除小孔内的泥沙。缓慢下放装有测量仪器的安装器到大孔孔底，探头进入小孔后，挤出储胶腔内的胶黏剂到探头与小孔孔壁之间，约 24h 后胶黏剂固化，进行应力解除。

图 7.2.8 所示为测点处的应力解除曲线。从图 7.2.8 可以看出，当套心深度到应变计附近时，应变读数迅速增大；超过应变计时，读数逐渐平稳。大部分曲线的变化规律是合理的，表明应变计工作正常，测量数据可信。

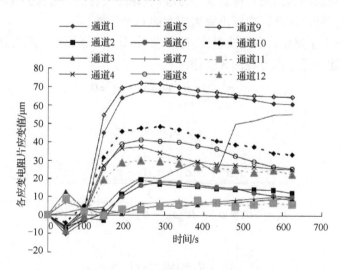

图 7.2.8　测点处的应力解除曲线

同时，通过现场围压试验得到岩芯的弹性模量和泊松比。结果表明，测点的弹性模量为 30GPa，泊松比为 0.35。

根据应力解除曲线获得的应变值、围压试验得到的弹性模量及泊松比，即可求得地应力状态，结果如表 7.2.1 所示（白金朋等，2013）。

表 7.2.1　主应力测量结果

测试深度/m	测点编号	最大主应力			中间主应力			最小主应力		
		数值/MPa	方向/(°)	倾角/(°)	数值/MPa	方向/(°)	倾角/(°)	数值/MPa	方向/(°)	倾角/(°)
15.5	1	8.5	93	−1	7.9	3	−3	7.6	195	−87

7.2.6　优化改进

采用空心包体温度影响修正技术进行温度修正。

1. 原理方法

在应力解除试验做完以后，取出带有改进型空心包体应力计（图 7.2.9）的岩芯，把岩芯放入变温箱中进行温度应变标定试验。调节变温箱的温度值，岩芯周围的温度会发生变化，同时电阻应变片的应变值也发生相应的变化。记录应变值随温度变化的情况，得到每一个电阻应变片的温度变化率，将其与温度传感器上的读数变化进行对比，进而可以得到准确的应变值，达到消除由温度变化引起测量误差的目的。

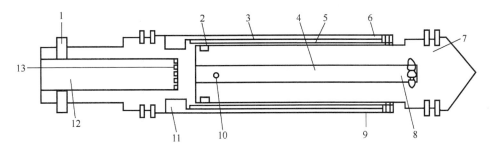

1—螺栓销钉；2—壳体；3—电阻应变片；4—胶黏剂；5—内层 PVC 管子；
6—环氧树脂；7—密封圈；8—胶黏剂流出孔；9—外套圆环；10—栓塞定向孔；
11—温度传感器连接处；12—导线电缆出口；13—电缆线出口。

图 7.2.9　改进型空心包体应力计的结构

2. 优化结果

改进型空心包体应力计装置结构新颖，外观独特，采用了温度传感器进行温度补偿，弥补了由温度变化引起的测量误差；同时，玻璃钢制作的外壳价格便宜，加工简单，粘贴电阻应变片、浇注环氧树脂的加工工艺简单方便，可以比较精确地测量出地应力，防止工程施工中发生由原岩应力而引起的安全事故。

7.3　岩石声发射 Kaiser 效应测试法

7.3.1　目的与原理

现场岩体应力测试方法被认为是目前确定或评估岩体地应力状态的有效方法。尽管如此，因现场岩体应力测试是一项费时且耗费财力的复杂工作，加之上述局限性，因此在一定程度上限制了现场岩体应力测试方法的推广应用，特别是对一些中小型工程来说，其实施起来困难更多。在此情况下，寻找一种更方便、更省时、更经济的试验测试方法，客观评价岩体地应力状态无疑是十分必要的。

在此背景下，人们提出了利用岩石受载产生声发射的 Kaiser 效应进行室内岩体地应力测定方法，这是近年发展起来并不断完善的一种新方法。由于该方法具有简便、易行、快速和经济等优点，因此在岩石力学研究及工程领域得到了越来越多的重视和认可，具有良好的发展和应用前景。

利用岩石声发射 Kaiser 效应测定岩体地应力的原理是脆性材料对其曾经受过的荷载作用具有记忆性。1950 年，德国科学家 Kaiser 发现受单向拉伸力作用的金属材料，只有当应力达到材料所受过的最大先期应力时才会有明显的声发射信号出现，这就是著名的 Kaiser 效应。后来 Goodman 等在岩石压缩试验中也证实了 Kaiser 效应的存在，即当岩石所受压应力大于最大先期压应力时才会有明显的声发射信号出现。利用岩石这一特性，通过在室内对不同方向的定位岩石试件进行单轴压缩试验，同时测定试件在受压过程中产生的声发射信号，根据其声发射信号突变点确定不同方向的应力分量，再用弹性力学平面或空间应力计算公式，得到平面或空间主应力及其主方向。近年来，该方法在实际工程中得到了广泛的应用（张志龙，2006）。

7.3.2　仪器设备

岩石声发射 Kaiser 效应测定岩体地应力，主要是通过对定向岩石试件进行单轴压缩试验，同时测定试件在受压过程中产生的声发射信号。其需要的主要设备是施加荷载的试验机和测定声发射信号的声发射测试系统；其次需要制备试件的钻石机、切石机和磨石机，量测试件尺寸的角尺、千分卡尺。

单轴压缩试验常采用 MTS815 程控伺服刚性试验机（图 3.2.5），声发射测试系统常采用 Micro-II Digital AE System（图 4.10.2）。

试验过程中，用恒定加载速率控制加载，一般加载速率为 15kN/min。后者灵敏度高，测试结果可靠，主要用于监测试件在荷载作用下产生的声发射信号。根据长期实践经验，声发射测试系统的增益和门槛电压分别设置为 35dB 和 0.5V 较为适宜。

7.3.3　制样要求

1. 试样采集

现场取样有两种方法：一种是从基岩表面或探洞取未扰动的块状岩石。该方法的优点是经济，且能较准确地标出岩样的方位；缺点是只适用浅层取样，且在探洞中取出的岩样可能受应力集中的干扰，给 Kaiser 效应测试带来不可预估的影响。另一种是取定向钻孔岩芯样。该方法的优点是可采取深层岩样，在探洞内能取到应力集中影响范围外的岩样；缺点是需要专门的定向设备，不经济，难以实现（付小敏等，2012）。

建议在探洞深部取卸荷带以外的岩样作为试验样品，并用红油漆在岩块上标注方位角和倾角。

2. 试件制备

为计算空间主应力，在室内进行空间 6 个方向的定向制样。首先，根据岩样上标注的方位角和倾角，将岩样恢复到现场的原始位置状态，再在上面寻找一个近水平的面，确定正北方向 N。以 N 作为 X 方向，建立 X、Y、Z 空间坐标系，并分别在 XOY 平面、XOZ 平面和 YOZ 平面上确定与两轴夹角为 45°的方向 $X45°Y$、$Y45°Z$ 和 $Z45°X$。按照 X、Y、Z、$X45°Y$、$Y45°Z$ 和 $Z45°X$ 空间 6 个方向（图 7.3.1）切取试件，每个方向至少切取 5 个。试件为 25mm×25mm×75mm 的长方体。在试件切、磨成形后，两个加载端面经手工精磨，使其平行度、垂直度与平整度得以充分保证，以符合岩石力学试验标准的要求。由于加载过程中试件上、下端的摩擦和应力集中作用会影响试件本身的声发射信号，因此应进行端部处理以消除这种干扰。目前，比较有效的处理方法是在试件上、下端贴上胶布或者涂抹润滑油。

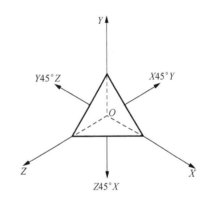

图 7.3.1　制样方向

7.3.4　操作步骤

单轴压缩试验操作步骤详见 3.2.3 节，声发射测试系统的操作步骤详见 4.10.4 节。主要操作步骤如下：

1）设置程控伺服刚性试验机和声发射系统参数。以荷载控制刚性试验机，加载速度为 15kN/min。声发射测试系统的增益和门槛电压分别设置为 35dB 和 0.5V。

2）将 AE 换能器用凡士林紧贴在试件的一个侧面上，并用橡皮筋固定，使 AE 换能器与试件侧面达到最佳耦合，以保证声发射信号测试精度。

3）将试件放在刚性试验机上进行单轴压缩试验，加载速度为 15kN/min，直至试件破坏。试验中，声发射测试系统的 AE 换能器将检测到岩石从产生微小破裂到完全破坏整个过程中出现的声发射信号，经前置放大器放大后由计算机自动记录，同时自动记录荷载大小和试验时间，并自动生成时间与荷载、时间与声发射特征值关系曲线。

4）进行试件破坏状态描述。

7.3.5　成果整理

地应力测试的主要成果是得到取样点的主应力大小和方位。通过对 X、Y、Z、$X45°Y$、$Y45°Z$、$Z45°X$ 空间 6 个方向的多块试件进行单轴压缩试验，同时测定每个试件在受压过程中的声发射信号，得到每个试件的试验时间与所受荷载，由此确定试验时间与声发射特征参数的关系曲线。利用每个定向试件的测试结果，即时间与声发射特征参数关系曲线确定声发射信号突变点（岩石 Kaiser 效应特征点）对应的荷载值，由此计算该试件所在方向的应力分量。每个方向的应力分量为该方向多个试件应力分量的算术平均值，由此可确定 X、Y、Z、$X45°Y$、$Y45°Z$、$Z45°X$ 6 个方向的空间应力分量。根据弹性力学理论，利用空间 6 个应力分量计算最大主应力 σ_1、中间主应力 σ_2 和最小主应力 σ_3 的大小和方位（付小敏等，2012）。

1．测试参数的选择与 Kaiser 效应特征点的确定

在试验成果整理中，岩石 Kaiser 效应特征点的确定是一个关键的环节，特征点选取的合理性直接影响空间主应力计算结果的准确性。试验过程中，计算机自动记录声发射事件、振铃计数和能量等多种参数。比较各种声发射参数与时间的关系曲线、声发射能量与时间的关系曲线，其中声发射信号突变点，即 Kaiser 效应特征点最明显。因此，一般利用声发射能量参数与时间关系曲线来确定 Kaiser 效应特征点。岩石是一种结构不均匀、裂隙发育的各向异性体。岩样在制备过程中可能产生新的加工裂纹，试件在受单轴压缩荷载作用时，变形初始阶段有一个明显的裂纹闭合过程。由于新的加工裂纹和初期裂纹闭合都可能在试件受压初期产生声发射信号，因此一般不会选取初始声发射信号出现点作为 Kaiser 效应特征点，而是把在声发射能量参数与时间关系曲线上确定的声发射信号急增点作为 Kaiser 效应特征点。同时，必须考虑到岩石不均匀性、试件制作时产生的加工裂纹及初始加载时由于摩擦等产生声发射活动的影响。一般情况下，只有对每个试件的声发射测试结果进行具体分析，并综合考虑同方向其他试件的声发射测试结果，才能保证确定的 Kaiser 效应特征点的准确性和可靠性。

图 7.3.2 所示为试件的声发射特征曲线，横坐标均为时间，右纵坐标为轴向应力，左纵坐标为声发射振铃计数。图 7.3.3 为累计能量曲线，其左纵坐标为声发射累计能量，每出现一个台阶说明声发射信号剧增一次。从图 7.3.3 中可以看出有几个明显的台阶，每个台阶表示岩石在该应力水平作用下产生了一个较大裂隙，并伴随着出现一次较强的声发射信号。台阶的起点对应声发射信号突变点，即 Kaiser 效应特征点。

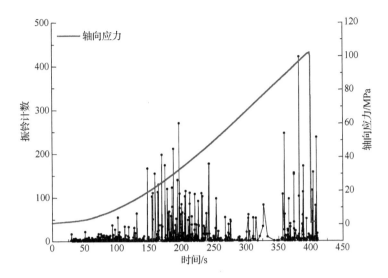

图 7.3.2　试件的声发射特征曲线

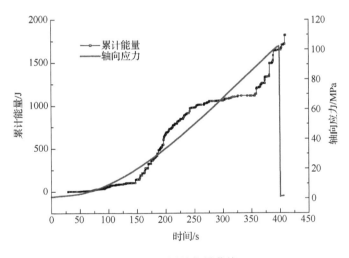

图 7.3.3　累计能量曲线

2. 应力值计算

由于岩石试件本身的结构差异及加工裂纹、初始裂纹闭合，导致同一地点、同一方向的不同试件测得的声发射特征曲线不一致，由曲线上 Kaiser 效应特征点确定的应力值也不相同。因此，每个方向需用多个试件进行试验，根据每个试件的 Kaiser 效应特征点确定其荷载值，再由试件的受力面积计算应力值，多个试件应力的算术平均值即为该方向的应力分量。所以，对于声发射试验的数据处理，首先要计算每个试件的 Kaiser 效应特征点对应的应力值。在本试验中，每个方向用了 5 个试件进行试验。由式（7.3.1）计算每个试件的 Kaiser 效应特征点对应的应力值：

$$\sigma_k = \frac{P_k}{A} \tag{7.3.1}$$

式中，σ_k——Kaiser 效应特征点对应的应力值，MPa；

　　　　P_k——Kaiser 效应特征点对应的荷载值，N；

　　　　A——试件横截面面积，mm²。

3. 计算主应力大小和方位角

根据每个试件岩石 Kaiser 效应特征点对应的应力值，以及式（7.3.2）计算 X、Y、Z、$X45°Y$、$Y45°Z$、$Z45°X$ 6 个方向的应力分量。

（1）求各方向的应力分量值

$$\begin{cases} \sigma_X = \dfrac{\sum\limits_{i=1}^{n} \sigma_{KXi}}{n} \\[3mm] \sigma_Y = \dfrac{\sum\limits_{i=1}^{n} \sigma_{KYi}}{n} \\[3mm] \sigma_Z = \dfrac{\sum\limits_{i=1}^{n} \sigma_{KZi}}{n} \\[3mm] \sigma_{X45°Y} = \dfrac{\sum\limits_{i=1}^{n} \sigma_{KX45Yi}}{n} \\[3mm] \sigma_{Y45°Z} = \dfrac{\sum\limits_{i=1}^{n} \sigma_{KY45Zi}}{n} \\[3mm] \sigma_{Z45°X} = \dfrac{\sum\limits_{i=1}^{n} \sigma_{KX45Zi}}{n} \end{cases} \tag{7.3.2}$$

式中，σ_X、σ_Y、σ_Z、$\sigma_{X45°Y}$、$\sigma_{Y45°Z}$、$\sigma_{Z45°X}$——分别为 X、Y、Z、$X45°Y$、$Y45°Z$、$Z45°X$ 6 个方向的应力分量；

　　　　σ_{KX}、σ_{KY}、σ_{KZ}、$\sigma_{KX45°Y}$、$\sigma_{KY45°Z}$、$\sigma_{KZ45°X}$——分别为 X、Y、Z、$X45°Y$、$Y45°Z$、$Z45°X$ 6 个方向各试件的 Kaiser 效应特征点对应的应力值；

　　　　n——每个方向的试件个数。

（2）求主应力量值

根据 σ_X、σ_Y、σ_Z、$\sigma_{X45°Y}$、$\sigma_{Y45°Z}$、$\sigma_{Z45°X}$ 6 个方向的应力分量，利用下列公式计算空间主应力 σ_1、σ_2、σ_3。

解三次方程：

$$\sigma^3 - J_1\sigma^2 + J_2\sigma - J_3 = 0 \qquad (7.3.3)$$

得各主应力值：

$$\begin{cases} \sigma_1 = 2\sqrt{\dfrac{-P}{3}}\cos\left(\dfrac{W}{3}\right) + \dfrac{1}{3}J_1 \\[3mm] \sigma_2 = 2\sqrt{\dfrac{-P}{3}}\cos\left(\dfrac{W+2\pi}{3}\right) + \dfrac{1}{3}J_1 \\[3mm] \sigma_3 = 2\sqrt{\dfrac{-P}{3}}\cos\left(\dfrac{W+4\pi}{3}\right) + \dfrac{1}{3}J_1 \end{cases} \qquad (7.3.4)$$

由式（7.3.4）得

$$\begin{cases} P = -\dfrac{1}{3}J_1^2 + J_2 \\[3mm] \theta = -\dfrac{2}{27}J_1^3 + \dfrac{1}{3}J_1 J_2 - J_3 \end{cases} \qquad (7.3.5)$$

其中，J_1、J_2、J_3 为应力状态的 3 个不变量，分别为

$$\begin{cases} J_1 = \sigma_X + \sigma_Y + \sigma_Z \\ J_2 = \sigma_X\sigma_Y + \sigma_Y\sigma_Z + \sigma_X\sigma_Z - \tau_{XY}^2 - \tau_{YZ}^2 - \tau_{XZ}^2 \\ J_3 = \sigma_X\sigma_Y\sigma_Z - \sigma_X\tau_{YZ}^2 - \sigma_Y\tau_{XZ}^2 - \sigma_Z\tau_{XY}^2 + 2\tau_{XY}\tau_{YZ}\tau_{XZ} \end{cases} \qquad (7.3.6)$$

$$\begin{cases} \tau_{XY} = \sigma_{X45°Y} - \dfrac{\sigma_X + \sigma_Y}{2} \\[3mm] \tau_{YZ} = \sigma_{Y45°Z} - \dfrac{\sigma_Y + \sigma_Z}{2} \\[3mm] \tau_{ZX} = \sigma_{Z45°X} - \dfrac{\sigma_Z + \sigma_X}{2} \end{cases} \qquad (7.3.7)$$

式（7.3.7）中的 σ_X、σ_Y、σ_Z、$\sigma_{X45°Y}$、$\sigma_{Y45°Z}$、$\sigma_{Z45°X}$ 6 个应力分量即为通过声发射试验确定的应力分量。

（3）求解主应力方向

主应力的方向与坐标轴 X、Y、Z 夹角的方向余弦按下式计算：

$$\begin{cases} l_i = \dfrac{1}{\sqrt{\left\{1+\left[\dfrac{(\sigma_i-\sigma_X)\tau_{YZ}+\tau_{XY}\tau_{XZ}}{(\sigma_i-\sigma_Y)\tau_{XZ}+\tau_{XY}\tau_{YZ}}\right]^2+\left[\dfrac{(\sigma_i-\sigma_X)(\sigma_i-\sigma_Y)-\tau_{XY}^2}{(\sigma_i-\sigma_Y)\tau_{XZ}+\tau_{XY}\tau_{YZ}}\right]^2\right\}}} \\[4mm] m_i = \dfrac{(\sigma_i-\sigma_X)\tau_{YZ}+\tau_{XY}\tau_{XZ}}{(\sigma_i-\sigma_Y)\tau_{XZ}+\tau_{XY}\tau_{YZ}}l_i \\[4mm] n_i = \dfrac{(\sigma_i-\sigma_X)(\sigma_i-\sigma_Y)-\tau_{XY}^2}{(\sigma_i-\sigma_Y)\tau_{XZ}+\tau_{XY}\tau_{YZ}}l_i \end{cases} \tag{7.3.8}$$

式中，$i=1，2，3$。

主应力的倾角和方位角可由下式计算：

$$\begin{cases} \alpha_i = \arcsin n_i \\[2mm] \beta_i = \arcsin \dfrac{m_i}{\cos\alpha_i} \end{cases} \tag{7.3.9}$$

式中，α_i——主应力σ_i与XOY平面的夹角，即倾角（仰角为正，俯角为负）；

β_i——主应力σ_i在XOY面上的投影与X轴的夹角，即方位角（逆时针为正，顺时针为负）。

将所得到的参数填入表 7.3.1 中。

表 7.3.1　岩石声发射 Kaiser 效应试验记录

岩石名称	试件编号	试件方向	试件尺寸		特征点荷载值/N	破坏荷载/N	特征点应力值/MPa	破坏应力值/MPa	备注
			直径/cm	面积/cm²					

班级：　　　　　　　　组别：　　　　　　　　日期：
试验者：　　　　　　　计算者：

7.3.6 规律总结

1. 现场实测与 Kaiser 效应测试值对比

尽管岩石声发射 Kaiser 效应的机理及其相关的理论问题还需要进一步研究，但从多个 Kaiser 效应测试值和现场实测值结果对比来看（表 7.3.2），Kaiser 效应的测试结果具有一定的可靠性，可以满足工程的要求。

表 7.3.2 Kaiser 效应地应力测试值与现场实测地应力值结果对比

试验者	试验地点	岩性	Kaiser 效应法			现场应力解除法		
			σ/MPa	方位角 β/（°）	倾角 α/（°）	σ/MPa	方位角 β/（°）	倾角 α/（°）
日本金川忠（1976 年）		风化凝灰岩	6±3			4±2		
		新鲜凝灰岩	12±3			8±2		
日本吉川澄夫	真鹤半岛		$\sigma_1=10±1.7$	N15°W		根据该区浅源地震的发震机制分析，其方向与 Kaiser 效应法一致		
			$\sigma_3=7±1.2$					
	伊豆长冈	安山岩	$\sigma_1=1.5±0.2$	N10°E				
			$\sigma_3=0.9±0.1$					
日本 Matao			$\sigma_x=6-10$			$\sigma_x=6$		
			$\sigma_y=12$			$\sigma_y=6$		
			$\sigma_z=10$			$\sigma_z=4\sim8$		
日本金川忠（1981 年）	开挖基坑	绿岩片岩	$\sigma_1=1.4\sim1.5$			$\sigma_1=0.72$		
	平坦地表	泥岩	$\sigma_1=1.2$			$\sigma_1=1.3$		
			$\sigma_3=1.2$			$\sigma_3=1.1$		
日本野口俊朗	玉原电站		26.3±4.4	（4 个孔轴方向的应力平均）		27.1		
中国水电顾问集团中南勘测设计研究院科学研究所	龙滩	砂岩	$\sigma_1=20$	$\beta_1=303$	$\alpha_1=8$	$\sigma_1=5.88$	$\beta_1=100$	$\alpha_1<40$
			$\sigma_2=7.2$	$\beta_2=217$	$\alpha_2=25$			
			$\sigma_3=6.5$	$\beta_3=196$	$\alpha_3=-63$			
	龙滩	板泥岩	$\sigma_1=23.3$	$\beta_1=96$	$\alpha_1=8$	$\sigma_1=17.64$	280	
			$\sigma_2=6.9$	$\beta_2=357$	$\alpha_2=-50$			
			$\sigma_3=1.9$	$\beta_3=12$	$\alpha_3=39$			
	大广坝	花岗岩	$\sigma_1=10.7$	$\beta_1=348$	$\alpha_1=8$	地震局的复查报告分析		
			$\sigma_2=3.1$	$\beta_2=267$	$\alpha_2=45$	σ_1-10	$\beta_1=320\sim330$	
			$\sigma_3=0.56$	$\beta_3=250$	$\alpha_3=-44$			
中科院武汉岩土力学研究所	大冶矿	大理石	$\sigma_1=25$			$\sigma_1=24$		

续表

试验者	试验地点	岩性	Kaiser 效应法			现场应力解除法		
			σ/MPa	方位角 β/（°）	倾角 α/（°）	σ/MPa	方位角 β/（°）	倾角 α/（°）
武汉地质学院	地表下 293 m	石灰岩	$\sigma_1=40.5$			$\sigma_1=44.39$		
			$\sigma_3=26.9$			$\sigma_2=17.02$		
						$\sigma_3=11.85$		
成都科技大学	拉西瓦	花岗岩	$\sigma_1=8.17$			$\sigma_1=8.81$		
			$\sigma_2=3.08$			$\sigma_2=5.54$		
			$\sigma_3=1.75$			$\sigma_3=2.16$		
中国石油勘探开发研究院	大庆油田	砂岩	$\sigma_1=8.9$	N20°W		$\sigma_1=9.6$	N18°W	
			$\sigma_H=11.7$			$\sigma_H=9.8$		
			$\sigma_h=3.6$			$\sigma_h=3.5$		
中科院武汉岩土力学研究所	二滩	正长岩	$\sigma_1=27.25$			$\sigma_1=24$		
			$\sigma_2=14.31$			$\sigma_2=15.6$		
			$\sigma_3=7.98$			$\sigma_3=7.4$		
黄河勘测规划设计研究院有限公司	小浪底	砂岩	$\sigma_1=5.65$	$\beta_1=37.63$	$\alpha_1=82.9$	$\sigma_1=3.53$		
			$\sigma_2=4.29$	$\beta_2=202.66$	$\alpha_2=7.36$	$\sigma_2=2.86$		
			$\sigma_3=1.78$	$\beta_3=292.88$	$\alpha_3=-1.95$	$\sigma_3=1.08$		
	龙门	沙质黏土岩	$\sigma_1=5.37$	$\beta_1=212.94$	$\alpha_1=67.83$	地质资料分析的应力方向与 Kaiser 效应法接近		
			$\sigma_2=2.87$	$\beta_2=115.22$	$\alpha_2=2.67$			
			$\sigma_3=1.22$	$\beta_3=204.14$	$\alpha_3=22.05$			

2. 声发射 Kaiser 效应地应力测试实例——二郎山公路隧道地应力 Kaiser 效应测试

施工阶段，在预确定的研究断面取完整、新鲜的定向岩样。在室内将每个岩样按 X、Y、Z、$X45°Y$、$Y45°Z$、$Z45°X$ 6 个方向制取试件。每个方向选取 6 个试件，每个试件尺寸为 3cm×3cm×10cm 左右。试件切、磨成形后，两加载端经双端面磨床精磨，使其平行度、垂直度与平整度得以充分保证。采用 MTS815 程控伺服岩石刚性试验机和 AE-400 声发射测试仪进行试验测试。试验中，采取在试件两加载端面与试验机的上、下压头间垫以聚四氟乙烯与橡皮胶的方法，有效地防止了端部摩擦与噪声，并使试件受力均匀，保证了测试成果的可靠性。

按照 7.3.5 节成果整理方法计算出隧道不同地段的地应力 Kaiser 效应测试成果，如表 7.3.3 所示。测试成果表明，二郎山隧道通过部位岩体的空间应力状态为：最大主应力 σ_1 为 NWW 方向，它与水平面的夹角不大，介于 20°～40°（多数在 20° 附近），其量级总体上中间大（最大值为 34.9MPa），两侧小；中间主应力 σ_2 与水平面的夹角较大，总体上在 50°～70°，其量级与自重应力比较接近；最小主应力 σ_3 为 NNE 方向，它与水平面的夹角较小，介于 3°～20°，故近于水平，其量级约等于自重应力衍生的水平应力再加 1～3MPa。这一应力特征符合区域内二郎山断裂带的近期活动方式。

表 7.3.3　二郎山公路隧道地应力 Kaiser 效应测试成果

样号	采样位置	岩性	主应力	量级/MPa	方向/(°)	倾向	倾角/(°)
K1	主 K259+991 南壁	粉砂岩	σ_1	18.12	N79.1°W	SE	26.5
			σ_2	9.80	N46.1°W	NW	59.3
			σ_3	5.10	N18.3°E	SW	14.4
K2	平 K259+623 南壁	砂质泥岩	σ_1	9.10	N66.9°W	SE	39.3
			σ_2	6.20	N85.7°W	NW	49.1
			σ_3	3.70	N15.3°E	NE	9.4
EK6	主 K261+050 南壁	石英砂岩	σ_1	34.90	N77.2°W	SE	21.0
			σ_2	17.80	N37.7°W	NW	63.6
			σ_3	7.10	N18.8°E	SW	15.3
GS1	主 K262+275.5	砂质泥岩	σ_1	17.30	N75.7°W	NW	21.7
			σ_2	6.70	N80.1°E	NE	66.5
			σ_3	4.60	N10.8°E	SW	8.8
KW2	主 K262+272 南壁	砂质泥岩	σ_1	17.70	N75°W	NW	20.0
			σ_2	7.20	N66.5°W	NE	65.1
			σ_3	4.80	N9.7°E	SW	14.2
KW1	主 K262+732 北壁	灰岩	σ_1	7.80	N75.1°W	NW	20.4
			σ_2	4.40	N85.4°W	SE	69.3
			σ_3	3.20	N13.6°E	SW	3.4

施工阶段地应力 Kaiser 效应测试成果反映了地应力实测断面附近的高地应力状态，但比勘察设计阶段水压致裂法在该测点附近的测试成果低，这为隧道支护的优化设计提供了非常重要的地应力信息。

7.4　门塞式应力测试法

7.4.1　目的与原理

门塞式应力测试法即孔底应变法，其借助粘贴在钻孔孔底的电阻应变片测量套钻解除前后孔底岩体的应变变化，利用弹性理论的经验公式及岩石的弹性模量计算应力。孔底应变计有一个硬塑料外壳，其端部借助于厚 0.5cm 的有机玻璃片或赛璐珞片（或薄橡皮）贴有一组电阻应变丛。外壳另一端用胶黏剂（通常为环氧树脂）粘贴在孔底表面中央 1/3 面积内。当孔底岩面由于套钻解除发生变形时，应变计将随之变化。

门塞式应力测试法的适用范围如下：

1）此法适用于地下水位以上完整和较完整的致密与细粒的岩体。由于此法要求解除应力的岩芯较短，仅需大于孔径的深度即可，因此在有一定程度破碎的岩体和出现饼状岩芯的地区也可以使用。

2）采用孔底应变计测量岩体的三向应力，仅需钻 3 个交汇孔，其中两侧斜孔与中间垂直孔应形成 45°±5°的夹角。

3）此法测试深度不大，一般在 20m 以内。

缺点如下：

1）推导反演计算方程式时都假设岩体具有弹性、均值和各向同性的性质，而这与实际情况并不总是相符。

2）材料本构方程中弹性模量和泊松比的取值一般依室内试验来确定，而现场实际条件与室内试验条件往往不同，因此影响反演结果的准确性。

3）因需要预先设置安装测试仪器的钻孔，所以在测量时已释放部分初始地应力。

4）需要在 3 个相互垂直的钻孔中测试。

7.4.2　仪器设备

1）量测仪器及安装设备：孔底应变计、静态电阻应变仪和预调平衡接线箱、安装杆、安装器和定位装置、孔底擦洗器及烘干器、围岩率定器、稳压电源设备。

常用的 GSIR 门塞式孔底应变计如图 7.4.1 所示，主体是一个橡胶质地圆柱体，其端部粘贴应变片，应变片导线通过插头连接到应变测量仪器。

2）钻孔设备：钻机及配套的岩芯管、钻杆等器材、ϕ76mm 钻头、ϕ76mm 磨平钻头及细磨钻头。

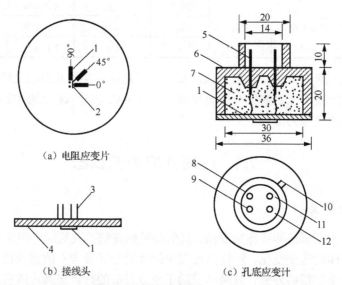

（a）电阻应变片　　（b）接线头　　（c）孔底应变计

1—电阻片；2—穿线孔；3—接线头；4—有机玻璃薄片；5—插针；6—塑料外壳；7—硅橡胶；
8—0°电阻片插针；9—45°电阻片插针；10—键槽；11—90°电阻片插针；12—公用插针。

图 7.4.1　GSIR 门塞式孔底应变计

7.4.3　操作步骤

1）钻孔：用ϕ76mm 钻头在试验部位钻至预定深度，取出岩芯并判定孔底是否满足要求，不满足则继续钻进。

2）孔底磨平：先下入粗磨平钻头，对孔底进行粗磨，达到要求后再用细磨平钻头进行细磨，使孔底平整光滑。

3）洗孔：用清水将孔底、孔壁上的岩粉冲洗干净，然后用高压风将孔底吹干或用烘干器烘干，再用丙酮擦洗干净。

4）粘贴应变计：用绷带包脱脂棉，蘸上环氧树脂，并将其送入孔底涂抹，将孔底涂上一层树胶，然后将底面涂有树胶的应变计用带有安装器的安装杆送到孔底。应注意，当接近孔底时，必须将其调整到水平位置，然后用力将应变计压贴在孔底平面 1/3 直径范围内。

5）套钻解除与应变测试：待粘贴应变计的环氧树脂凝固后，即可测记应变计的初始值，随后将安装器取出并下钻头，开机钻进解除。当钻进 10～20cm 时，停止钻进，取出装有应变计的岩芯，测记接触后的应变计读数，并把岩芯编号，进行弹性模量测试。

6）记录测试段孔深、钻孔方位及其倾角。

孔底应变测试工作程序如图 7.4.2 所示。

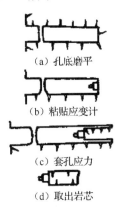

（a）孔底磨平

（b）粘贴应变计

（c）套孔应力

（d）取出岩芯

图 7.4.2　孔底应变测试工作程序

7.4.4　成果整理

1）各电阻应变片解除应变测定值按下列公式计算：

$$\varepsilon_k = \varepsilon_{nk} - \varepsilon_{0k} \tag{7.4.1}$$

式中，ε_k ——第 k 电阻应变片解除应变测定值，$\mu\varepsilon$；

ε_{nk} ——解除后第 k 电阻应变片应变仪读数，$\mu\varepsilon$；

ε_{0k} ——解除前第 k 电阻应变片应变仪读数，$\mu\varepsilon$。

2）应力按下列公式计算：

$$E \cdot \varepsilon_{ij} = A_{xx}^i \sigma_x + A_{yy}^i \sigma_y + A_{zz}^i \sigma_z + A_{xy}^i \tau_{xy} + A_{yz}^i \tau_{yz} + A_{zx}^i \tau_{zx} \tag{7.4.2}$$

$$A_{xx}^i = \lambda_{i1} l_{xi}^2 + \lambda_{i2} l_{yi}^2 + \lambda_{i3} l_{zi}^2 + \lambda_{i4} l_{xi} l_{yi} \tag{7.4.3}$$

$$A_{yy}^i = \lambda_{i1} m_{xi}^2 + \lambda_{i2} m_{yi}^2 + \lambda_{i3} m_{zi}^2 + \lambda_{i4} m_{xi} m_{yi} \tag{7.4.4}$$

$$A_{zz}^i = \lambda_{i1} n_{xi}^2 + \lambda_{i2} n_{yi}^2 + \lambda_{i3} n_{zi}^2 + \lambda_{i4} n_{xi} n_{yi} \tag{7.4.5}$$

$$A^i_{xy} = 2(\lambda_{i1}l_{xi}m_{xi} + \lambda_{i2}l_{yi}m_{yi} + \lambda_{i3}l_{zi}m_{zi}) + \lambda_{i4}(l_{xi}m_{yi} + m_{xi}l_{yi}) \tag{7.4.6}$$

$$A^i_{yz} = 2(\lambda_{i1}m_{xi}n_{yi} + \lambda_{i2}m_{yi}n_{yi} + \lambda_{i3}m_{zi}n_{zi}) + \lambda_{i4}(m_{xi}n_{xi} + n_{xi}m_{xi}) \tag{7.4.7}$$

$$A^i_{zx} = 2(\lambda_{i1}n_{xi}l_{xi} + \lambda_{i2}n_{yi}l_{yi} + \lambda_{i3}n_{zi}l_{zi}) + \lambda_{i4}(n_{xi}l_{yi} + l_{xi}n_{yi}) \tag{7.4.8}$$

$$\lambda_{i1} = 1.25(\cos^2\varphi_{ij} - \mu\sin^2\varphi_{ij}) \tag{7.4.9}$$

$$\lambda_{i2} = 1.25(\sin^2\varphi_{ij} - \mu\cos^2\varphi_{ij}) \tag{7.4.10}$$

$$\lambda_{i3} = -0.75(0.645 + \mu)(1 - \mu) \tag{7.4.11}$$

$$\lambda_{i4} = 1.25(1 + \mu)\sin 2\varphi_{ij} \tag{7.4.12}$$

式中，m、n、l——与各坐标间的方向余弦；

μ——泊松比或横向变形系数；

E——弹性模量；

ε_{ij}——序号为 i 测试钻孔中 j 测试方向电阻应变片的应变计算值；

i——测试钻孔序号；

j——应变丛中电阻应变片序号；

φ_{ij}——序号为 i 测试钻孔中 j 测试方向电阻应变片的倾角；

λ_{i1}、λ_{i2}、λ_{i3}、λ_{i4}——序号为 i 测试钻孔与泊松比和应变片夹角有关的计算系数。

7.4.5 典型应用

某水电站前期，工作人员对工程区的地应力场开展了部分测试工作，但主要集中在左、右岸坡体较浅层部位及左、右地下厂房区域的相对完整的岩体内，而没有进行针对坝基柱状节理岩体区的地应力测试。为此在某水电站左岸坝基 PSL1 排水洞掌子面附近布置了 DK2、DK3、DK4 钻孔，这 3 个钻孔两两相互正交，在空间上构建成三维测点。钻孔平面布置如图 7.4.3 所示。

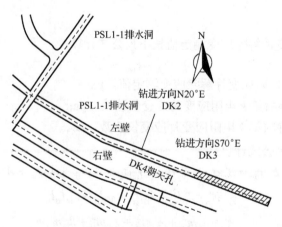

图 7.4.3　钻孔平面布置

孔底应变法地应力测试典型曲线（以 **DK2-1** 测点为例）如图 7.4.4 所示，现场测试工作及测试所获得的岩芯照片如图 7.4.5 所示（刘元坤等，2017）。

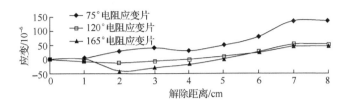

图 7.4.4　孔底应变法地应力测试典型曲线

（a）现场测试工作　　　　　　　　　　　（b）测试所获得的岩芯

图 7.4.5　现场测试工作及测试所获得的岩芯

各钻孔测点的应变量及岩体参数如表 7.4.1 所示，各钻孔测点的平面应力结果如表 7.4.2 所示。

表 7.4.1　各钻孔测点的应变量及岩体参数

测点编号	钻孔方位	孔深/m	应变片应变量/10^{-6}			弹性模量/GPa	泊松比
			75°应变片	120°应变片	165°应变片		
DK2-1	N20°E	7.15	135	53	45	20	0.29
DK2-2		8.92	133	44	1		
DK2-3		10.64	40	125	42		
DK2-4		12.34	76	87	34		
DK3-1	S70°E	7.05	71	103	114	29	0.23
DK3-3		14.93	25	37	48		
DK4-1	朝天孔	8.99	86	125	90	36	0.21

表 7.4.2 各钻孔测点的平面应力结果

测点编号	孔底应力分量/MPa			横截面应力分量/MPa			横截面主应力/MPa		$\alpha/$（°）
	σ_x'	σ_y'	τ_{xy}'	σ_x	σ_y	τ_{xy}	σ_1	σ_2	
DK2-1	2.22	2.85	0.85	2.76	3.27	0.68	3.74	2.29	55.3
DK2-2	1.18	2.6	0.82	1.68	0.81	0.66	3.11	1.38	55.4
DK2-3	0.25	1.79	−1.14	0.86	1.88	−0.19	2.32	0.33	−59.6
DK2-4	1.02	2.08	−0.27	1.42	2.27	−0.37	2.42	0.33	−77.6
DK3-1	3.8	3.17	−0.47	3.92	3.43	−0.36	4.13	3.13	−28
DK3-3	1.6	1.15	−0.15	1.64	1.27	−0.12	1.67	1.42	−16.3
DK4-1	3.51	4.51	−0.98	4.49	−0.79	3.7	4.98	3.21	−58.4

根据测试结果可知，岩体应力较低，DK2 钻孔横截面大主应力为 2.32～3.74MPa，大主应力方向与柱状节理倾向或边坡倾向接近；DK3 钻孔横截面大主应力为 1.67～4.13MPa，大主应力方向主要为缓倾角；DK4 钻孔横截面主应力等同于水平主应力，最大水平主应力为 4.98MPa，方向为 NNW-NW 向。

根据表 7.4.2 中 DK2～DK4 钻孔的测试结果，计算得测试区域三维应力结果，如表 7.4.3 和表 7.4.4 所示（测试结果已转为大地坐标系）。

表 7.4.3 测试区域空间主应力测试结果

主应力	应力值/MPa	倾角/（°）	方位角/（°）
σ_1	5.17	9.1	N9.7°W
σ_2	4.45	28.6	N85.2°E
σ_3	4.15	59.6	S64.5°W

表 7.4.4 测试区域三维应力测试结果

σ_x/MPa	σ_y/MPa	σ_z/MPa	τ_{xy}/MPa	τ_{yz}/MPa	τ_{zx}/MPa	σ_H/MPa	σ_h/MPa	$\alpha/$（°）
5.12	4.41	4.24	0.15	−0.11	0.17	5.15	4.38	S11°E

7.4.6 优化改进

应力恢复法的基本原理：在选定的测试点安装测量元件，然后在岩体中开挖一个扁槽，埋设液压枕或千斤顶，对其加压，使测量元件的读数恢复到掏槽前的值，则液压枕或千斤顶的压力读数便是该方向的岩体应力，其优点是可以不考虑岩体的应力-应变关系而直接得出岩体的地应力。其局限性在于：第一，扁千斤顶法只是一种一维应力测量方法，一个扁槽的测量只能确定测点处垂直于扁千斤顶方向的应力分量；为了确定该测点的几个应力分量，就必须在该点沿不同方向切割几个扁槽，但这是不可能实现的。因为扁槽相互重叠会造成不同方向测量结果相互干扰，使之变得毫无意义。第二，如果应力恢复时岩体的应力和应变关系与应力解除前并不完全相同，也必然会影响测量的精度。

由此，王兰生等提出了改进型（W 型）门塞式应力恢复法。该法是依据该测试方法的加压恢复装置近似门塞状及测试原理与应力恢复法相同而提出的，与雷曼的"门塞"应变计有所不同，故命名改进型（W 型）门塞式应力恢复法。

1. 基本原理

在洞壁测试点安装应变花（图 7.4.6），利用应变仪测量 X 方向（洞壁沿洞轴线的水平方向）、Y 方向（洞壁铅直方向）及其间 45° 方向上的初应变值 ε_0、ε_{45}、ε_{90}。用内径为 50mm 的 DZ-2A 型手持式工程钻解除应力，再测其 3 个方向的应变值 ε_0'、ε_{45}'、ε_{90}'，得到应变差值。取下长度为 50mm 的岩芯，利用点荷载仪配备特制的围压加载装置完成应力的恢复（图 7.4.7），求得二次应力 σ_x、σ_y。其计算公式如下：

$$\sigma_x \text{ 或 } \sigma_y = \frac{\alpha F S_p}{A} \tag{7.4.13}$$

式中，F——应力恢复时点荷载仪压力表读数，MPa；

　　　S_p——点荷载仪千斤顶活塞面积，cm^2；

　　　α——应力等效系数；

　　　A——断面面积，cm^2。

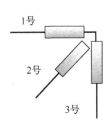

图 7.4.6　应变花

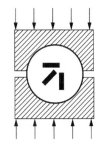

图 7.4.7　应力恢复

该法的优点在于不需测定岩石的弹性模量便可计算岩体的应力；单孔可以测定平面内多方向应力；方法简单、易行、经济，适于现场操作。

采用标准样室内试验和数值模拟，对这种方法的合理性和可行性进行检验。

2. 操作步骤

（1）应变花粘贴

应变花粘贴方案如图 7.4.6 所示，在已选定的测点用切割机切平，再用砂纸将表面磨光，然后用蘸有丙酮的棉球清洗表面。在应变花基底上均匀地涂一层薄的、已调和好的混合环氧树脂胶，然后用镊子夹住应变花引线，将应变花的轴线标记对准洞壁水平和铅直方向粘贴在基底上，同时迅速检查和微调应变花的方向。用手指顺着应变花轴向，轻轻向引线方向滚压应变花，挤出多余胶液和胶黏剂层中的气泡，用力加压 1min 左右，以减少胶黏剂层中产生的气泡。经检查粘贴合格后，在应变花和引线上涂一层防潮胶，以减少水分对胶黏剂强度、应变计工作性能的影响。经常温固化（用吹风机加热可快速固化）后就可以进行量测了。

（2）应变量测

应用 BZ22 数字式静态电阻应变仪，采用半桥连接法进行应变量测。量测前用吹风机把应变花周围及接线处吹干，以减少水分影响。待降至隧道内温度后，开始逐步进行应变花 3 个方向的应变量测。每隔 5min 读一次数据，直到每个方向的应变值基本不变为止，记录一系列初始应变值。

待 3 个方向的初始应变值全部测完后，用内径为 50mm 的 DZ-ZA 型手持式工程钻解除应力，取下长度为 50mm 的岩芯。在隧道内且在与初应变量测同样的条件下（温度、电压、施工条件），完成应力解除后的应变量测。

（3）应力恢复

利用点荷载仪，配制特制的门塞式加载装置，即用改进型（W 型）门塞式应力恢复法完成围岩（岩芯）二次应力的恢复。

3. 应力计算与验证

采用改进型（W 型）门塞式应力恢复法对米仓山隧道桩号 ZK50+670、ZK50+660 隧道洞壁进行二次应力现场测试，测试点二次应力两种方法计算结果对比如表 7.4.5 所示。测点间距 10m，与运用应力恢复法测试结果基本一致。二次应力现场测试结果与数值计算特征断面开挖二次应力数值进行对比验证，两者基本一致。

表 7.4.5　二次应力两种方法计算结果对比

里程编号	应力恢复法		数值计算	
	σ_x /MPa	σ_z /MPa	σ_x /MPa	σ_z /MPa
ZK50+670	21.72	48.51	25	43
ZK50+660	23.54	43.28	25	43

参 考 文 献

白金朋，彭华，马秀敏，等，2013. 深孔空心包体法地应力测量仪及其应用实例[J]. 岩石力学与工程学报，32（5）：902-908.

樊克松，王修峰，2013. 关于空心包体应力计的改进设计[J]. 中州煤炭（11）：36-38.

梁超，吕行行，童祥轩，2016. 基于钻孔水压致裂法地应力测试设备的优化[J]. 价值工程，35（7）：234-236.

林宗元，2005. 岩土工程试验监测手册[M]. 北京：中国建筑工业出版社.

马鹏，赵国平，张永永，吴春耕，2012. 锦屏超高压岩体水压致裂法地应力测试系统研制与应用[J]. 长江科学院院报，29（8）：58-61+66.

隋智力，乔兰，孙歆硕，等，2009. 改进空心包体应变计测量裕源井田地应力[J]. 金属矿山（8）：76-79.

吴志刚，单传霞，2010. 水压致裂地应力测量中可视化定向装置的设计[J]. 煤矿开采，15（3）：94-95.

张志龙，2006. 越岭长大公路隧道地质预报中的关键技术问题研究[D]. 成都：成都理工大学.

付小敏，邓荣贵，2012. 室内岩石力学试验[M]. 成都：西南交通大学出版社.

刘元坤，石安池，韩晓玉，等，2017. 裂隙较发育岩体的地应力测量与研究[J]. 长江科学院院报，34（12）：63-67.

第8章　岩体力学试验数据整理与报告编写

岩体力学试验的目的之一是得到岩石（岩体）的物理力学特性参数，使由试验数据计算求得的特性参数可靠、适用，真实地反映岩体的实际属性。在试验做完以后，应对试验数据进行正确的整理、分析和归纳，使它们能更好地反映岩石、岩体的物理力学性质，揭露其内在的变化规律，为岩土工程设计和施工选择计算指标提供依据。由于试验测值与取样方法、试件制备精度、试验仪器、试验环境条件、操作人员的熟练程度等很多因素有关，因此在整理任何试验的测试数据之前，都应对其进行分析、取舍，把有明显误差的测试数据剔除，然后进行误差分析，确定试验成果指标的最佳值。在试验工作或某一重要单项试验工作的各项任务完成后，应编写阶段试验报告或单项试验报告。本章使用概率论与数理统计方法对试验数据进行整理。

8.1　试验数据统计分析

在通过相关试验得到试验资料后，需对全部试验资料进行逐项逐类的检查、核对，分析试验成果的代表性、规律性和合理性。通常采用多次测定值的算术平均值作为试验最佳值，根据需要，可同时计算均方差、均分差的误差、偏差系数、绝对误差、精度指标等统计指标中的某一项或某几项，用以考察试验成果的分散度、算术平均值的可靠程度及比较各种试验指标的统计精度（付小敏等，2012）。

1）算术平均值按下列公式计算：

$$\bar{X} = \frac{\sum X_i}{N} \tag{8.1.1}$$

式中，$\bar{X}$——算术平均值；
　　　X_i——试验测定值；
　　　N——试验测定次数。

2）均方差表示测定值的分散程度，衡量测定值波动大小，反映绝对波动大小，也称标准差，按下列公式计算：

$$\bar{\sigma} = \sqrt{\frac{\sum (X_i - \bar{X})^2}{N}} \tag{8.1.2}$$

式中，$\bar{\sigma}$——均方差；
　　　其余符号含义同前。
当试验测定次数 $N < 30$ 时，式中 N 用 $N-1$ 代替。

3）均分差表示指标变化范围的误差，按下列公式计算：

$$m_\sigma = \pm \frac{\overline{\sigma}}{\sqrt{2N}}$$ （8.1.3）

式中，m_σ——均分差；

其余符号含义同前。

4）偏差系数表示测定值的分散程度，衡量测定值波动大小，反映相对波动大小，也称变异系数。其按下列公式计算：

$$C_V = \frac{\overline{\sigma}}{\overline{X}}$$ （8.1.4）

式中，C_V——偏差系数；

其余符号含义同前。

因为均方差具有因次，不便于比较因次不同的指标变化范围，为了使该值能用于不同因次指标间的比较，一般用偏差系数表示。

5）绝对误差按下列公式计算：

$$m_x = \pm \frac{\overline{\sigma}}{N}$$ （8.1.5）

式中，m_x——绝对误差；

其余符号含义同前。

绝对误差也称算术平均值的平均误差，表示用算术平均值代替真值时的误差。

6）精度指标按下列公式计算：

$$P_x = \pm \frac{m_x}{\overline{X}} \times 100\%$$ （8.1.6）

式中，P_x——精度指标；

其余符号含义同前。

为使绝对误差能用于不同因次指标间的比较，可用精度指标来表示。

8.2 力学参数合理取值

试验完成后，对于有异常的试验数据，应查明原因，进行必要的取舍，确保试验所得到的数据准确无误。岩石试验成果指标按其作用的差异，通常分为一般特性指标和工程计算指标两大类（付小敏等，2012）。一般特性指标多用于岩石分类，并作为分析力学试验成果的辅助和参考资料，室内物理性质试验成果多属于此类，如块体密度、颗粒密度、含水量等；工程计算指标指用于工程设计计算的指标，如摩擦系数、内聚力、抗压强度、变形模量等。不同类型的试验成果指标有不同的取值方法，通常情况下，工程计算指标是在一般特性指标的基础上进行相关计算得到的。

8.2.1　一般特性指标合理取值

凡不属于偶然误差的测定值，即超出下式范围的测定值，统计中均应予以舍弃：

$$\bar{X} + G\sigma < X_i < \bar{X} - G\sigma \qquad (8.2.1)$$

式中，X_i——试验值；

G——采用 3 倍标准差方法或 Grubbs 准则判别时给出的系数。

用 3 倍标准差方法时，$G=3$；用 Grubbs 准则时，G 按表 8.2.1 的规定取值。

表 8.2.1　Grubbs 准则中 G 的取值

样本数	置信水平		样本数	置信水平		样本数	置信水平	
	95%	99%		95%	99%		95%	99%
3	1.15	1.15	9	2.11	2.32	15	2.41	2.71
4	1.46	1.49	10	2.18	2.41	20	2.56	2.88
5	1.67	1.75	11	2.23	2.48	25	2.66	3.01
6	1.82	1.94	12	2.29	2.55	30	2.75	3.10
7	1.94	2.10	13	2.33	2.61	40	2.87	3.24
8	2.03	2.22	14	2.37	2.66	50	2.90	3.34

8.2.2　工程计算指标合理取值

在对重要工程计算指标进行分析、取舍时，特别是针对抗剪强度特性指标，考虑到均方差本身仍有误差，当均方差增加 3 倍时，其误差也相应增加 3 倍，故采用 $\bar{X} \pm 3\bar{\sigma} \pm 3m_\sigma$ 这一舍弃标准。

正负号的取舍应从不利方面考虑，如对抗剪强度特性指标，则采用上限：$\bar{X} + 3\bar{\sigma} + 3m_{\bar{\sigma}}$，下限：$\bar{X} - 3\bar{\sigma} - 3m_{\bar{\sigma}}$。

8.2.3　试验参数标准值的确定方法

对于有足够数量的试验值，在利用上述方法对试验值进行合理取舍处理后，可以计算满足给定置信水平条件下的试验参数标准值。根据给定的置信水平 $P=1-a$，标准值可按下式计算：

$$f_k = r_s \bar{X} \qquad (8.2.2)$$

式中，f_k——试验参数标准值；

r_s——统计修正系数，$r_s = 1 \pm \dfrac{t_a(N-1)}{N} C_V$，$t_a$ 为置信水平为 $1-a$（a 为风险率）、自由度为 $n-1$ 的 t 分布单值置信区间系数值，可按 t 分布单值置信区间 t_a 系数表规定取值。置信水平为 90% 和 95% 时，按表 8.2.2 规定取值。

其他符号含义同前。

式中各量正负号按不利组合考虑。

表 8.2.2　t 分布单值置信区间 t_a 系数

自由度 $n-1$	置信水平		自由度 $n-1$	置信水平		自由度 $n-1$	置信水平	
	90%	95%		90%	95%		90%	95%
3	1.64	2.35	9	1.38	1.83	15	1.34	1.75
4	1.53	2.13	10	1.37	1.81	20	1.33	1.72
5	1.48	2.02	11	1.36	1.80	25	1.32	1.71
6	1.44	1.94	12	1.36	1.78	30	1.31	1.70
7	1.42	1.90	13	1.35	1.77	40	1.31	1.69
8	1.40	1.86	14	1.35	1.76	60	1.30	1.67

8.3　试验报告编写

试验报告是呈现试验过程、试验结果的有效载体，是试验工作合理性、有效性的直接反映。因此，应对试验报告所依据的试验数据进行整理、检查、分析，经确定无误后方可应用。在各设计阶段的试验工作或某一重要单项试验工作完成后，应编写阶段试验报告或单项试验报告（付小敏等，2012）。

试验报告基本内容包括：

1）试验目的和任务。

2）工程概况。

3）工程地质条件。

4）主要岩石力学问题。

5）试验方案及试验方法。

6）试验成果及整理分析。

7）试验最佳值建议。

报告应侧重主要问题的论述，简明扼要，能用图表说明的，尽量不用文字叙述。报告附图一般包括：

1）地质平面图（附试验点的位置）。

2）试洞（坑、槽）展示图，试段、试点地质描述图。

3）试验仪器设备示意图。

4）试件试验前后照片。

5）各项试验成果关系曲线图等。

在报告内容编写的同时，应注意格式要求，格式要求一般如下：

1）报告标题分层设序。层次以少为宜，根据实际需要选择。各层次标题一律用阿拉伯数字连续编号；不同层次的数字之间用小圆点"."相隔，末位数字后面不加标点，如1、1.1、1.1.1等。

2）报告中的图、表、附注、公式、算式等一律用阿拉伯数字依序连续编码，其标注形式应便于互相区别，如图 1.1、图 2.2，表 1.1 等。

3）页码从正文开始按阿拉伯数字（1，2，3，…）连续编排，此前的部分（摘要、目录等）用大写罗马数字（Ⅰ，Ⅱ，Ⅲ，…）单独编排，页码位于页脚居中，封面不编页码。

4）封面报告标题为宋体四号加粗（可分两行），单倍行距；作者姓名、指导教师姓名、专业名称及班级为宋体四号加粗（英文用 Times New Roman 四号）。

5）一级标题为黑体小二号加粗，无缩进，段前间距 12 磅，段后间距 3 磅，单倍行距，标题序号与标题名间空一个汉字；二级标题为黑体小三加粗，无缩进，段前间距 18 磅，段后间距 12 磅，1.5 倍行距，序号与题名间空一个空格；三级标题为黑体四号，无缩进，段前间距 12 磅，段后间距 9 磅，多倍行距 1.25，序号与题名间空一个空格。

6）正文为宋体小四号（英文用 Times New Roman 小四号），两端对齐书写，段落首行左缩进 2 个汉字符，多倍行距 1.25（段落中有数学表达式时，可根据表达式需要设置该段的行距）。

7）图名置于图的下方，黑体五号居中，单倍行距，段前间距 3 磅，段后间距 3 磅，图序与图名文字间空 1 字符。表名置于表的上方，黑体五号居中，单倍行距，段前间距 3 磅，段后间距 3 磅，表序与表名文字间空 1 字符，表中文字为宋体五号。公式居中排，序号加圆括号，Times New Roman 五号，右对齐。

参 考 文 献

付小敏，邓荣贵，2012. 室内岩石力学试验[M]. 成都：西南交通大学出版社.